# REDES ÓPTICAS
## DE ACESSO EM
# TELECOMUNICAÇÕES

# REDES ÓPTICAS
## DE ACESSO EM
# TELECOMUNICAÇÕES

José Maurício S. Pinheiro

© 2017, Elsevier Editora Ltda.
Todos os direitos reservados e protegidos pela Lei nº 9.610, de 19/02/1998.

Nenhuma parte deste livro, sem autorização prévia por escrito da editora, poderá ser reproduzida ou transmitida sejam quais forem os meios empregados: eletrônicos, mecânicos, fotográficos, gravação ou quaisquer outros.

*Copidesque:* Geisa Mathias de Oliveira
*Revisão:* Renata Mendonça
*Editoração Eletrônica:* Estúdio Castellani

Elsevier Editora Ltda.
Conhecimento sem Fronteiras
Rua Sete de Setembro, 111 – 16º andar
20050-006 – Centro – Rio de Janeiro – RJ – Brasil

Rua Quintana, 753 – 8º andar
04569-011 – Brooklin – São Paulo – SP – Brasil

Serviço de Atendimento ao Cliente
0800-0265340
atendimento1@elsevier.com

ISBN 978-85-352-8612-0
ISBN (versão digital): 978-85-352-8613-7

**Nota:** Muito zelo e técnica foram empregados na edição desta obra. No entanto, podem ocorrer erros de digitação, impressão ou dúvida conceitual. Em qualquer das hipóteses, solicitamos a comunicação ao nosso Serviço de Atendimento ao Cliente, para que possamos esclarecer ou encaminhar a questão.

Nem a editora nem o autor assumem qualquer responsabilidade por eventuais danos ou perdas a pessoas ou bens, originados do uso desta publicação.

Os equipamentos apresentados nas figuras deste livro se referem às marcas ANRITSU®, BRADY®, EXFO®, FIBEROPTIC®, FLUKE®, FOCONEC®, FORC®, FOT®, FREMCO®, JDSU®, MARANATA®, MOLEX®, PLP®, RIGOL®, SETEX®, SYOPTEK®, TEKTRONIX®, THORLABS®, TRANSCOM®, VERMEER®, VTECH® e WEIKU®.

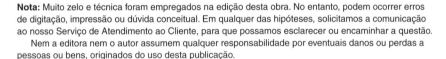

CIP-Brasil. Catalogação na Publicação
Sindicato Nacional dos Editores de Livros, RJ

P72r     Pinheiro, José Maurício dos Santos Redes ópticas de acesso em telecomunicações / José Maurício dos Santos Pinheiro. – 1. ed. – Rio de Janeiro: Elsevier, 2017.: il.

Inclui bibliografia
ISBN 978-85-352-8612-0

1. Sistemas de telecomunicação. 2. Redes de computadores. 3. Sistemas de transmissão de dados. 4. Cabos de telecomunicações. I. Título.

16-36313                                      CDD: 621.382
                                                                  CDU: 621.39

*Este livro é especialmente dedicado à minha família: minha esposa Anna e meu filho Marcelo, fontes de inspiração e de vontade de fazer acontecer. Também dedico à minha mãe, Antonieta, que sempre esteve presente, incentivando-me em todos os momentos e ao meu pai, José Ozéas (in memoriam), que, tenho certeza, estaria muito feliz neste momento.*

*Conhecimento é poder.*

Thomas Hobbes. *Leviatã*

# Agradecimentos

É enorme a satisfação de ver este trabalho concluído.

Em primeiro lugar, agradeço a Deus, pela fé e pela saúde de corpo e espírito que me permitiram chegar até aqui.

Agradeço também aos amigos da Editora Elsevier que acreditaram neste novo projeto e o tornaram realidade, bem como aos amigos e colegas que, direta ou indiretamente, contribuíram para enriquecer o conteúdo com suas opiniões, críticas e sugestões.

# O Autor

JOSÉ MAURÍCIO DOS SANTOS PINHEIRO é profissional de telecomunicações e redes de computadores, com experiência de mais de 20 anos e carreira estruturada em gestão, operação e manutenção de redes, teleprocessamento e automação, com ênfase em projetos de infraestrutura participando de processos de especificação, detalhamento e implantação de equipamentos, operação e manutenção de redes ópticas urbanas e de longa distância e sistemas de rádio enlace digitais. É professor universitário, palestrante, consultor e autor de livros e artigos técnicos na área.

# Prefácio

A diversidade de tecnologias de comunicação, os novos serviços em banda larga e a internet têm transformado as redes de telecomunicações numa complexa estrutura que possibilita às pessoas, em diferentes locais, usando diversos tipos de sistemas e equipamentos, se comunicarem de forma rápida, eficiente e segura.

O mercado de telecomunicações é marcado pela procura cada vez maior de serviços que requerem uma alta capacidade de banda e, pela própria evolução da internet, que nos tem colocado diante de variáveis cada vez mais complexas e desafiadoras quando se fala na oferta e no uso de novos serviços de comunicação. As tecnologias evoluem rapidamente, mas a implantação de uma infraestrutura de rede robusta que atenda às novas necessidades de acesso é um grande desafio em termos de investimentos, de gestão, de opções tecnológicas e de políticas regulatórias.

Embora a noção de "banda larga" seja hoje mundialmente utilizada e compreendida como um serviço de acesso à internet através de novas tecnologias, não há ainda uma definição universal aceita em sua totalidade. É bastante consensual que "banda larga" expresse um contraponto entre as tecnologias que utilizavam a conexão por meio de linhas telefônicas, caracterizadas pelo baixo fluxo no recebimento e no envio de dados, e as novas redes digitais, que possibilitam o transporte de voz, dados e imagens.

Com a evolução da tecnologia fotônica, que usa a luz como meio para o transporte de informações digitais, as fibras ópticas se apresentam como a alternativa mais viável para as redes em banda larga, substituindo os cabos metálicos e aumentando a capacidade e a confiabilidade dos sistemas de comunicação existentes, atingindo velocidades que chegam a dezenas de gigabits por segundo nos sistemas comerciais. Em paralelo, com o crescimento das aplicações voltadas para a internet, a presença da fibra óptica no interior de empresas, escritórios e residências se tornou realidade, com tecnologias em que ela é o principal meio usado para atender ao anseio dos usuários de Internet em alta velocidade, TV em alta definição ou telefonia, sejam em organizações de diferentes portes, prédios comerciais ou residenciais.

Interessante observar que os conceitos da transmissão de informações por ondas luminosas já eram conhecidos há muitos anos pelo homem. Entretanto, apenas no século XX foram alcançados os desenvolvimentos tecnológicos necessários para se conseguir resultados concretos. Esses desenvolvimentos tornaram possível transportar a luz através de um meio físico guiado, que hoje conhecemos como fibra óptica, e também pelo próprio ar. A partir desse momento, as redes ópticas rapidamente mostraram suas qualidades para o tráfego de informações, como eficiência e segurança, confiabilidade, imunidade aos ruídos eletromagnéticos, entre outras.

As aplicações das redes ópticas têm se ampliado bastante nos diversos campos do conhecimento humano e, além das tradicionais aplicações em sistemas de telecomunicações, também encontramos dispositivos ópticos empregados na medicina, na indústria automobilística, nas redes locais de computadores, em empresas, escritórios, indústrias e até em aplicações residenciais. A tecnologia em fibras ópticas é atraente porque pode substituir a rede metálica existente com muito mais eficiência, disponibilidade e segurança, e, assim, criar as condições econômicas necessárias para novos empreendimentos e novas aplicações.

Os novos serviços de banda larga aumentaram a competitividade entre as operadoras de telecomunicações e, na mesma medida, passaram a exigir a substituição das redes legadas em operação por novas plataformas totalmente ópticas, projetadas para atender à crescente demanda do mercado por novos produtos e serviços. Essa é uma tendência que tem o poder de empurrar as redes de alto desempenho além do domínio das operadoras de telecomunicações, fornecendo acesso via fibra óptica ao usuário final, o que é crucial para as novas tendências de serviços em redes de dados.

Neste trabalho, o leitor terá a oportunidade de conhecer melhor o universo das redes ópticas, desde os princípios básicos que norteiam as redes de comunicação, os detalhes construtivos das fibras e cabos ópticos, as possíveis aplicações em sistemas de comunicação, chegando ao local de trabalho e até mesmo à residência.

O Capítulo 1 apresenta uma introdução aos conceitos das redes de banda larga e os elementos básicos de uma rede de telecomunicações. Nele, são discutidas as características das redes de acesso, suas topologias e tecnologias mais comuns.

O Capítulo 2 traz um breve histórico da evolução das comunicações ópticas, desde as primeiras iniciativas no século XVIII até seu uso comercial no Brasil, nos anos 1980. São apresentados também os conceitos que regem a propagação da luz no interior da fibra, as janelas, comprimentos de onda ópticos e sua estrutura física. Os tipos de fibras ópticas estão agrupados para facilitar o entendimento, bem como os detalhes técnicos de cada uma.

O Capítulo 3 descreve os diversos tipos de cabos ópticos, com suas construções típicas, aplicações, vantagens e desvantagens. Também é discutida a aplicação dos cabos ópticos em redes passivas, a infraestrutura necessária para os enlaces, as técnicas de construção e instalação de redes ópticas aéreas ou subterrâneas.

O Capítulo 4 exibe o detalhamento das redes ópticas em telecomunicações, descrevendo os conceitos relevantes para os enlaces ópticos, e as formas de medir e relacionar os níveis dos sinais ópticos. São encontrados os descritivos dos transmissores e receptores ópticos, as técnicas e procedimentos para a preparação de emendas e terminações em fibras, bem como os temas relacionados com os diversos tipos de conectores e adaptadores ópticos. A parte final trata dos divisores ópticos passivos, seus modelos e características principais.

# Prefácio

O Capítulo 5 mostra as redes ópticas passivas, seus conceitos e arquiteturas. É descrita com mais detalhes a topologia da rede óptica passiva, além dos elementos constituintes, desde equipamentos ativos, dispositivos passivos e respectivos esquemas de ligação. Nele, estão relacionadas as principais topologias PON, da primeira geração até os últimos avanços da tecnologia. O capítulo se conclui com a apresentação de algumas aplicações para PON em redes de comunicação.

O Capítulo 6 traz as redes FTTx, descrevendo seus objetivos, tipos de conexões e arquitetura típica. São apresentadas as características das principais modalidades FTTx e os sistemas para monitoramento de desempenho em PON.

O Capítulo 7 especifica os diversos testes e procedimentos de certificação para redes ópticas, com os principais instrumentos utilizados para os testes, parâmetros e técnicas para a correta medição da rede. Na parte final, são discutidas técnicas para a localização de defeitos e manutenção da rede e um fluxo para auxiliar na resolução de problemas de conexões.

O Capítulo 8 relata as considerações para os projetos de rede ópticas passivas, como escolha da metodologia de projeto, modelo de negócio, premissas de projeto e anteprojeto e análises de requisitos, levantamentos em campo, estudos de viabilidade, confiabilidade e estratégias de crescimento da rede. A partir daí, é possível dar andamento ao projeto com determinação de escopo, cronograma, projeto básico, incluindo aspectos físicos e lógicos da rede, projeto executivo, escolha dos componentes ativos e passivos da rede e, por fim, documentação definitiva da rede óptica.

O Capítulo 9 exibe os critérios para dimensionamento de enlaces ópticos, apresentando os diversos cálculos que envolvem desempenho dos enlaces, orçamento de potência e de perdas, margem de desempenho e faixa dinâmica do receptor, entre outros. Todos os cálculos utilizam exemplos para o melhor entendimento do leitor.

A parte final deste trabalho contém ainda uma conclusão e um glossário dos termos encontrados, com uma breve descrição de seus significados no contexto da obra.

Desejo a você uma boa leitura e que o conteúdo apresentado atenda aos seus anseios!

**José Maurício S. Pinheiro**

# Sumário

Agradecimentos.................................................................................................ix
O Autor...............................................................................................................xi
Prefácio............................................................................................................xiii

**CAPÍTULO 1**

## Redes em banda larga.................................................................. 1
1.1.   ELEMENTOS BÁSICOS DA REDE DE TELECOMUNICAÇÕES........................... 2
1.2.   REDE DE ACESSO................................................................................... 3
      1.2.1.   Topologias de acesso óptico........................................................ 4
            1.2.1.1.   Topologia ponto a ponto............................................ 4
            1.2.1.2.   Topologia ponto a multiponto.................................... 5
            1.2.1.3.   Topologia em espaço aberto....................................... 6
1.3.   REDES EM BANDA LARGA....................................................................... 6
      1.3.1.   Internet banda larga.................................................................... 7
1.4.   REDES DE ACESSO EM BANDA LARGA..................................................... 8
1.5.   TECNOLOGIAS DE REDES DE ACESSO..................................................... 10
      1.5.1.   DSL........................................................................................... 10
      1.5.2.   Modem a cabo (cable modem).................................................. 11
      1.5.3.   PLC.......................................................................................... 12
      1.5.4.   Wireless.................................................................................... 12
      1.5.5.   Móvel 3G e 4G......................................................................... 13
      1.5.6.   Satélite..................................................................................... 14
      1.5.7.   Fibras ópticas........................................................................... 15

**CAPÍTULO 2**

## A Fibra Óptica........................................................................... 17
2.1.   BREVE HISTÓRICO................................................................................ 17
2.2.   PROPAGAÇÃO DA LUZ NA FIBRA ÓPTICA............................................... 20
      2.2.1.   Reflexão da luz......................................................................... 21
            2.2.1.1.   Reflexão interna total............................................... 22
            2.2.1.2.   Ângulo crítico.......................................................... 23
            2.2.1.3.   Abertura numérica.................................................... 23
      2.2.2.   Refração da luz......................................................................... 25
            2.2.2.1.   Perfil de índice de refração....................................... 25
2.3.   COMPRIMENTO DE ONDA...................................................................... 26
2.4.   ESTRUTURA DA FIBRA ÓPTICA............................................................... 27
2.5.   TIPOS DE FIBRAS ÓPTICAS.................................................................... 29
      2.5.1.   Fibra óptica multimodo............................................................ 30
            2.5.1.1.   Fibra multimodo índice degrau................................. 30
            2.5.1.2.   Fibra multimodo índice gradual................................ 31

2.5.2. Tipos de fibra multimodo .......................................................... 33
  2.5.2.1. Recomendação ITU-T G.651 ............................................ 33
  2.5.2.2. Fibra multimodo em 10 Gbps ......................................... 33
2.5.3. Fibra óptica monomodo ................................................................ 34
2.5.4. Tipos de fibras monomodo ........................................................... 36
  2.5.4.1. Recomendação ITU-T G.652 ............................................ 36
  2.5.4.2. Recomendação ITU-T G.653 ............................................ 36
  2.5.4.3. Recomendação ITU-T G.654 ............................................ 37
  2.5.4.4. Recomendação ITU-T G.655 ............................................ 37
  2.5.4.5. Recomendação ITU-T G.656 ............................................ 37
  2.5.4.6. Recomendação ITU-T G.657 ............................................ 37
2.5.5. Comparação entre fibras multimodo e fibras monomodo ........... 38
2.5.6. Janelas ópticas ............................................................................. 38
2.5.7. Interfaces ópticas ......................................................................... 40

**2.6. MULTIPLEXAÇÃO DE COMPRIMENTOS DE ONDA** ................................. 41
2.6.1. WDM ........................................................................................... 41
2.6.2. DWDM ......................................................................................... 42
2.6.3. CWDM ......................................................................................... 43

**2.7. PERDAS NA FIBRA ÓPTICA** ................................................................. 45
2.7.1. Atenuação ................................................................................... 46
2.7.2. Dispersão ..................................................................................... 46
  2.7.2.1. Dispersão modal .......................................................... 46
  2.7.2.2. Dispersão cromática ..................................................... 47
  2.7.2.3. Dispersão dos modos de polarização ............................ 47
2.7.3. Absorção ...................................................................................... 47
  2.7.3.1. Absorção intrínseca ...................................................... 47
  2.7.3.2. Absorção extrínseca ..................................................... 48
  2.7.3.3. Absorção por defeitos estruturais ................................. 48
  2.7.3.4. Absorção total .............................................................. 48
2.7.4. Espalhamento .............................................................................. 48
  2.7.4.1. Espalhamento de Rayleigh ........................................... 49
  2.7.4.2. Espalhamento de Mie ................................................... 49
  2.7.4.3. Espalhamento de Brillouin ........................................... 49
  2.7.4.4. Espalhamento de Raman ............................................. 49
2.7.5. Perdas por curvaturas .................................................................. 49
  2.7.5.1. Macrocurvaturas .......................................................... 49
  2.7.5.2. Microcurvaturas .......................................................... 50

**2.8. VANTAGENS DAS FIBRAS ÓPTICAS** ..................................................... 50
2.8.1. Capacidade de banda ................................................................... 51
2.8.2. Baixas perdas ............................................................................... 51
2.8.3. Material dielétrico ........................................................................ 51
2.8.4. Dimensões e peso ........................................................................ 52
2.8.5. Segurança da Informação ............................................................ 52
2.8.6. Capacidade de transmissão .......................................................... 52
2.8.7. Ausência de diafonia .................................................................... 52
2.8.8. Imunidade RFI/EMI ...................................................................... 53

Sumário    **xix**

2.9. DESVANTAGENS DAS FIBRAS ÓPTICAS ........................................................ 53
    2.9.1. Fragilidade ................................................................................. 53
    2.9.2. Dificuldades de conexão .............................................................. 53
    2.9.3. Impossibilidade de energização remota ........................................ 53
    2.9.4. Temperatura ............................................................................... 53
2.10. APLICAÇÕES DAS FIBRAS ÓPTICAS .............................................................. 54
    2.10.1. Telefonia .................................................................................. 54
    2.10.2. Redes submarinas ..................................................................... 54
    2.10.3. Redes locais de computadores .................................................... 55
2.11. CABO METÁLICO *VERSUS* CABO ÓPTICO ................................................... 56
    2.11.1. Custo ....................................................................................... 56
    2.11.2. Operação .................................................................................. 56
    2.11.3. Manutenção .............................................................................. 56
        2.11.3.1. Manutenção preventiva ..................................................... 57
        2.11.3.2. Manutenção corretiva ........................................................ 57
    2.11.4. Conectividade ........................................................................... 58

**CAPÍTULO 3**
# Cabos Ópticos ....................................................................................... 59
3.1. CONSTRUÇÃO DE CABOS ÓPTICOS ............................................................. 59
    3.1.1. Estrutura dos cabos ópticos ......................................................... 60
        3.1.1.1. Estrutura loose tube .......................................................... 62
        3.1.1.2. Estrutura tight buffer ......................................................... 64
    3.1.2. Cabo drop autossustentado ......................................................... 65
    3.1.3. Cordão óptico ............................................................................ 66
    3.1.4. Cabos com construções especiais ................................................. 67
        3.1.4.1. Drop low friction .............................................................. 67
        3.1.4.2. Armored ........................................................................... 68
        3.1.4.3. OPGW ............................................................................. 68
        3.1.4.4. Cabos submarinos ............................................................. 69
        3.1.4.5. Cabos híbridos .................................................................. 69
3.2. CABOS ÓPTICOS EM REDES PASSIVAS .......................................................... 70
    3.2.1. Infraestrutura de acesso aérea e subterrânea ................................ 71
        3.2.1.1. Redes aéreas ..................................................................... 71
        3.2.1.2. Redes subterrâneas ........................................................... 71
    3.2.2. Cordoalhas ................................................................................ 72
        3.2.2.1. Cordoalha de aço .............................................................. 72
        3.2.2.2. Cordoalha dielétrica .......................................................... 73
        3.2.2.3. Cordoalha em rede de energia elétrica ............................... 75
3.3. IDENTIFICAÇÃO DAS FIBRAS ÓPTICAS .......................................................... 76
3.4. INSTALAÇÃO DE CABOS ÓPTICOS ............................................................... 79
    3.4.1. Instalação subterrânea ................................................................ 81
    3.4.2. Método não destrutivo ................................................................ 84
    3.4.3. Instalação aérea ......................................................................... 85
        3.4.3.1. Cabos espinados ............................................................... 85
        3.4.3.2. Cabos autossustentados ..................................................... 86

**CAPÍTULO 4**

# Redes Ópticas em Telecomunicações ....................................................... 89
4.1. ENLACE ÓPTICO ................................................................................. 89
4.2. DECIBEL .............................................................................................. 90
    4.2.1. Nível de potência absoluta ........................................................ 92
    4.2.2. Cálculos em dB e dBm .............................................................. 94
4.3. TRANSMISSORES E RECEPTORES ÓPTICOS ........................................ 94
    4.3.1. Transmissores ópticos ............................................................... 94
        4.3.1.1. Características dos transmissores ópticos .................... 95
        4.3.1.2. Diferenças funcionais entre LED e laser .................... 96
    4.3.2. Receptores ópticos .................................................................... 97
        4.3.2.1. Características dos receptores ópticos ......................... 97
        4.3.2.2. Fotodetectores ......................................................... 97
4.4. EMENDAS E TERMINAÇÕES EM FIBRAS ÓPTICAS ............................. 100
    4.4.1. Emenda por fusão .................................................................... 100
    4.4.2. Emenda mecânica .................................................................... 101
    4.4.3. Procedimentos para emenda por fusão e mecânica ................... 102
        4.4.3.1. Preparação do cabo e limpeza das fibras ................... 102
        4.4.3.2. Preparação para emenda .......................................... 103
        4.4.3.3. Emenda por fusão .................................................... 104
        4.4.3.4. Emenda mecânica .................................................... 105
        4.4.3.5. Acomodação das emendas ....................................... 105
        4.4.3.6. Testes e conclusão ................................................... 105
    4.4.4. Emenda por acoplamento ........................................................ 106
    4.4.5. Terminações ópticas ................................................................ 107
        4.4.5.1. Adaptador de fibra nua ............................................ 107
        4.4.5.2. Conectores ópticos .................................................. 108
    4.4.6. Estrutura do conector óptico ................................................... 109
    4.4.7. Tipos de conectores ................................................................. 110
        4.4.7.1. Conectores com ferrolho .......................................... 111
        4.4.7.2. Conectores bicônicos ............................................... 111
        4.4.7.3. Conectores com lentes ............................................. 112
    4.4.8. Perdas nos conectores ópticos ................................................. 112
        4.4.8.1. Fatores intrínsecos ................................................... 113
        4.4.8.2. Fatores extrínsecos .................................................. 113
    4.4.9. Polimento dos conectores ....................................................... 115
    4.4.10. Limpeza de conectores e adaptadores ópticos ......................... 117
        4.4.10.1. Melhores práticas .................................................. 118
        4.4.10.2. Limpeza dos conectores ......................................... 119
        4.4.10.3. Limpeza dos adaptadores ....................................... 121
4.5. DIVISORES ÓPTICOS (*SPLITTERS*) ................................................... 122
4.6. ATENUADORES ÓPTICOS ................................................................. 123
    4.6.1. Escolha do atenuador óptico .................................................... 124

Sumário **xxi**

**CAPÍTULO 5**

# Redes Ópticas Passivas ........................................................... 125

5.1. CONCEITO PON ................................................................ 125

5.2. ARQUITETURAS DE REDES ÓPTICAS ................................. 128

    5.2.1. Configuração ponto a ponto ..................................... 128

    5.2.2. Configuração ponto a multiponto ............................. 129

5.3. TOPOLOGIA PON ............................................................ 129

    5.3.1. Central de equipamentos ......................................... 130

    5.3.2. Rede de alimentação ............................................... 130

    5.3.3. Rede óptica de distribuição ...................................... 131

        5.3.3.1. Pontos de distribuição ................................ 131

    5.3.4. Rede de acesso ....................................................... 131

    5.3.5. Rede interna ........................................................... 132

    5.3.6. Terminal de linha óptica – OLT ................................. 132

        5.3.6.1. Módulo transceptor óptico ......................... 133

    5.3.7. Terminal de rede óptica – ONT/ONU ....................... 135

        5.3.7.1. ONT ........................................................ 135

        5.3.7.2. ONU ....................................................... 135

    5.3.8. Divisores ópticos passivos – Splitters ....................... 135

        5.3.8.1. Splitter balanceado ................................... 136

        5.3.8.2. Splitter desbalanceado ............................... 138

        5.3.8.3. Filtro WDM .............................................. 140

    5.3.9. Construção de divisores ópticos passivos .................. 142

        5.3.9.1. Splitter Fused Biconical Taped (FBT) ........... 142

        5.3.9.2. Splitter Planar Lightwave Circuit (PLC) ......... 142

5.4. ARQUITETURAS DE REDES PON ....................................... 143

    5.4.1. APON ..................................................................... 144

    5.4.2. BPON ..................................................................... 145

    5.4.3. EPON ..................................................................... 145

        5.4.3.1. GEPON .................................................... 147

    5.4.4. GPON .................................................................... 148

5.5. PONS DE PRÓXIMA GERAÇÃO .......................................... 151

    5.5.1. XG-PON1 ................................................................ 152

    5.5.2. XG-PON2 ................................................................ 153

    5.5.3. 10 G-GPON ............................................................ 153

    5.5.4. 10 G-EPON ............................................................ 154

    5.5.5. WDM-PON .............................................................. 155

    5.5.6. TWDM-PON ............................................................ 156

5.6. REDES ATIVAS *VERSUS* REDES PASSIVAS ......................... 157

5.7. APLICAÇÕES PON ........................................................... 158

    5.7.1. PON em LAN ........................................................... 158

    5.7.2. PON em rodovias .................................................... 160

    5.7.3. PON em redes industriais ......................................... 161

CAPÍTULO 6

# Redes FTTx ....................................................................... 163

6.1. CONEXÕES EM REDES FTTx ............................................... 163
6.2. ARQUITETURA FTTx TÍPICA ............................................... 165
6.3. MODALIDADES FTTx ......................................................... 166
    6.3.1. FTTCab – Fiber to the Cabinet ................................ 166
    6.3.2. FTTC – Fiber to the Curb ......................................... 167
    6.3.3. FTTP – Fiber to the Premises ................................... 167
    6.3.4. FTTH – Fiber to the Home ...................................... 168
    6.3.5. FTTB – Fiber to the Building ................................... 168
    6.3.6. FTTA – Fiber to the Apartment ............................... 169
    6.3.7. FTTAnt – Fiber to the Antenna ............................... 169
    6.3.8. FTTD – Fiber to the Desk ........................................ 169
    6.3.9. FTTF – Fiber to the Feeder ...................................... 170
    6.3.10. FTTN – Fiber to the Neighborhood ....................... 170
6.4. MONITORAMENTO DE DESEMPENHO PON ...................... 171
6.5. FIBRAS ÓPTICAS EM FTTx .................................................. 174
6.6. CONEXÕES EM REDES FTTx ............................................... 175

CAPÍTULO 7

# Testes e Certificação para Redes Ópticas .................. 177

7.1. TESTES NO FABRICANTE ................................................... 178
    7.1.1. Teste da largura de banda ...................................... 178
    7.1.2. Teste de perfil de índice de refração ....................... 179
    7.1.3. Teste de diâmetro do campo modal ....................... 179
    7.1.4. Teste de atenuação espectral ................................. 179
7.2. TESTES DE CAMPO ........................................................... 179
    7.2.1. Teste de comprimento do enlace ............................ 179
    7.2.2. Teste de atenuação ................................................ 180
    7.2.3. Teste da atenuação absoluta .................................. 182
    7.2.4. Teste de retroespalhamento ................................... 183
7.3. TESTES EM AMBIENTES PREDIAIS ..................................... 183
    7.3.1. Sistema primário interedifícios ............................... 183
    7.3.2. Sistema primário intraedifícios ............................... 183
    7.3.3. Sistema secundário e centralizado .......................... 184
7.4. INSTRUMENTAÇÃO PARA REDE ÓPTICA ............................ 184
    7.4.1. Medidor de potência óptica ................................... 184
    7.4.2. Fonte laser sintonizável ......................................... 185
    7.4.3. Máquina de fusão .................................................. 186
        7.4.3.1. Manuseio da máquina de fusão .............. 188
        7.4.3.2. Protetor de emenda ............................... 189
    7.4.4. Analisador de espectro óptico ................................ 190
    7.4.5. Impressora de etiquetas ......................................... 191
    7.4.6. Comunicadores ópticos .......................................... 191
    7.4.7. Microscópio para inspeção de fibras ....................... 192

Sumário     **(xxiii)**

7.4.8. Atenuador óptico variável ................................................................ 192
7.4.9. Identificador visual de falhas ......................................................... 193
7.4.10. Identificador de fibras ativas ......................................................... 194
7.4.11. Reflectômetro óptico no domínio do tempo – OTDR ........................... 194
7.4.12. Bobina de lançamento ................................................................... 196
    7.4.12.1. Bobina de lançamento em conjunto com OTDR ..................... 197
7.4.13. Optical Fiber Ranger .................................................................... 197
**7.5. LOCALIZAÇÃO DE DEFEITOS E MANUTENÇÃO** ................................ 198
**7.6. CERTIFICAÇÃO E ACEITAÇÃO DO CABEAMENTO ÓPTICO** ................ 203
    7.6.1. Certificação básica ........................................................................ 203
    7.6.2. Certificação estendida ................................................................... 203
    7.6.3. Aceitação de cabeamento óptico .................................................... 204
        7.6.3.1. Sistema primário .......................................................... 204
        7.6.3.2. Sistema secundário ....................................................... 204
        7.6.3.3. Sistema centralizado ..................................................... 205

**CAPÍTULO 8**
# Considerações para Projetos de Redes Ópticas Passivas ............. 207
**8.1. METODOLOGIA DE PROJETO** ........................................................ 208
**8.2. MODELO DE NEGÓCIO** ................................................................. 211
    8.2.1. Capacidade de investimento ........................................................... 211
**8.3. PREMISSAS DE PROJETO** ............................................................... 213
**8.4. ANTEPROJETO** ............................................................................. 214
    8.4.1. Análise dos requisitos .................................................................... 215
    8.4.2. Levantamentos em campo ou site survey .......................................... 215
        8.4.2.1. Levantamento das rotas de cabos ..................................... 217
        8.4.2.2. Levantamento da rede elétrica .......................................... 219
        8.4.2.3. Levantamento de travessias .............................................. 220
    8.4.3. Viabilidade .................................................................................. 221
    8.4.4. Confiabilidade .............................................................................. 222
    8.4.5. Estratégia de crescimento .............................................................. 224
**8.5. ESCOPO** ...................................................................................... 224
    8.5.1. Cronograma ................................................................................ 224
**8.6. PROJETO BÁSICO** ......................................................................... 225
**8.7. PROJETO EXECUTIVO** ................................................................... 226
**8.8. PROJETO LÓGICO** ........................................................................ 227
    8.8.1. Taxa de penetração da rede ............................................................ 228
    8.8.2. Cálculo de perdas e orçamento de potência ...................................... 230
**8.9. PROJETO FÍSICO** .......................................................................... 230
    8.9.1. Área de cobertura geográfica .......................................................... 231
    8.9.2. Posicionamento dos elementos de terminação ................................... 232
        8.9.2.1. Posicionamento dos splitters de primeiro nível .................... 232
        8.9.2.2. Posicionamento dos splitters de segundo nível .................... 233
        8.9.2.3. Posicionamento de caixas de emenda ............................... 233
        8.9.2.4. Posicionamento dos elementos de distribuição ................... 234
    8.9.3. Contagem dos elementos de distribuição e terminação ........................ 235

8.9.4. Rota do cabeamento de alimentação ..................................................... 235
8.9.5. Rota do cabeamento de distribuição .................................................... 236
8.9.6. Regras para identificação da rede passiva ........................................... 237
    8.9.6.1. Identificação dos pontos de rede ........................................... 238
8.9.7. Escolha dos componentes de rede ...................................................... 239
    8.9.7.1. Componentes ativos ............................................................... 239
    8.9.7.2. Componentes passivos ........................................................... 240
    8.9.7.3. Hardware interno e externo .................................................... 242
    8.9.7.4. Cordões e extensões ópticas .................................................. 248
    8.9.7.5. Elementos de ancoragem ....................................................... 249

**8.10. DOCUMENTAÇÃO FINAL OU AS BUILT** .................................................. 250
8.10.1. Diagrama unifilar ................................................................................ 251
8.10.2. Plano de uso de bobinas .................................................................... 252
8.10.3. Reservas técnicas ............................................................................... 253
8.10.4. Detalhamento da rede interna ............................................................ 253
8.10.5. Contrato de locação de postes ........................................................... 253
8.10.6. Inventário de equipamentos ............................................................... 254
8.10.7. Bay face e layout dos armários ópticos .............................................. 254
8.10.8. Ocupação das caixas de emenda óptica .............................................. 254
8.10.9. Lista de materiais .............................................................................. 255

**8.11. RELATÓRIOS** ......................................................................................... 255
8.11.1. Relatório de engenharia ..................................................................... 255
8.11.2. Relatório de linha de tempo ............................................................... 256
8.11.3. Relatório de testes ............................................................................. 256
8.11.4. Relatório de adequação da rede externa aérea .................................... 257
8.11.5. Relatório de adequação da rede externa subterrânea ........................... 257

**CAPÍTULO 9**

# Critérios para Dimensionamento de Enlaces Ópticos ................ 259

**9.1. ORÇAMENTO DE POTÊNCIA ÓPTICA** ..................................................... 259
**9.2. ORÇAMENTO DE PERDA ÓPTICA** .......................................................... 261
**9.3. ATENUAÇÃO PONTA A PONTA** .............................................................. 262
**9.4. ATENUAÇÃO DO ENLACE** ..................................................................... 262
9.4.1. Atenuação do canal ............................................................................ 262
9.4.2. Atenuação nos conectores .................................................................. 263
9.4.3. Atenuação nas emendas ...................................................................... 264
**9.5. CÁLCULO DO ORÇAMENTO DAS PERDAS DO ENLACE** ......................... 265
9.5.1. Cálculo do comprimento do enlace ..................................................... 265
9.5.2. Orçamento das perdas no enlace ......................................................... 266
9.5.3. Atenuação passiva do enlace ............................................................... 268
9.5.4. Margem de desempenho e faixa dinâmica do receptor ......................... 269
    9.5.4.1. Margem de desempenho ........................................................ 269
    9.5.4.2. Faixa dinâmica do receptor .................................................... 270
**9.6. CONCLUSÃO** ........................................................................................ 274

**Glossário** ..................................................................................................... 275
**Referências** .................................................................................................. 295

# Capítulo 1

# Redes em banda larga

Nas últimas décadas, a infraestrutura das redes de telecomunicações passou por um processo de mudanças de conceitos, evoluindo de uma rede de transporte hierárquica, altamente estruturada, e com níveis bem definidos, para uma arquitetura mais plana e integrada, composta basicamente por três níveis: processamento, transporte e acesso.

Nessa nova ordem, as redes de comunicação são formadas por uma diversidade de equipamentos interligados, com diferentes arquiteturas e tecnologias. Em muitos casos, somadas aos novos equipamentos, ainda temos em operação arquiteturas de redes consideradas "ultrapassadas", que vêm sendo utilizadas há décadas para atender algumas funcionalidades específicas, as chamadas redes legadas.

Algumas arquiteturas de redes legadas de telecomunicações, especialmente aquelas usadas nas redes de acesso, ainda se mantêm em operação, apresentando limitações tecnológicas que impactam no oferecimento de novos serviços baseados, principalmente, na internet. Para o leitor se posicionar no tempo, as primeiras soluções de acesso, nos anos 1970, baseavam-se em sistemas discados, conhecidos como serviços *dial-up*, que não permitiam ao usuário usufruir do serviço de voz e de dados simultaneamente. Nos anos 1980, surgiu a arquitetura Digital Subscriber Line (xDSL ou xDSL), que permitia a coexistência de tráfego de voz e de dados no mesmo meio de comunicação, mas com sérias limitações de velocidade. Paralelamente, surgiu a Hybrid Fiber-Coaxial (HFC), tecnologia desenvolvida com o propósito de suportar transmissão de televisão por cabo, funcionando como alternativa ao DSL para o tráfego de voz e dados.

Em particular, as redes em fibra óptica comerciais, que entraram em operação nos anos 1980, começaram a mudar esse panorama, sendo usadas inicialmente nos *backbones* de telecomunicações.

Os sistemas de telecomunicações requerem estruturas de redes de alta capacidade e beneficiam-se do uso das fibras ópticas em backbones de longa distância. As redes de longa distância, os backbones, são as redes centrais das operadoras de telecomunicações que possibilitam o tráfego pesado de informação.

As redes ópticas também passaram a ser encontradas nos *backhauls*, as redes secundárias, que possibilitam a conexão entre as centrais das operadoras, no núcleo da rede, os backbones e as sub-redes periféricas dos provedores de telecomunicações, transportando um grande volume de dados dentro das cidades, entre cidades, estados, países e continentes.

Nos últimos quilômetros desse emaranhado de redes de comunicação está o acesso ao usuário final, o trecho conhecido como última milha, ou *last mile*. É o "último quilômetro" entre a operadora dos serviços de telecomunicações e o usuário final que possibilita a ligação entre as estações de serviços de telecomunicações e os usuários nas residências, nos prédios, empresas etc., para serviços na internet, comércio eletrônico, videoconferência, controle de processos, entre outros (Figura 1.1).

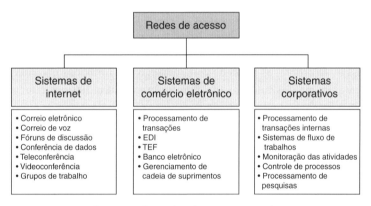

**FIGURA 1.1** Aplicações das redes de acesso em telecomunicações.

## 1.1. ELEMENTOS BÁSICOS DA REDE DE TELECOMUNICAÇÕES

É possível dividir uma rede de telecomunicações em três estruturas básicas: nó ou nó de processamento, rede de transporte e rede de acesso, como mostra a Figura 1.2.

No nó de processamento ocorre o tratamento e o encaminhamento da informação que será compartilhada entre os diversos usuários da rede de telecomunicações, ou seja, é o ponto de conexão do usuário com a rede.

A rede de transporte é o elemento de ligação, responsável pela comunicação entre dois ou mais nós de processamento e apresenta tipos diferenciados de mídias para conexão, tais como: sistemas sem fio, fibra óptica, cabos de cobre (cabos de pares ou cabo coaxial) ou ainda a combinação desses meios.

A rede de acesso é o elemento responsável pela interligação dos usuários aos nós de processamento, apresentando uma terminação de rede que representa o ponto de demarcação entre o domínio público (rede da operadora) e o privado (rede do usuário), e pode ser do tipo passivo, apresentando somente a função de conexão, ou ativo, apresentando as funções de conversão de sinais e conversão de protocolos, além de realizar a função de conexão.

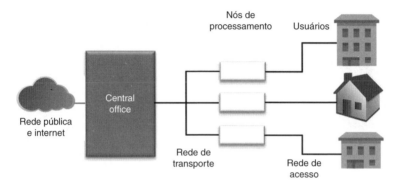

**FIGURA 1.2** Elementos básicos da rede de telecomunicações.

## 1.2. REDE DE ACESSO

A rede de acesso é parte integrante de qualquer sistema de telecomunicações e deve ser economicamente viável para o provedor de serviços. Sua principal funcionalidade é conectar os usuários do sistema aos diversos serviços disponíveis, por exemplo, provendo conexão com a internet e a telefonia, e a troca de informações de dados, voz e vídeo por meio de serviços dedicados.

A rede de acesso envolve os elementos tecnológicos que suportam os enlaces de telecomunicações entre os usuários finais e o último nó da rede. Com frequência, denomina-se "local loop" ou "last mile", a última milha, e pode ser classificada segundo o meio de transmissão predominante em quatro grupos:

- Redes de acesso por par metálico
- Redes de acesso sem fio
- Redes de acesso mistas
- Redes de acesso totalmente ópticas

A rede de acesso é construída de modo que forneça ao usuário final conexão às diferentes aplicações que ele deseja acessar. Com esse objetivo, ela conta com pontos de convergência que têm como função concentrar os acessos individuais dos usuários mediante processos e protocolos de conversão.

De uma forma mais simples, a rede de acesso é a última ligação entre os usuários finais e o ponto de conexão com a infraestrutura da rede do provedor de serviços, conhecido como ponto de presença (Point of Presence – PoP) ou nó central de processamento (Central Office – CO). Esta conexão se dá através de distribuidores externos, até os pontos de terminação na rede (PTR), conforme mostra a Figura 1.3.

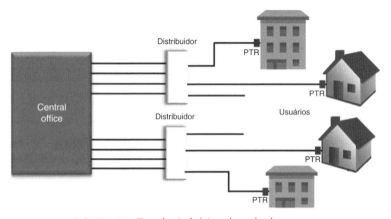

**FIGURA 1.3** Topologia básica de rede de acesso.

Diferentes tecnologias são usadas nesses elementos, como cabos metálicos, rádio enlace, fibras ópticas, satélite, rede elétrica etc. A escolha de uma ou outra tecnologia, ou ainda um conjunto delas, depende de fatores como custos, distâncias envolvidas, disponibilidade e nível de qualidade de sinal desejada, condições climáticas, entre outros.

Ainda hoje, as redes de acesso são constituídas predominantemente por cabos metálicos, que proporcionam acessos na faixa de megabits por segundo (Mbps). Entretanto, as redes de acesso ópticas são uma realidade cada vez mais presente e propiciam uma largura de banda superior, na casa de dezenas ou mesmo centenas de gigabits por segundo (Gbps). As principais desvantagens do acesso óptico ainda são o custo e o tempo gasto para sua instalação, uma vez que envolvem equipamentos caros e específicos, além de pessoal especializado.

### 1.2.1. Topologias de acesso óptico

No caso das redes ópticas de acesso é possível distinguir três topologias: redes ponto a ponto, redes ponto a multiponto e redes ópticas no espaço livre.

### 1.2.1.1. Topologia ponto a ponto

Na topologia ponto a ponto, ou P2P, os enlaces ópticos utilizam fibras dedicadas que conectam diretamente os usuários dos serviços à central de equipamentos do provedor ou da operadora de telecomunicações por meio de equipamentos ativos, ou seja, equipamentos que dependem de energia elétrica para funcionar e que necessitam de algum tipo de configuração.

Esta topologia facilita as atualizações, ou upgrades, no fornecimento dos serviços. Porém, envolve um custo elevado na instalação dos equipamentos, tanto na central quanto nos usuários e, nos casos de reparo da rede, apresenta um tempo de recuperação elevado, principalmente quando da ruptura dos cabos principais que ligam os usuários à central da operadora (Figura 1.4).

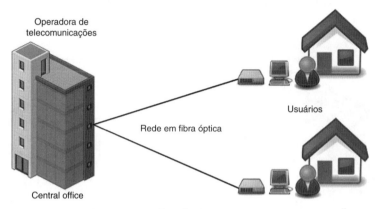

**FIGURA 1.4** Topologia ponto a ponto.

### 1.2.1.2. Topologia ponto a multiponto

A topologia ponto a multiponto pode usar diferentes configurações (barramento, árvore ou anel), substituindo os dispositivos ativos por componentes ópticos passivos, os *splitters*, que não dependem de alimentação elétrica para funcionar e não requerem nenhum tipo de configuração (Figura 1.5).

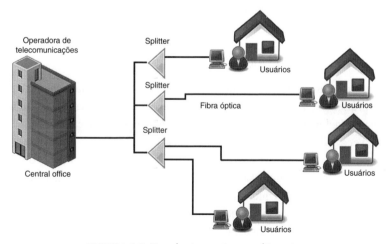

**FIGURA 1.5** Topologia ponto a multiponto.

### 1.2.1.3. Topologia em espaço aberto

A topologia em espaço aberto faz uso de transmissores e receptores que não utilizam um meio físico para a transmissão dos sinais, em configuração ponto a ponto ou ponto a multiponto. Desenvolvidos na década de 1960, para aplicações militares, os sistemas ópticos em espaço aberto, mais conhecidos como FSO (Free Space Optics) estabelecem uma conexão óptica pelo ar com o uso de lasers posicionados e apontados entre transmissores e receptores, conforme mostra a Figura 1.6.

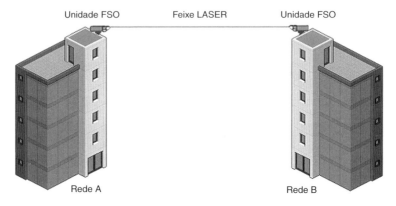

**FIGURA 1.6** Topologia FSO.

Os sistemas FSO permitem altas taxas de transmissão com bons níveis de disponibilidade. Têm sua aplicação como alternativa aos enlaces de fibras ópticas, principalmente na interconexão de redes interedifícios, em regiões de alta densidade de cabos ou locais de difícil construção subterrânea ou aérea.

### 1.3. REDES EM BANDA LARGA

Na literatura técnica podem ser encontradas duas definições clássicas para banda larga: a primeira se refere à velocidade de conexão e a segunda às características do serviço relacionadas com a capacidade de a rede poder conectar, de forma ininterrupta, seus usuários a uma variedade de serviços.

No relatório, de 2011, da Comissão de Banda Larga para o Desenvolvimento Digital (Broadband Commission for Digital Development), órgão misto da Organização das Nações Unidas para a Educação, a Ciência e a Cultura (United Nations Educational, Scientific and Cultural Organization – Unesco) e da União Internacional de Telecomunicações (International Telecommunication Union – ITU), temos outra definição para banda larga:

É possível definir "banda larga" de várias maneiras: como um mínimo de transmissão de envio e/ou recebimento de dados, por exemplo, ou de acordo com a tecnologia utilizada ou o tipo de serviço que pode ser ofertado. No entanto, os países diferem em suas definições de banda larga, e, com o avanço das tecnologias, as velocidades mínimas definidas são susceptíveis de aumentar no mesmo ritmo.

A ideia de banda larga difundiu-se primeiramente como uma inovação tecnológica em relação à conexão "discada", isto é, aquela realizada via rede de telefonia fixa, também conhecida como acesso dial-up. Representava justamente o alargamento da banda de conexão de voz que permitia um fluxo maior de dados em uma fração menor de tempo. Com o passar dos anos, novos sistemas digitais surgiram com o objetivo de alcançar melhores resultados para esse tipo de acesso em termos de velocidade e desempenho (Figura 1.7).

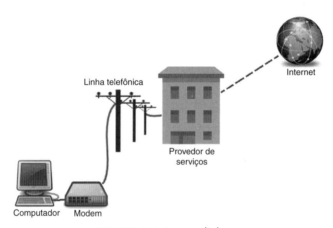

**FIGURA 1.7** Acesso dial-up.

## 1.3.1. Internet banda larga

Uma rede de telecomunicações é considerada como de banda larga se seu desempenho não for um fator limitante na capacidade de o usuário utilizar as aplicações que necessita. Por exemplo, uma das principais características da internet é possibilitar a interação direta entre seus usuários e os sistemas, conteúdos e aplicativos disponibilizados em diversos servidores. Neste sentido, uma conexão da internet em banda larga deve prever essa dinâmica e sua plena conectividade à rede. Isso implica garantir que a capacidade de receber e enviar dados seja satisfeita em termos de desempenho e de velocidade e que a conexão não seja um fator impeditivo para o acesso aos serviços da rede. Em consequência, o termo "internet banda larga" passou a ser usado para descrever as conexões que são significativamente mais rápidas do que as conexões dial-up e incluiu todas as tecnologias que permitem a transferência, em alta velocidade, de informação multimídia (voz, dados e imagens).

É possível ser ainda mais preciso e incluir, além da velocidade e largura de banda, as propriedades dos serviços, ou seja, definir a internet banda larga como o provimento de acesso rápido e ininterrupto a uma multiplicidade de serviços, usando diferentes plataformas e dispositivos, ao usuário final. Isso significa velocidades de transmissão iguais ou superiores a 256 Kbps para conexões no sentido de *downstream* (dados transmitidos pela rede até o usuário) e iguais ou superiores a 64 Kbps para conexões de *upstream* (dados enviados do usuário em direção da rede).

Convém observar que o potencial da internet banda larga está relacionado não somente com sua significativa maior largura de banda e alta velocidade, criando as condições necessárias para a entrega de serviços interativos, mas também com sua habilidade de aumentar o uso permanente destes serviços, pois a banda larga induz o uso de internet de forma espontânea e contínua como uma consequência da sua característica de disponibilidade em todo lugar, ou "always on". Os serviços podem ser entregues com o uso de diferentes combinações de tecnologias de redes que substituem ou complementam umas às outras, cada uma apresentando diferentes características que influenciam na capacidade total de transmissão da rede.

O fato é que a demanda por banda larga vem aumentando a cada dia, não só em termos de velocidade como também em número de pessoas e empresas que necessitam desse serviço. Novas tecnologias voltadas para internet surgem a todo o momento, ampliando a disponibilidade de acesso de maneira rápida e prática.

## 1.4. REDES DE ACESSO EM BANDA LARGA

Existe um número significativo de tecnologias para o acesso em banda larga que pode ser dividido em dois grandes grupos: o primeiro grupo se refere às tecnologias baseadas em infraestrutura física ou fixa (cabos metálicos, cabos coaxiais, cabos de fibra óptica e rede elétrica), e o segundo grupo diz respeito àquelas baseadas em infraestrutura sem fios (rádios micro-ondas, Wi-Fi, Satélite, 3G, 4G etc.), conforme exemplifica a Figura 1.8.

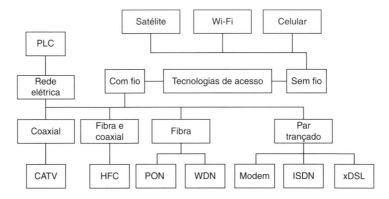

**FIGURA 1.8** Tecnologias de redes de acesso.

# Redes em banda larga

As tecnologias de acesso em banda larga, ainda que distintas em vários aspectos, e cada uma com sua peculiaridade, apresentam vantagens e desvantagens, embora apontem para uma mesma finalidade: possibilitar ao usuário o acesso em alta velocidade, com maior número de opções de conectividade e melhor qualidade dos serviços.

As tecnologias fixas, principalmente aquelas que utilizam as fibras ópticas, são mais estáveis, propiciam maior capacidade de tráfego de dados e, por isso, são usadas como partes integrantes da infraestrutura para os backbones e backhauls de telecomunicações.

Já as tecnologias sem fio são mais suscetíveis a oscilações e interferências externas, notadamente interferências eletromagnéticas (EMI), sendo geralmente empregadas na conexão da última milha (last mile) nas redes de acesso ou em situações onde não há, momentaneamente, viabilidade técnica para a passagem de algum tipo de cabeamento (Figura 1.9).

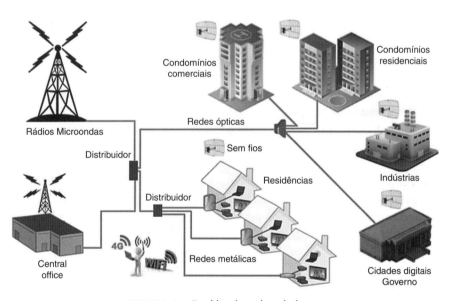

**FIGURA 1.9** Backhaul em banda larga.

No decorrer deste livro, terminologias como backbone, backhaul e last mile serão citadas e por isso, convém aqui fazer uma rápida explanação a respeito. Backbone, em tradução livre, significa "espinha dorsal"; em redes de telecomunicações, refere-se ao núcleo da rede que concentra o tráfego de informações (dados, voz, imagem etc.). Já o backhaul, que também é uma rede de alta capacidade, consiste em segmentos secundários, isto é, redes que fazem a conexão entre o núcleo da rede e as sub-redes periféricas. No caso do last mile, também conhecido como "última milha", este inclui a infraestrutura situada na ponta da rede e que possibilita a interligação entre as estações de distribuição (vinculadas ao backhaul) e as residências, prédios, redes móveis etc., ou seja, trata dos últimos quilômetros da rede que possibilitam o acesso ao usuário (Figura 1.10).

**FIGURA 1.10** Estrutura de rede mostrando backbone, backhaul e last mile.

Fica evidente que a existência de redes capazes de lidar com grande volume de tráfego de informações é uma condição necessária para garantir que os backbones e backhauls dos provedores de serviços de telecomunicações possam dar vazão ao grande volume de dados que circula na atualidade, destacadamente a internet.

No Brasil, o uso de redes em fibra óptica cresceu consideravelmente devido ao barateamento de equipamentos, cabos e demais acessórios e ao próprio aumento na demanda por meios de comunicação de alta velocidade e com grande capacidade para a transmissão de sinais em diversos formatos (voz, dados, imagens etc.). Entre os principais motivadores do crescimento das redes ópticas estão a expansão dos sistemas de telefonia fixa e telefonia celular, TV a cabo, sistemas de aplicações em tempo real (videoconferência, telemedicina etc.), o desenvolvimento das redes de computadores e redes industriais e, principalmente, a ampliação no uso da internet.

## 1.5. TECNOLOGIAS DE REDES DE ACESSO

Para um melhor entendimento dos meios de transmissão atualmente empregados nos backbones, nos backhauls e no trecho do last mile, serão apresentadas resumidamente algumas das tecnologias em uso, com suas características básicas, vantagens e limitações.

### 1.5.1. DSL

Foi uma das primeiras tecnologias de banda larga a ganhar escala e uma das mais utilizadas no mundo. A principal razão de sua grande utilização, e uma de suas principais vantagens, é a utilização da infraestrutura da rede legada de telefonia fixa.

# Redes em banda larga

Apesar de ter um custo de implantação relativamente baixo quando comparada com outras tecnologias mais recentes que exigiriam o projeto de uma rede totalmente nova, essa tecnologia requer um número razoável de centrais de equipamentos para compensar as deficiências e distâncias envolvidas na rede fixa (Figura 1.11).

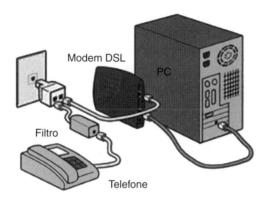

**FIGURA 1.11** Exemplo de conexão DSL.

## 1.5.2. Modem a cabo (cable modem)

A tecnologia de modem a cabo também está incluída entre as primeiras adaptadas para os serviços de banda larga. Utiliza as redes de transmissão de TV por assinatura através de canais físicos (cabos metálicos e coaxiais) entre o provedor do serviço e a residência do usuário.

A estrutura da rede de cabos coaxiais serve como meio por onde o sinal trafega até ser decodificado por um modem na ponta do processo. Por esse motivo, a tecnologia é mais conhecida como cable modem (Figura 1.12).

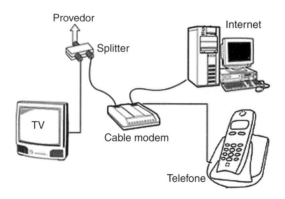

**FIGURA 1.12** Conexão cable modem.

Assim como o DSL, também tem a vantagem de utilizar infraestrutura de telefonia fixa ou do provedor de TV a cabo. A principal desvantagem deste meio para a conexão em banda larga está na sua limitação quanto ao controle e fluxo de dados.

### 1.5.3. PLC

A tecnologia PLC (Power Line Communication), também conhecida como BPL (Broadband over Powerline) ou banda larga sobre a rede elétrica, é uma tecnologia baseada no conceito de aproveitamento da rede elétrica para transmitir sinais de dados e voz, permitindo ainda aplicações como telefonia IP (VoIP), TV por assinatura, transmissão de vídeo e áudio sob demanda, telemetria e outras, atingindo velocidades de dezenas de megabits por segundo.

A ideia básica é utilizar o sistema de distribuição de energia em baixa e média tensão, existente em praticamente todas as cidades, como meio de transporte dos sinais de telecomunicações (Figura 1.13).

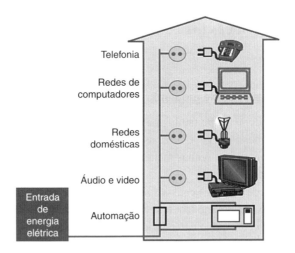

**FIGURA 1.13** Aplicações com PLC.

### 1.5.4. Wireless

A maioria das conexões de banda larga sem fio (wireless) se dá por sinais de radiofrequência. Os sistemas funcionam mediante a instalação de antenas repetidoras em pontos estratégicos, que devem propiciar a cobertura até o aparelho do usuário final. Podemos agrupar as formas de conexão em dois segmentos: a conexão em frequências licenciadas e a conexão em frequências não licenciadas.

A primeira forma opera em faixas específicas de frequências previamente estipuladas pelo órgão regulador de telecomunicações, a Anatel (Agência Nacional de Telecomunicações), no caso do Brasil. A segunda diz respeito à transmissão

# Redes em banda larga

de sinais que utilizam faixas livres do espectro de radiofrequência, que não requerem licenciamento prévio, conhecidas como bandas ISM (Instrumentation, Scientific and Medical), que compreendem três segmentos do espectro: 902 MHz a 928 MHz, 2.400 MHz a 2.483,5 MHz e 5.725 MHz a 5.850 MHz; e a banda U-NII (Unlicensed National Information Infrastructure), que contém as faixas de frequências entre 5.150 MHz e 5.825 MHz (Figura 1.14).

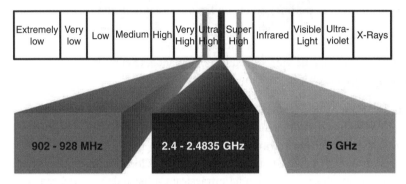

**FIGURA 1.14** Bandas ISM.

### 1.5.5. Móvel 3G e 4G

Estas tecnologias de rede também utilizam o espectro de radiofrequência, especificamente as faixas destinadas à telefonia celular. As denominações 3G e 4G significam "terceira geração" e "quarta geração", respectivamente; isto é, após a primeira e a segunda geração, que marcaram as fases iniciais da telefonia móvel, a inovação das tecnologias celulares possibilitou a entrada das operadoras de telefonia nos serviços de banda larga.

A principal característica do serviço móvel celular é oferecer uma cobertura onipresente e contínua, logicamente dependendo da infraestrutura instalada por cada operadora. Cada estação pode oferecer suporte a um número limitado de usuários na sua área de cobertura, até alguns quilômetros de distância.

As torres de celulares são ligadas umas às outras por uma rede de backhaul que também fornece ao usuário interligação com a rede fixa de telefonia, serviços de dados e internet (Figura 1.15).

A quarta geração trouxe um expressivo aumento da velocidade de transmissão de dados, sendo projetada para integração com sistemas baseados em protocolos nativos da internet.

Quanto às desvantagens, as redes móveis apresentam as mesmas limitações das transmissões por radiofrequência elencadas no item anterior. Apesar do aumento das velocidades, a largura de banda continua inferior quando comparada às tecnologias de redes físicas, como as que utilizam a fibra óptica.

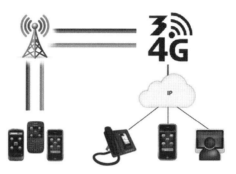

**FIGURA 1.15** Redes móveis 3G e 4G.

### 1.5.6. Satélite

Trata-se de um serviço em banda larga sem fio que também se dá por espectro eletromagnético, porém utilizando a triangulação entre satélites geoestacionários (no espaço) e receptores (na Terra).

A conexão via satélite é uma opção para usuários localizados em áreas remotas, rurais ou montanhosas, onde não há infraestrutura física de acesso à rede de telecomunicações. Também permite o serviço remoto a navios, trens, veículos e outros meios de transporte. Sobre as desvantagens da tecnologia via satélite, a capacidade de transmissão é menor quando comparada com outras tecnologias, principalmente aquelas que usam infraestrutura física.

Apesar da redução nos custos operacionais, o serviço satelital ainda é caro e requer a alocação de transponders nos satélites. Nessa categoria, podemos incluir o serviço DTH (Direct to Home), tecnologia que utiliza satélites para prestar serviços de TV por assinatura e que também possibilita o acesso à internet (Figura 1.16).

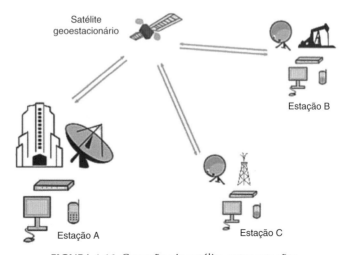

**FIGURA 1.16** Conexão via satélite entre estações.

# Redes em banda larga

Outro inconveniente é que esse tipo de conexão apresenta uma latência (atraso de tempo entre o momento da transmissão e o momento em que os efeitos da transmissão se iniciam) bastante alta em comparação com outras tecnologias, além de ocorrerem problemas de interferências atmosférica e climática na transmissão, especialmente em regiões tropicais.

A alta latência das redes via satélite se refere ao tempo transcorrido desde a transmissão, a partir de uma estação terrena, até o satélite e deste para outra estação terrena. A distância entre o satélite, que está a cerca de 35 mil km no espaço, em órbita geoestacionária, e as estações terrenas adiciona, ida e volta, entre 1 a 2 segundos e faz com que aplicações sensíveis à latência, tais como jogos on-line, sofram em termos de usabilidade (Figura 1.17).

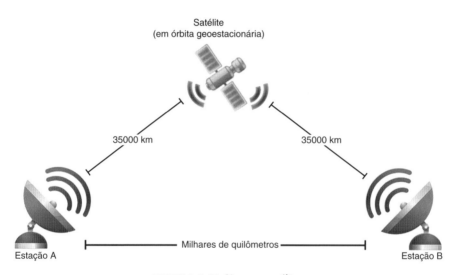

**FIGURA 1.17** Sistema satélite.

## 1.5.7. Fibras ópticas

As redes de comunicação com fibras ópticas oferecem maiores velocidades, melhor largura de banda, confiabilidade e segurança no tráfego das informações. Como a tecnologia aplicada na construção das redes ópticas tem apresentado grande evolução ao longo dos anos, obtém-se como resultado, infraestruturas com custos reduzidos e com maior nível de eficiência. Entretanto, fatores como custos de uso do solo e de posteamento, assim como custos dos projetos e das respectivas licenças em áreas urbanas e rurais, ainda são limitantes na sua utilização.

Os projetos com fibras ópticas se aplicam nas redes externas (alimentação, distribuição e acesso) e de longa distância, principalmente para utilização pelas concessionárias de serviços de telecomunicações, operadoras de TV a cabo (CATV) e provedores de serviços de internet (ISPs). A fibra óptica também pode ser utilizada em ambientes sujeitos a ruídos eletromagnéticos (galpões industriais, subestações de energia elétrica, entre outros) ou com restrições para o meio metálico (depósitos de combustíveis e gases inflamáveis, oleodutos, gasodutos etc.), bem como atender distâncias superiores aos padrões exigidos para o cabeamento metálico (Figura 1.18).

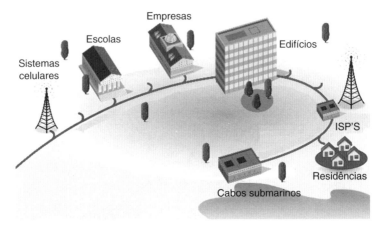

**FIGURA 1.18** Exemplos de aplicação de fibras ópticas.

## Capítulo 2

# A Fibra Óptica

O contínuo aumento das taxas de transmissão nos sistemas de transporte de telecomunicações atuais deve-se, principalmente, ao uso dos sistemas ópticos de comunicação. Foi com a descoberta e posterior utilização das fibras ópticas com baixas perdas, ocorrida na década de 1970, que se tornou possível atingir as altas taxas de transmissão, com velocidades chegando atualmente à ordem de centenas de gigabits por segundo.

## 2.1. BREVE HISTÓRICO

As comunicações ópticas não constituem um privilégio do homem moderno. A ideia de se utilizar luz como meio de comunicação é antiga. Desde cedo, o homem vem utilizando as fontes de luz existentes na natureza com a finalidade de estabelecer comunicação à distância. O sol, por exemplo, serviu como base para os primeiros sistemas ópticos conhecidos. Com o uso de espelhos ou outros objetos interpostos à luz solar, conseguia-se refletir a luz e transportar informações de um lugar a outro.

Como exemplos desses desenvolvimentos, podemos citar, no século XVIII, o sistema de comunicações ópticas idealizado pelo engenheiro francês Claude Chappe, sistema conhecido como *Sémaphore*. Considerado como o primeiro telégrafo óptico, o *Sémaphore* era baseado em um dispositivo de braços mecânicos, o qual, instalado no alto de uma torre e operado manualmente, permitia a transmissão de sinais em distâncias consideráveis (Figura 2.1).

Por meio de uma rede formada com esses dispositivos, construída em colinas e espaçada convenientemente, as mensagens eram transmitidas a grandes distâncias em um tempo relativamente pequeno. Embora a ideia tenha sido de grande impacto na época, o sistema de Chappe acabou tornando-se obsoleto com a invenção do telégrafo elétrico por Samuel Morse, em 1835, e acabou caindo em desuso.

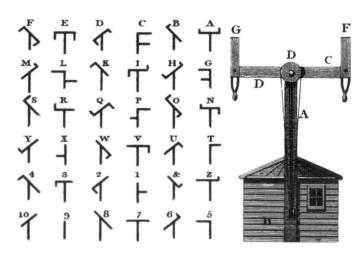

**FIGURA 2.1** Códigos *Sémaphore* de Chappe.

Em 1870, o pesquisador inglês John Tyndall realizou experiências nas quais demonstrava ser possível conduzir luz através de um fluxo de água, baseado no princípio físico da reflexão total. Utilizando um recipiente com um furo, um balde com água e o sol como fonte de luz, Tyndall observou que, à medida que transferia a água do recipiente furado para o balde, o fluxo de água que saía era iluminado pela luz do sol, através do furo do recipiente, e seguia por esse fluxo (Figura 2.2). Esse experimento, apesar de não ter uma aplicação prática na época, acabou despertando o interesse de outros pesquisadores, que deram continuidade ao estudo.

**FIGURA 2.2** Experimento de Tyndall.

# A Fibra Óptica

Em 1880, Alexander Graham Bell apresentou e patenteou um sistema óptico para uso em telefonia, que batizou com o nome de Photophone. Esse aparelho empregava a luz do sol que, refletida a partir de um espelho que vibrava ativado pela voz, chegava até um dispositivo baseado numa vareta de selênio, cuja resistência elétrica mudava conforme a intensidade de luz que atingia sua superfície. A vareta era conectada em uma cápsula receptora alimentada por uma bateria e esse conjunto reproduzia o som da voz humana do lado do receptor (Figura 2.3).

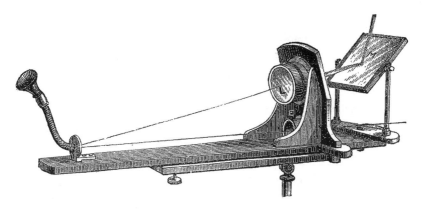

**FIGURA 2.3** Estrutura do Photophone de Bell.

A tecnologia disponível na época limitava o alcance desse sistema a 200 m e, além disso, não funcionava sem a luz solar direta. Devido a essas limitações, Bell acabou desenvolvendo o telefone, que se mostrou mais prático e que acabou sendo utilizado em todo o mundo.

Como se pode observar, todas as iniciativas de transmissão da energia luminosa pelo ar encontravam obstáculos e o desenvolvimento dos sistemas ópticos em estruturas sólidas geralmente esbarrava na falta de disponibilidade de um meio adequado para a transmissão da luz. A atmosfera, sujeita a diversos tipos de interferências, como chuva, neblina, neve, poeira etc., mostrava-se bastante limitada. Também havia o inconveniente de que o transmissor e o receptor deveriam estar visíveis entre si, o que causava grandes dificuldades para a comunicação. Todos esses fatores acabaram estimulando a busca de novas alternativas para um modo de transmissão da luz. Muitos pesquisadores tentaram solucionar esses problemas buscando transmiti-la na forma de trajetórias curvilíneas. Entretanto, eles tiveram que aguardar o surgimento das condições tecnológicas propícias para desenvolver um meio óptico adequado para a transmissão de luz em grandes distâncias.

Somente em 1953, quando o pesquisador indiano Narinder Singh Kapany desenvolveu fibras de vidro com revestimento e introduziu o termo "fibra óptica", é que as esperadas condições tecnológicas surgiram. Com a invenção do laser, em 1958, e sua primeira realização prática, em 1960, os esforços de pesquisa e desenvolvimento em comunicações ópticas tiveram um novo impulso. Foi na segunda metade da década de 1960, que a fibra óptica tornou-se viável para substituir os cabos metálicos em algumas aplicações de comunicação.

Todavia, as pesquisas com fibras ópticas não obtiveram resultados importantes até a década de 1970, época em que se começou a buscar sua aplicação em sistemas de telecomunicações. No decorrer dessa década, houve um grande avanço na tecnologia optoeletrônica, com o desenvolvimento de dispositivos emissores de luz em estado sólido, como o diodo emissor de luz (Light Emitting Diode – LED) e o diodo laser (Laser Diode – LD). A partir de 1976, foram instalados na Inglaterra os primeiros sistemas de transmissão com fibras ópticas, entrando em operação, nesse ano, o primeiro sistema óptico comercial de que se tem conhecimento. Este sistema utilizava um enlace de fibra óptica de 1,4 km para distribuição de sinais de televisão por cabo.

Com o grande desenvolvimento das comunicações e da informática, durante a década de 1980, as aplicações da fibra óptica não se limitaram ao campo das telecomunicações, chegando a outros setores, como indústria, medicina, astronomia, aplicações militares, automação industrial e residencial, entre outros. Os esforços de pesquisa foram orientados para a busca de sistemas com maior eficiência, com maiores capacidades de transmissão e maior alcance com menor número de repetidores. Neste sentido, procurou-se trabalhar com sistemas operando em comprimentos de ondas para os quais a atenuação das fibras ópticas fosse a mais baixa possível.

O Brasil foi um dos primeiros países do mundo a dominar a tecnologia de fibras ópticas, ainda no final da década de 1970. A Universidade Estadual de Campinas (Unicamp), no interior do estado de São Paulo, foi o primeiro instituto a desenvolver a tecnologia e a produzir fibras ópticas, nessa época. A tecnologia desenvolvida foi transferida para a estatal Telebrás, que a repassou, no início dos anos 1980, para as empresas privadas começarem a produzir a fibra óptica em escala comercial.

Um importante desafio, continuamente enfrentado no desenvolvimento de sistemas de transmissão por fibras ópticas, é a chamada barreira eletrônica. Esta barreira reflete o fato de a limitação dos sistemas ópticos não ser causada pela banda passante da fibra óptica ou da fonte luminosa utilizada, mas pelos componentes eletrônicos usados para o processamento dos sinais.

## 2.2. PROPAGAÇÃO DA LUZ NA FIBRA ÓPTICA

Como mencionado, a tecnologia atual da fibra óptica é resultado do avanço tecnológico ao longo de décadas, determinado pela contribuição de diversos pesquisadores e pelo enorme investimento financeiro feito por diferentes empresas e centros de pesquisas em todo mundo.

# A Fibra Óptica

Em relação à luz, não há um modelo único e preciso para descrever sua natureza. Em determinadas condições, a luz se comporta como um raio ou como partículas eletromagnéticas que se movem em alta velocidade, denominadas fótons. Em outras situações, é mais fácil descrever a luz como uma onda eletromagnética. Todavia, a melhor maneira para explicar como as fibras ópticas funcionam se vê na lei de Snell.

A lei de Snell afirma que a relação entre o seno do ângulo de incidência e o seno do ângulo de refração é igual à relação entre as velocidades de propagação da onda nos dois meios respectivos. Isso é igual a uma constante, que representa a relação entre o índice de refração do segundo meio e do primeiro. Ou seja, o funcionamento da fibra óptica está baseado em dois fenômenos: a reflexão e a refração da luz.

A reflexão e a refração da luz são fenômenos ópticos relacionados com a forma como a luz se propaga no meio. Quando a luz incide sobre uma superfície, pode ser refletida (feixe de luz de uma lanterna na direção de um espelho) ou refratada (um lápis no interior de um copo com água), gerando diferentes impressões visuais (Figura 2.4).

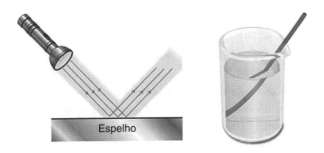

**FIGURA 2.4** Reflexão e refração.

A fibra óptica segue o mesmo princípio para que a luz irradiada em uma das extremidades da fibra alcance a extremidade oposta, ainda que a fibra seja dobrada ou arqueada.

## 2.2.1. Reflexão da luz

Considerando que a energia eletromagnética pode se apresentar de diversas formas, a luz é uma forma de energia eletromagnética constituída por fótons, que viajam, no vácuo absoluto, a uma velocidade de aproximadamente 300 mil km/s. Quando a luz incide sobre uma superfície polida, como ocorre nos espelhos, ela é totalmente refletida, ou seja, retorna ao meio de origem. Essa reflexão pode ser classificada de duas formas: reflexão regular, quando os raios de luz incidem sobre uma superfície totalmente polida e são refletidos todos na mesma direção e paralelos entre si e, reflexão difusa, quando os raios de luz incidem sobre uma superfície irregular e são refletidos em diferentes direções (Figura 2.5).

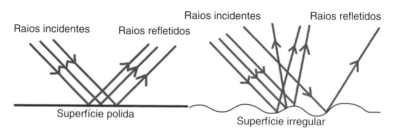

**FIGURA 2.5** Reflexão.

### 2.2.1.1. Reflexão interna total

O mecanismo básico de transmissão da luz ao longo da fibra óptica consiste, em termos de óptica geométrica, num processo de reflexão interna que ocorre quando um feixe de luz emerge de um meio mais denso para um meio menos denso. A fibra corresponde ao meio físico onde a luz, irradiada por um dispositivo fototransmissor, é guiada e, propagando-se por reflexões sucessivas, chega até um dispositivo fotodetector.

Para que todos os feixes de luz se mantenham dentro do núcleo, deve ocorrer a reflexão interna total, que depende dos índices de refração e índice de incidência do material que compõe a fibra. Assim, a luz se propaga no interior de uma fibra óptica fundamentada no princípio da reflexão total (Figura 2.6).

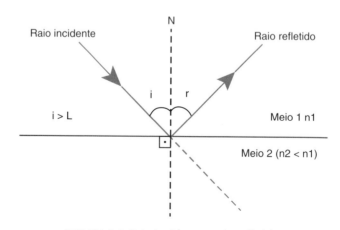

**FIGURA 2.6** Raio incidente e raio refletido.

## 2.2.1.2. Ângulo crítico

Examinar a luz em termos da teoria de ondas pode servir para mostrar que a atenuação de um raio de luz, enquanto este passa através de meios com índices refrativos diferentes (n1 e n2), pode curvar-se. Considerando que a velocidade da luz em qualquer meio é sempre menor que no vácuo, o índice de refração sempre será um número maior que 1. Uma vez que um raio de luz seja projetado para atingir a superfície do vidro em um ângulo oblíquo específico, o raio não é curvado, ele é refletido. Assim nenhuma transmissão ocorre. O ângulo sob o qual isto ocorre é único para todas as superfícies limítrofes (ar para água, ar para vidro, ou um vidro para outro vidro) e é conhecido como ângulo crítico.

No ângulo crítico, a luz é refletida de volta da superfície e permanece dentro do meio mais denso. A luz, viajando por uma haste de fibra de material transparente com um índice refrativo maior do que o material que o rodeia, será internamente refletida, continuamente, dentro da haste, enquanto o ângulo de incidência for maior do que o ângulo crítico.

Quanto maior for o ângulo crítico em relação ao material, maior a chance de que uma proporção maior do sinal de luz enviado ao longo da fibra seja refratada para fora do material de transmissão (Figura 2.7).

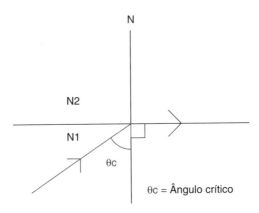

**FIGURA 2.7** Ângulo crítico.

Baixos valores para o ângulo crítico são muito importantes para evitar a perda de energia luminosa. Dessa forma, os dois fenômenos, refração da luz e ângulo crítico, combinam-se para permitir o funcionamento da fibra óptica.

## 2.2.1.3. Abertura numérica

Nem toda luz que penetra no núcleo da fibra óptica satisfaz às condições de reflexão interna total e, portanto, é transmitida através da fibra. A luz pode incidir na superfície de separação entre a casca e o núcleo da fibra com um ângulo maior que o ângulo limite e, então, ser refletida. Esse ângulo máximo com que um feixe de luz pode ingressar na fibra para que ocorra a reflexão interna total é chamado de ângulo de aceitação. Os raios luminosos com inclinação superior a ele não são transmitidos pelo núcleo da fibra, mas penetram na casca, onde são atenuados e se perdem.

A partir do ângulo de aceitação da fibra define-se a abertura numérica (Numerical Aperture – NA). A NA traduz a capacidade da fibra óptica de captar a luz e corresponde ao seno do ângulo máximo de aceitação da fibra óptica. Assim, quanto maior a abertura numérica, maior é o ângulo para a reflexão total. Pode ser representada pelo ângulo formado entre um eixo imaginário localizado no centro da fibra e um feixe de luz incidente, de tal forma que este feixe consiga sofrer a primeira reflexão, necessária para a luz se propagar ao longo de toda a fibra.

O raio de luz incidente para se propagar ao longo da fibra óptica deve estar dentro de uma figura geométrica na forma de um cone, chamado de cone de aceitação, referente à NA. O cone de aceitação da fibra óptica define um ângulo de admissão "a" segundo o qual toda a radiação incidente é transmitida pela fibra e o feixe de luz injetado sob o cone de aceitação irá se propagar ao longo da fibra óptica (Figura 2.8).

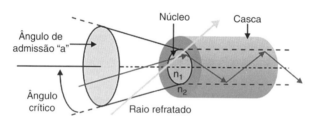

**FIGURA 2.8** Abertura numérica na fibra óptica.

Do ponto de vista prático, a NA é a medida da capacidade da fibra óptica de captar e transmitir o sinal luminoso. Quanto maior for a NA, maior o ângulo de aceitação da fibra e, portanto, maior a potência luminosa acoplada à fibra óptica. Por exemplo, fibras multimodo apresentam uma maior abertura numérica em relação às fibras monomodo, permitindo o uso de sistemas mais baratos baseados em transmissores usando LED, VCSEL e LD para enlaces de curta distância.

Na Tabela 2.1, são apresentados os valores de NA para as fibras multimodo.

**TABELA 2.1** Abertura numérica em fibras multimodo

| Dimensões da fibra ($\mu$m) | Abertura numérica (na) | Potência acoplada relativa em 62,5/125 $\mu$m |
|---|---|---|
| 50/125 | 0,20 | −2,2dB |
| 62,5/125 | 0,275 | 0 dB |

## 2.2.2. Refração da luz

Quando um feixe de luz que se propaga por um meio (o ar, por exemplo) e penetra em outro (água, outro exemplo), uma parte dessa luz é refletida e outra sofre o efeito da refração. A refração consiste na mudança da velocidade da luz ao passar de um meio para o outro. É em virtude desse fenômeno que um objeto colocado dentro de um copo aparenta estar torto ou que uma piscina parece ser mais rasa do que realmente é (Figura 2.9).

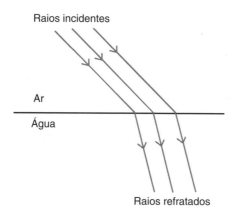

**FIGURA 2.9** Refração.

O índice de refração é uma medida indireta da velocidade de propagação da luz. Além disso, é um indicador da transparência do material e, também, utilizado para calcular a diferença entre o ângulo de incidência e o ângulo de refração do feixe luminoso (antes e após penetrar no novo meio).

### 2.2.2.1. Perfil de índice de refração

Chama-se perfil de índice de refração a variação do índice de refração ao longo da estrutura da fibra óptica. O vidro não é um material único, uma vez que pode apresentar composições diferentes, cada uma delas com um índice de refração diferente, fazendo, portanto, com que a velocidade de propagação da luz dependa da composição do material. Por exemplo, um valor muito adotado para o índice de refração dos vidros utilizados na fabricação das fibras é n = 1,5.

As fibras ópticas são classificadas segundo suas características básicas de transmissão, ditadas essencialmente pelo seu perfil de índice de refração e pela sua habilidade para conduzir um ou vários modos de propagação. Esses aspectos influenciam, principalmente, na capacidade de transmissão (banda passante) da fibra e nas suas facilidades operacionais em termos de conexões e acoplamento com fontes eletrônicas de luz e fotodetectores.

Na fibra óptica, o índice de refração do núcleo é maior que o índice de refração da casca e a diferença entre os índices é representada pelo perfil de índices da fibra. Essa diferença pode ser conseguida usando-se materiais dielétricos distintos (sílica, polímeros plásticos etc.) ou por meio de dopagens convenientes de materiais semicondutores na sílica. Dessa maneira, a variação de índices de refração pode ser feita de modo gradual ou descontínuo, originando diferentes formatos de perfil de índices para as fibras ópticas.

As alternativas quanto ao tipo de material e ao perfil de índices de refração resultam na existência de diferentes tipos de fibras ópticas com diferentes características de transmissão e, portanto, aplicações distintas. Por exemplo, a capacidade de transmissão, expressa em termos de banda passante, depende essencialmente, além do comprimento, da geometria e do perfil de índices e refração da fibra. O tipo de material utilizado, por sua vez, é determinante quanto às frequências ópticas suportadas e aos níveis de atenuação correspondentes. A característica mecânica das fibras ópticas, expressa em termos de resistência e flexibilidade, depende do material dielétrico utilizado e da qualidade dos processos de fabricação. Para calcular o índice de refração do material da fibra óptica, é utilizada a seguinte fórmula:

$$N = \frac{C0}{V}$$

Em que:
N = índice de refração do meio em questão
C0 = velocidade da luz no vácuo ($3 \times 10^8$ m/s)
v = velocidade da luz no meio em questão


## 2.3. COMPRIMENTO DE ONDA

Na física, comprimento de onda é a distância entre valores repetidos e sucessivos num padrão de uma onda. Da mesma forma, as frequências associadas aos sistemas de comunicações por fibras ópticas são referenciadas em termos de comprimentos de onda, a fim de diferenciá-las de sistemas eletromagnéticos.

Representado pela letra grega *lambda* ($\lambda$), o comprimento de onda é a distância entre picos adjacentes em uma série de ondas periódicas, geralmente expresso em metros (m), centímetros (cm) ou nanômetros (nm). Na Figura 2.10, temos a representação no tempo de três diferentes comprimentos de onda genéricos.

Para definir o comprimento de onda ($\lambda$), temos o produto da velocidade da luz no vácuo ($2,997925 \times 10^8$ m/s) pelo inverso da frequência (f), segundo a equação:

$$\lambda = \frac{v}{f}$$

# A Fibra Óptica

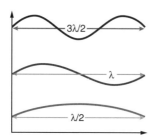

**FIGURA 2.10** Diferentes comprimentos de onda.

Podemos considerar que a luz consiste em um campo elétrico e um campo magnético que oscilam em frequências muito altas, da ordem de $10^{14}$ Hz. Numa posição fixa, a amplitude desse campo varia conforme a taxa de frequência óptica e se repete depois de um período de oscilação. Para um instante fixo, a onda se repete no espaço depois de uma distância $\lambda$. Essa distância entre pontos idênticos nos ciclos adjacentes de um sinal em forma de onda propagado no espaço ou ao longo de um condutor físico recebe o nome de comprimento de onda ou *wavelength*.

Para os vidros utilizados na fabricação de fibras ópticas, o índice de refração varia com o comprimento de onda e, em consequência, a velocidade de fase da onda também varia com o comprimento de onda. Assim, os transmissores ópticos, que emitem luz em determinada faixa de comprimentos de onda, denominada largura espectral do transmissor, têm seu uso determinado pelo tipo de material e estrutura da fibra óptica.

## 2.4. ESTRUTURA DA FIBRA ÓPTICA

A fibra óptica é composta por um material dielétrico, normalmente sílica (vidro com impurezas) ou mesmo plástico, capaz de confinar a luz em seu interior, possibilitando que pulsos luminosos possam ser codificados, estabelecendo uma comunicação entre suas extremidades.

Sua estrutura básica é formada por uma região central, chamada de núcleo, constituída de um material dielétrico (em geral, vidro), envolta por uma camada, também de material dielétrico (vidro ou plástico) com índice de refração ligeiramente inferior ao do núcleo (Figura 2.11).

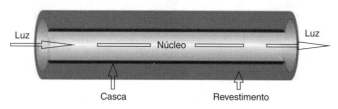

**FIGURA 2.11** Transmissão da luz através da fibra.

A composição da casca da fibra óptica, com material de índice de refração ligeiramente inferior ao núcleo, oferece condições à propagação de energia luminosa através do núcleo pelo mecanismo de reflexão total.

O desenho das fibras ópticas convencionais compreende um núcleo altamente refrativo dentro de uma haste de vidro com índice refrativo mais baixo. O objetivo é obter um ângulo crítico o mais baixo possível para transmitir a maior quantidade de luz possível. Uma fibra com esse desenho conta com total reflexão interna da luz atingindo a interface do vidro abaixo do ângulo crítico, entre dois vidros essencialmente diferentes (Figura 2.12).

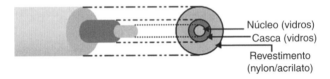

**FIGURA 2.12** Estrutura da fibra óptica.

O diâmetro da casca compreende o diâmetro externo da fibra e o valor situa-se em 125 µm. Entretanto, o diâmetro externo pode variar entre 125 µm e 900 µm, dependendo do tipo. Para efeito de especificação da fibra óptica, consideramos 62,5/125 µm, 50/125 µm ou 9/125 µm, que equivalem ao diâmetro do núcleo e casca, respectivamente (Figura 2.13).

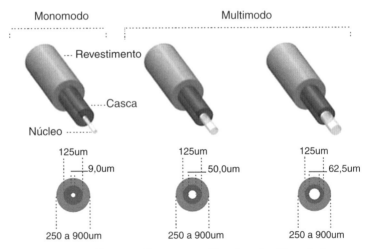

**FIGURA 2.13** Comparação entre os diâmetros das fibras ópticas.

A seção em corte transversal mais usual do núcleo da fibra é circular, porém fibras ópticas especiais podem ter outro tipo de seção (por exemplo, elíptica). Essa

A Fibra Óptica

estrutura é envolvida por outros revestimentos e encapsulamentos para proteção mecânica e ambiental, formando o que conhecemos como cabo óptico, o qual pode conter uma ou mais fibras. A estrutura inclui desde uma segunda camada de proteção até sucessivos encapsulamentos plásticos e coberturas.

## 2.5. TIPOS DE FIBRAS ÓPTICAS

As alternativas quanto ao tipo de material e ao perfil de índices de refração determinam a existência de diferentes tipos de fibras ópticas com características distintas de transmissão e aplicação. As fibras ópticas são de uso comum em telecomunicações e também em diversas atividades, tais como fotografia, espectroscopia e processamento de imagens, podendo ser usadas para examinar e fotografar órgãos internos humanos, em endoscopia, por exemplo. Fibras ópticas mais simples, projetadas para transportar um espectro de luz mais genericamente disperso, são usadas em iluminação interna de instrumentos cirúrgicos e sistemas de iluminação predial.

A capacidade de transmissão, expressa em termos de banda passante, depende da geometria e do perfil de índices de refração da fibra. O tipo de material utilizado define as frequências suportadas e os níveis de atenuação correspondentes. Já as características mecânicas dependem do material dielétrico, dos processos de fabricação e dos revestimentos empregados. Existem duas classificações principais quanto ao tipo das fibras ópticas: fibras monomodo e fibras multimodo. As fibras multimodo, por sua vez, estão subdivididas em dois tipos: índice degrau e índice gradual (Figura 2.14).

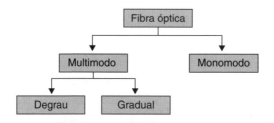

**FIGURA 2.14** Tipos de fibras ópticas.

Os sistemas que utilizam fibras monomodo apresentam um desempenho superior se comparados aos sistemas que utilizam fibras multimodo. As fibras monomodo são mais utilizadas nas redes das operadoras de telecomunicações, provedores ISPs e de TV a cabo. Para uso em redes locais e de *campus*, as fibras mais aplicadas são as do tipo multimodo.

Convém salientar que ambos os tipos permitem a transmissão de dados, voz e imagem com a mesma eficiência.

## 2.5.1. Fibra óptica multimodo

É o tipo de fibra em que vários feixes de luz, com diferentes ângulos de incidência, se propagam através de diferentes caminhos pelo núcleo. Em fibras multimodo, o núcleo possui um diâmetro, normalmente, entre 50 μm e 62,5 μm e fotoemissores transmitem feixes de luz, provocando seu espalhamento por diversos modos (caminhos percorridos pela luz).

De acordo com o perfil da variação de índices de refração da casca com relação ao núcleo, as fibras multimodo são classificadas em índice degrau e índice gradual.

### 2.5.1.1. Fibra multimodo índice degrau

Quando o índice de refração do núcleo é constante e ligeiramente superior ao índice de refração da casca, também constante, diz-se que o perfil do índice de refração é do tipo degrau e a fibra é chamada de fibra índice degrau (Step Index).

Conceitualmente, são fibras mais simples e as pioneiras em termos de aplicações práticas em redes ópticas. Constituem-se, basicamente, de um único tipo de material para compor o núcleo (plástico, vidro, polímeros etc.), com dimensões que variam de 50 μm a 400 μm, conforme o tipo de aplicação. A casca, cuja função básica é garantir a condição de guiamento da luz, pode ser de vidro ou plástico; todavia, o próprio ar pode atuar como casca (nesse caso, as fibras estão reunidas e são chamadas de bundle) (Figura 2.15).

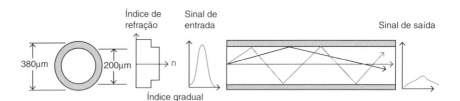

**FIGURA 2.15** Fibra índice degrau.

O tipo de perfil de índices e suas dimensões relativamente grandes implicam uma relativa simplicidade quanto à fabricação e facilidades operacionais. Apresentam, porém, uma capacidade de transmissão bastante limitada. Possuem atenuação elevada (maior que 5 dB/km) e pequena largura de banda (menor que 30 MHz/km). Por esses motivos, são utilizadas em transmissão de dados em curtas distâncias e iluminação.

Esse tipo de fibra óptica caracteriza-se por:

- Variação abrupta do índice de refração do núcleo com relação à casca, dando origem ao perfil de índices tipo degrau.

A Fibra Óptica                                                   31

- Dimensões e diferenças relativas de índices de refração, acarretando a existência de múltiplos modos de propagação.
- Permitir o uso de fontes luminosas de baixa coerência (mais baratas), tais como os diodos eletroluminescentes (LEDs).
- Ter aberturas numéricas e diâmetros do núcleo relativamente grandes, facilitando o acoplamento com as fontes luminosas.
- Requerer pouca precisão na junção dos conectores.

Uma das principais propriedades das fibras multimodo índice degrau é sua grande capacidade de captar energia luminosa. Esta capacidade depende apenas da diferença relativa de índices de refração, expressa pela abertura numérica (NA), que varia, tipicamente, de 0,2 a 0,4.

As fibras multimodo índice degrau de maior interesse nas aplicações de telecomunicações têm sua composição (núcleo-casca) baseada principalmente na sílica (pura ou dopada). Existem, no entanto, fibras multimodo cuja composição da casca é feita com plástico transparente (por exemplo, silicone, poliestireno, polímeros especiais etc.). A utilização do plástico na casca permite a obtenção de aberturas numéricas superiores, pois ele apresenta índices de refração mais baixos que a sílica.

Em aplicações que não sejam telecomunicações (iluminação, instrumentação etc.), nas quais o mais importante é a capacidade de captação de luz, existem fibras multimodo índice degrau compostas totalmente por plástico (núcleo e casca). Estas fibras são conhecidas como fibras de plástico.

O diâmetro do núcleo de uma fibra multimodo de plástico é tipicamente igual ou superior a 900 µm, chegando a 1.000 µm (núcleo e casca), conforme mostra a Figura 2.16.

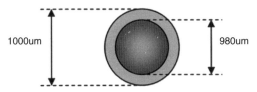

**FIGURA 2.16** Fibra de plástico.

Essa característica física permite o uso de conectores de menor precisão e fontes luminosas menos diretivas, implicando, portanto, facilidades operacionais no acoplamento e nas emendas de fibras, além de menores custos de montagem dos conectores.

### 2.5.1.2. Fibra multimodo índice gradual

Quando o índice de refração do núcleo varia continuamente do centro da fibra para a casca, o perfil de índice de refração é dito do tipo gradual e a fibra, chamada de fibra índice gradual (Grated Index). De conceito e fabricação um pouco mais complexa, elas se caracterizam principalmente pela maior capacidade de transmissão, com relação às fibras índice degrau.

Esse tipo de fibra tem seu núcleo composto por vidros especiais com diferentes valores de índice de refração (várias camadas de vidro), os quais têm como objetivo diminuir as diferenças de tempos de propagação da luz no núcleo, devido aos vários caminhos possíveis que a luz pode tomar no interior da fibra, diminuindo assim a dispersão e aumentando a largura de banda passante. Os materiais empregados na fabricação são, normalmente, a sílica pura para a casca e a sílica dopada para o núcleo, com dimensões típicas de 125 µm para a casca e 50 µm, 62,5 µm ou 85 µm para o núcleo.

Tais fibras possuem baixa atenuação (3 dB/km em 850 nm) e capacidade de transmissão elevada (até 1 GHz/km). A taxa de transmissão neste tipo de fibra é de 400 MHz.km, em média. São, por esse motivo, empregadas em rede de computadores e alguns sistemas de telecomunicações, devido a sua capacidade de transmissão. Apresentam moderadas complexidade de fabricação e dimensões, que acarretam uma conectividade relativamente simples e uma capacidade de transmissão alta (Figura 2.17).

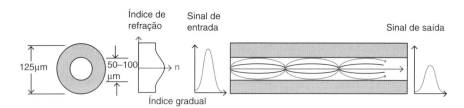

**FIGURA 2.17** Fibra índice gradual.

As fibras multimodo índice gradual apresentam dimensões menores que as de índice degrau, de maneira a facilitar as conexões e acoplamentos, e aberturas numéricas não muito grandes, para garantir uma banda passante adequada às aplicações.

Em termos de estrutura básica, as fibras multimodo índice gradual caracterizam-se, essencialmente, por:

- Variação gradual de índice de refração do núcleo com relação à casca, dando origem ao perfil de índices tipo gradual.
- Dimensões e diferença relativa de índices de refração implicando a existência de múltiplos modos de propagação.

A Fibra Óptica

## 2.5.2. Tipos de fibra multimodo

Devido à escala de produção menor, atualmente a fibra multimodo apresenta um custo de projeto para sistemas de comunicação maior que a fibra monomodo.

### 2.5.2.1. Recomendação ITU-T G.651

Recomendação que trata das características de fibras multimodo, descrevendo seus atributos geométricos e mecânicos, bem como as características de transmissão para cabos de fibra óptica 50/125 μm, índice gradual.

Com o aumento da demanda por banda larga e a inclusão de novas aplicações em 1 Gigabit Ethernet e 10 Gigabit Ethernet, foram definidas três diferentes categorias ISO para os cabos, conforme mostrado na Tabela 2.2.

**TABELA 2.2** Categorias ISO no padrão ITU-T G.651

| Padrão | Característica | Comprimento de onda | Aplicação |
|---|---|---|---|
| G.651 ISO/IEC 11801:2002 (OM1) | Fibras índice gradual padrão | 850 nm e 1.300 nm | Dados em redes de acesso |
| G.651 ISO/IEC 11801:2002 (OM2) | Fibras índice gradual padrão | 850 nm e 1.300 nm | Vídeo e dados em redes de acesso |
| G.651 ISO/IEC 11801:2002 (OM3) | Otimizado para laser; fibra gradual; 50/125 μm (máximo) | Otimizado para 850 nm | 1 Gigabit Ethernet e 10 Gigabit Ethernet em LAN (acima de 300 m) |

### 2.5.2.2. Fibra multimodo em 10 Gbps

Diversos sistemas ópticos de transmissão em 10 Gbps para redes locais (LAN) e redes metropolitanas (MAN) estão em operação, atualmente. Como resultado, tipos deferentes de fibras ópticas multimodo foram desenvolvidos com diferentes larguras de banda para uso em 10 Gbps. Para identificar essas novas categorias de fibras, a ISO/IEC-11801, norma internacional utilizada em sistemas de cabeamento para telecomunicações, apresenta quatro classes de fibras ópticas multimodo (OM1, OM2, OM3 e OM4), conforme relaciona a Tabela 2.3.

**TABELA 2.3** Classificação de fibras multimodo conforme ISO/IEC 11801

| Fibra óptica | | Distância máxima (m) | | | Observação |
|---|---|---|---|---|---|
| Classe | TIPO | 1 Gbps @ 850 nm | 1 Gbps @ 1.300 nm | 10 Gbps @ 850 nm | |
| OM1 | 62,5/125 | 300 | 550 | 33 | Fibra original (legado), projetada para uso com LEDs |
| OM2 | 50/125 | 750 | 200 | 82 | Expansão de redes com legados de fibra de 50 µm de diâmetro |
| OM3 | 50/125 | 950 | 600 | 300 | Usada em substituição a classe OM2 na mudança de redes |
| OM4 | 50/125 | 1040 | 600 | 550 | Distância de transmissão até 550 m, com uso de VCSEL |

### 2.5.3. Fibra óptica monomodo

Esta fibra, ao contrário das anteriores, é insensível à dispersão modal, pois o feixe luminoso se propaga em linha reta (único modo) ou, em termos de óptica geométrica, é construída de tal forma que transmite apenas o raio axial sem realizar nenhuma reflexão, evitando assim os vários caminhos de propagação da luz dentro do núcleo, consequentemente diminuindo a dispersão do impulso luminoso. Para a transmissão de apenas um modo pela fibra, é necessário que o diâmetro do núcleo seja poucas vezes maior que o comprimento de onda da luz utilizado para a transmissão (Figura 2.18).

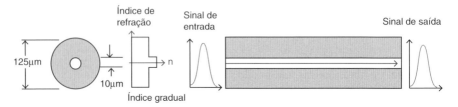

**FIGURA 2.18** Fibra monomodo.

As fibras ópticas do tipo monomodo distinguem-se das fibras multimodo, basicamente, pela capacidade de transmissão superior e pelas dimensões menores. As dimensões típicas são 2 µm a 10 µm para o núcleo e 80 µm a 125 µm para a casca. Os materiais utilizados para sua fabricação são a sílica pura e a sílica dopada.

As dimensões reduzidas das fibras monomodo exigem o uso de dispositivos e técnicas de alta precisão para a realização de conexões entre segmentos de fibras e do acoplamento da fibra com as fontes e detectores luminosos. São empregadas, sobretudo, em telecomunicações, operando com emissores de alta precisão, o que permite transmissão de sinais em maiores distâncias, pois possuem baixa atenuação (0,35 dB/km em 1.300 nm e 0,20 dB/km em 1.550 nm) e grande largura de banda, podendo atingir taxas de transmissão da ordem de 10 a 1.000 GHz.km, tornando esse tipo o ideal para aplicações em redes de longas distâncias.

As fibras ópticas monomodo apresentam dimensões reduzidas, o que dificulta sua conectividade, mas oferece uma maior capacidade de transmissão, em comparação com as fibras multimodo.

Em razão das fibras monomodo terem dimensões bastante próximas às dos comprimentos de onda da luz incidente, não são válidas as aproximações da óptica geométrica para explicar o funcionamento desse tipo de fibra óptica. Neste caso, é necessário basear-se na teoria de ondas. Desta última, resulta que uma fibra óptica é do tipo monomodo quando se caracterizar como um guia de onda cujas dimensões e composição material (índices de refração) impliquem, para determinados comprimentos de ondas incidentes, a existência de um único modo de propagação guiado.

Embora as fibras monomodo caracterizem-se por diâmetros do núcleo tipicamente inferiores a 10 μm, as dimensões de casca permanecem na mesma ordem de grandeza das fibras multimodo. Isso resulta do fato de a casca ter de ser suficientemente espessa para acomodar o chamado campo evanescente do modo propagado, tornando-o desprezível na interface externa da casca (Figura 2.19). Dessa maneira, evita-se que as características de propagação de fibra monomodo sejam afetadas por seu manuseio operacional e permite-se que o revestimento de proteção da fibra seja feito com um material com perdas de transmissão altas. Na prática, porém, considerando-se os requisitos de controle de perdas por curvaturas, a relação de diâmetros núcleo/casca usual é da ordem de 10 vezes.

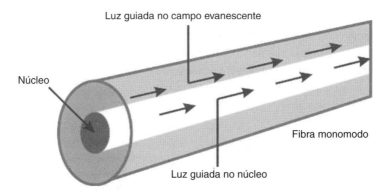

**FIGURA 2.19** Campo evanescente.

Um parâmetro importante que define o acoplamento de potência no núcleo da fibra monomodo é o chamado raio modal. Enquanto nas fibras multimodo a potência luminosa se propaga quase que inteiramente no núcleo da fibra, no caso das fibras monomodo uma quantidade considerável do sinal se propaga na casca da fibra. A proporção de potência luminosa propagando-se na casca e no núcleo de uma fibra monomodo é função do comprimento da onda.

Existem outros tipos de perfil de índices para fibras monomodo que, além de permitirem dimensões maiores para o núcleo, têm outras implicações práticas quanto às características de transmissão (atenuação e dispersão).

### 2.5.4. Tipos de fibras monomodo

As fibras monomodo podem ser categorizadas segundo sua construção. A fibra mais utilizada em sistemas de telecomunicações é a G.652.D, graças à sua versatilidade e preço. Alguns padrões, como o G.653, deixaram de ser usados, devido aos custos para aplicação e limitações nas propriedades físicas da fibra.

#### 2.5.4.1. Recomendação ITU-T G.652

Recomendação que trata das características de fibras monomodo, descrevendo seus atributos geométricos e mecânicos, bem como as características de transmissão da fibra de dispersão não deslocada com baixo pico de água, com dispersão zero e comprimento de onda em torno de 1.310 nm. Esta fibra foi aperfeiçoada para operar na região de 1.310 nm, mas também pode ser utilizada na região de 1.550 nm.

O padrão G.652 define quatro tipos (A, B, C, D). As variantes G.652.C G.652.D apresentam um pico de água reduzido (Low Water Peak – LWP), permitindo que sejam usadas na região de comprimento de onda entre 1.310 nm e 1.550 nm. O padrão G.652.D é a fibra monomodo mais usada em redes de telecomunicações com taxas de transmissão entre 10 Gbps e 40 Gbps.

O padrão A foi projetado para operar no comprimento de onda de 1.310 nm e com dispersão cromática alta na janela de 1.550 nm. Já a fibra do tipo B é a mais usada comercialmente por apresentar valores mais baixos de dispersão cromática, com atenuação máxima de 0,35 dB/km em 1.550 nm. Estas fibras apresentam elevada atenuação na região de comprimento de onda centralizado em 1.383 nm, devido à presença de íons de hidrogênio e hidroxila que são absorvidos durante o processo de fabricação.

#### 2.5.4.2. Recomendação ITU-T G.653

Recomendação para fibras sem dispersão (Dispersion Shifted – DS) que, entretanto, sofrem efeitos de mistura de ondas de luz, o que restringe seu uso em sistemas de transmissão, principalmente WDM (Wavelength Division Multiplexing).

A Fibra Óptica

Essa recomendação descreve as características de fibras monomodo de dispersão deslocada e exibe um valor de dispersão zero em torno de comprimento de onda na região de 1.550 nm.

### 2.5.4.3. Recomendação ITU-T G.654

Recomendação que descreve os atributos geométricos, mecânicos e de transmissão da fibra óptica com dispersão zero (Zero Dispersion – ZD) no comprimento de onda em torno de 1.300 nm, e com perda minimizada no comprimento de onda em torno de 1.550 nm a 1.600 nm.
Esta fibra foi projetada para aplicações submarinas em longas distâncias.

### 2.5.4.4. Recomendação ITU-T G.655

Recomendação para fibra óptica com o desempenho especificado na região de 1.550 nm e 1.625 nm, com dispersão cromática baixa, porém não nula (Non Zero Dispersion – NZD). Este tipo de fibra óptica pode suportar sistemas de longa distância em redes DWDM (Dense Wavelength Division Multiplexing) em 1.530 nm a 1.625 nm.
Essa fibra foi criada para ser um modelo intermediário entre os dois tipos anteriores. Para reduzir a dispersão, o núcleo da fibra teve seu diâmetro reduzido, o que fez com que seu uso restringisse sistemas ópticos com muitos comprimentos de onda.

### 2.5.4.5. Recomendação ITU-T G.656

Esta recomendação descreve os atributos geométricos, mecânicos e de transmissão de uma fibra óptica monomodo com dispersão cromática não nula (NZD), que tem o valor do coeficiente de dispersão cromática positivo e diferente de zero na faixa de comprimento de onda entre 1.460 nm e 1.625 nm.
Fibra óptica para utilização em sistemas de banda larga, utilizando sistemas DWDM e CWDM (Coarse Wavelength Division Multiplexing).

### 2.5.4.6. Recomendação ITU-T G.657

Define as fibras ópticas que produzem níveis mais baixos de atenuação causada por dobras, apresentando características mecânicas adequadas para instalações de redes mais exigentes. A fibra G.657.A é compatível com fibras G.652. Entretanto, o padrão G.657.B não permite 100% de compatibilidade com outras fibras. São utilizadas em redes FTTx.

## 2.5.5. Comparação entre fibras multimodo e fibras monomodo

A principal diferença entre uma fibra multimodo e uma fibra monomodo é a forma de transmissão da luz através do núcleo da fibra. Porém, existem outras diferenças quanto às características construtivas e à aplicação de cada uma. A Tabela 2.4 apresenta um comparativo entre as fibras multimodo e as fibras monomodo.

**TABELA 2.4** Comparativo entre fibras multimodo e fibras monomodo

|  | Fibra multimodo | Fibra monomodo |
|---|---|---|
| Núcleo | 50 µm até 200 µm, padronizado comercial e tecnicamente em 50 µm e 62,5 µm | 8 µm a 10 µm, padronizado comercial e tecnicamente em 9 µm |
| Casca | 125 µm até 400 µm, padronizado comercialmente em 125 µm | 125 µm até 240 µm, padronizado comercialmente em 125 µm |
| Ângulo de incidência | Incidência de luz em diferentes ângulos | Incidência de luz em um único ângulo |
| Comprimento de onda | Entre 850 nm e 1.300 nm | Entre 1.310 nm e 1.650 nm |
| Atenuação | Conforme ITU-T G.651.1: 4,0 dB/km em 850 nm 2,0 dB/km em 1.300 nm | Conforme ITU-T G.652.D: 0,4 dB/km em 1.310 nm até 1.625 nm (aplicações externas) 0,3 dB/km em 1.550 nm (aplicações externas) 1,0 dB/km em 1.310 nm e 1.550 nm (aplicações internas) |
| Transmissores e receptores | Mais simples e de menor custo | Mais complexos e de maior custo |
| Aplicação principal | Normalmente, utilizada em LAN e curtas distâncias | Normalmente, utilizada em WAN e grandes distâncias |

## 2.5.6. Janelas ópticas

As fibras ópticas não transmitem todos os comprimentos de onda da luz com a mesma eficiência. A transmissão de informação através de fibras ópticas se realiza mediante a modulação, ou seja, variação de um feixe de luz que no espectro de cores da luz se encontra abaixo da faixa do infravermelho, porque a atenuação dos sinais ópticos é muito maior para a faixa da luz visível (comprimentos de onda de 400 nm a 700 nm) do que a luz nas proximidades da região do infravermelho (comprimentos de onda de 700 nm a 1.600 nm).

A Fibra Óptica

As fibras ópticas caracterizam-se pela existência de regiões onde a atenuação é mínima, as faixas espectrais de comprimentos de onda denominadas janelas de transmissão óptica. Começando na região do infravermelho distante (~100 mm) e terminando no ultravioleta (400 nm), as janelas ópticas oferecem várias possibilidades quanto à capacidade de transmissão dos sistemas (Figura 2.20).

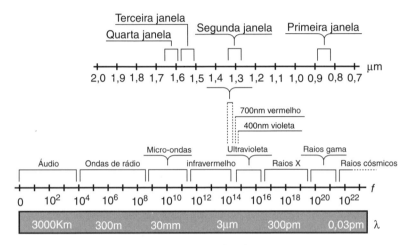

FIGURA 2.20 Janelas ópticas.

Historicamente, os sistemas ópticos foram desenvolvidos segundo a ordem das janelas e os sistemas de transmissão hoje em uso operam, principalmente, na região espectral de 0,7 mm a 2,0 mm nas janelas ópticas de baixa atenuação estabelecidas, conforme mostra a Tabela 2.5.

TABELA 2.5 Principais janelas ópticas

| Janela | Faixa de operação | Comprimento de onda mais usado | Características |
|---|---|---|---|
| 1ª | 0,80 mm a 0,9 mm | 850 nm | Sistemas multimodo; fibra com altas perdas e uso em pequenas distâncias |
| 2ª | 1,25 mm a 1,35 mm | 1.300 nm/ 1.310 nm | Sistemas multimodo (1.300 nm) e sistemas monomodo (1.310 nm); fibras com perdas menores e uso em longas distâncias |
| 3ª | 1,50 mm a 1,60 mm | 1.550 nm | Sistemas monomodo; fibras com perdas menores e uso em transmissão de sinais de vídeo |

As fibras ópticas multimodo são especificadas para os comprimentos de onda na 1ª janela ou na 2ª janela. Já as fibras ópticas monomodo são projetadas para funcionamento na 2ª janela e na 3ª janela. Neste contexto, as janelas ópticas de transmissão mais usadas comercialmente estão no comprimento de onda de 850 nm, 1.310 nm, 1.490 nm e 1.550 nm.

É importante observar que o contínuo avanço tecnológico e o aperfeiçoamento das técnicas de fabricação já não permitem caracterizar com tanta clareza as três regiões discutidas. Entretanto, as janelas ópticas de transmissão continuam a servir como referência nos projetos de sistemas ópticos para aplicações em redes locais de computadores (LAN), redes de acesso e de longa distância (Long Haul) em telecomunicações, como mostra a Tabela 2.6.

**TABELA 2.6** Principais aplicações das fibras ópticas em redes de comunicação

| Comprimento de onda | Tipo de fibra | Alcance máximo do segmento (km) | Aplicação principal |
|---|---|---|---|
| 780 nm | SM – 9/125 μm | 2 | Acesso/Long Haul |
| 850 nm | MM – 50/125 μm | 6 | LAN/Acesso |
| | MM – 62,5/125 μm | 2 | |
| 1.300 nm | MM – 50/125 μm | 20 | LAN/Acesso |
| | MM – 62,5/125 μm | 10 | LAN/Acesso |
| | SM – 9/125 μm | 50 | LAN/Acesso/Long Haul |
| 1.500 nm | SM – 9/125 μm | 500 | Acesso/Long Haul |

### 2.5.7. Interfaces ópticas

Segundo as distâncias de interconexão das redes de fibras ópticas, são consideradas as seguintes interfaces:

- **Intra-Office (I)** – Utilizadas em distâncias de interconexão até 2 km.
- **Short Haul Inter-Office (S)** – Correspondem às distâncias de interconexão de aproximadamente 15 km.
- **Long Haul Inter-Office (L)** – Correspondem às distâncias de interconexão de aproximadamente 40 km (1.310 nm/1.490 nm) e 80 km (1.550 nm).

Na Tabela 2.7, é apresentado um resumo das recomendações de fibras ópticas por tipo de interface.

A Fibra Óptica

**TABELA 2.7** Distâncias de interconexão

| Interface | Intra-Office | Inter-Office | | | |
|---|---|---|---|---|---|
| | | Short Haul | | Long Haul | |
| Comprimento de onda nominal (nm) | 1.310 | 1.310 | 1.550 | 1.310 | 1.550 |
| Tipo de fibra | G.652 | G.652 | G.652 | G.652 | G.652 e G.654 | G.653 |
| Distância (km) | ≤ 2 | ≈ 15 | | ≈ 40 | ≈ 80 |

## 2.6. MULTIPLEXAÇÃO DE COMPRIMENTOS DE ONDA

Com a evolução da tecnologia fotônica, as fibras ópticas tornaram-se a opção mais viável para a transmissão de grandes volumes de informações de forma rápida e confiável, atingindo velocidades de transmissão de dezenas de Gigabits em sistemas comerciais.

O elemento básico de transmissão numa rede óptica é o comprimento de onda de luz. Como muitos comprimentos de onda são transportados pela rede, torna-se importante gerenciar e comutar cada comprimento de onda individualmente. Assim, no planejamento de redes ópticas, deve-se ter em mente a melhor utilização da rede, juntamente com os requisitos de transparência, arquitetura adequada e protocolos de comunicação eficientes.

O ponto-chave no projeto de redes ópticas passivas está nas arquiteturas e protocolos que combinem simultaneamente, em uma única fibra, as transmissões de múltiplos feixes de luz, transportando múltiplos canais de dados. Isso pode ser obtido com a Multiplexação por Divisão do Comprimento de Onda (WDM), e suas variações, a Multiplexação Densa por Divisão de Comprimento de Onda (DWDM) e a Multiplexação Esparsa por Divisão de Comprimento de Onda (CWDM) ou WDM Esparso.

### 2.6.1. WDM

A Multiplexação por Divisão do Comprimento de Onda (WDM) é a técnica de transmitir vários "feixes de laser virtuais" simultaneamente, dentro de uma única fibra óptica. É uma técnica para a utilização de uma fibra (ou dispositivo óptico) para transportar diversos canais ópticos separados e independentes. Os sinais são transmitidos em diferentes comprimentos de onda e transportam a informação através de uma única fibra, com o objetivo de aumentar a capacidade de transmissão e, consequentemente, usar a largura de banda de maneira mais eficiente.

A utilização de redes WDM requer uma variedade de dispositivos passivos e ativos para combinar, distribuir, isolar e amplificar a potência óptica em comprimentos de onda diferentes. Em contrapartida, os sistemas que utilizam essa tecnologia aumentam significativamente a capacidade de transmissão de um enlace, sem a necessidade de aumento do número de fibras.

Na WDM básico, lasers com diferentes comprimentos de onda são acoplados dentro da mesma fibra óptica. No receptor, um filtro óptico é usado para selecionar apenas um dos comprimentos de onda que chegam, permitindo assim a passagem de um único sinal e o estabelecimento da conexão entre fonte e destino (Figura 2.21).

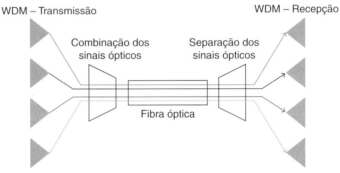

**FIGURA 2.21** WDM.

A grande vantagem associada a WDM é a possibilidade de modular o aumento da capacidade de transmissão de acordo com a necessidade de tráfego. Atualmente, a utilização da tecnologia permite a transmissão de sinais com taxas de 400 Gbps a 1 Tbps. A principal razão para o uso desses sistemas é a economia. Eles permitem uma melhor relação entre custos operacionais e bits transmitidos.

### 2.6.2. DWDM

A técnica de transmissão de Multiplexação por Divisão de Comprimento de Onda Densa (DWDM) emprega comprimentos de onda de luz para transportar dados em altíssima velocidade através da rede de telecomunicações.

A DWDM combina múltiplos comprimentos de onda na mesma fibra (tipicamente, entre 40 ou 80 canais, entre 1.530 nm até 1.560 nm). A Figura 2.22 apresenta as bandas e espaçamento de comprimentos de onda, conforme dividido pelo ITU-T.

Com a DWDM, os provedores de serviço podem planejar o crescimento de largura de banda conforme o aumento das necessidades, de forma bastante flexível, além de permitir o crescimento em partes de uma rede onde, porventura, estejam ocorrendo problemas de congestionamento. Com a DWDM, em vez de utilizar uma fibra física, torna-se possível utilizar "fibras virtuais" nas quais comprimentos de onda diferentes podem trafegar na mesma fibra física.

# A Fibra Óptica

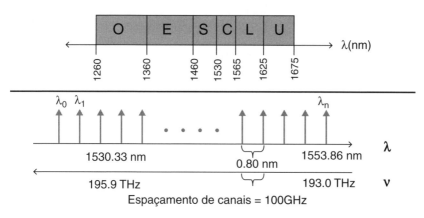

**FIGURA 2.22** Espaçamento de canais DWDM.

A DWDM é usado para expandir a capacidade de enlaces de telecomunicações, permitindo que um maior número de sinais transportados por diferentes comprimentos de onda seja transmitido simultaneamente numa única fibra, multiplicando assim a capacidade das redes de longa distância (terrestre e submarina), como também de aplicações em redes metropolitanas. A tecnologia atual permite que mais de 100 canais ópticos sejam multiplexados em uma única fibra (Figura 2.23).

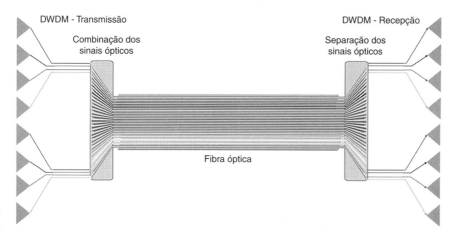

**FIGURA 2.23** DWDM.

## 2.6.3. CWDM

O desenvolvimento da CWDM, tecnologia derivada da DWDM, respondeu à demanda crescente da rede de fibra óptica em redes de menor área de cobertura. Com uma capacidade menor que o DWDM, a CWDM permite que um número menor de comprimentos de onda, tipicamente 8 ou menos (1.470 nm, 1.490 nm, 1.510 nm, 1.530 nm, 1.550 nm, 1.570 nm, 1.590 nm, 1.610 nm), seja transmitido pela mesma fibra óptica, barateando o projeto dos sistemas. A Figura 2.24 apresenta a faixa de comprimentos de onda para operação CWDM.

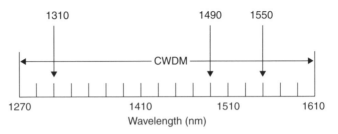

**FIGURA 2.24** Faixa de comprimentos de onda do CWDM.

Para reduzir o custo dos equipamentos, a CWDM utiliza laser com tolerância de ± 3 nm. Enquanto os sistemas DWDM utilizam canais espaçados em torno de 0,4 nm, a CWDM utiliza um espaçamento de 20 nm. Este espaçamento acomoda as variações dos comprimentos de onda do laser que ocorrem quando a temperatura ambiente varia.

O sistema permite tratar os dados com taxas de até 10 Gbps (1,25 Gbps por canal e direção). Também permite a conexão entre redes em distâncias de 50 km a 70 km, em média. Redes ópticas passivas e CWDM são tecnologias complementares que, utilizadas em conjunto, podem maximizar o uso da capacidade de transmissão das fibras ópticas já instaladas nas redes metropolitanas.

A Figura 2.25 apresenta um enlace DWDM com a multiplexação/demultiplexação de oito canais ópticos.

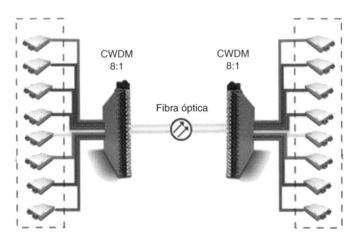

**FIGURA 2.25** CWDM.

# A Fibra Óptica

## 2.7. PERDAS NA FIBRA ÓPTICA

As características de transmissão através das fibras ópticas podem ser descritas essencialmente pelos fenômenos de atenuação e dispersão dos sinais transmitidos.
A Figura 2.26 apresenta a atenuação e efeitos do espalhamento em função do comprimento de onda na fibra óptica.

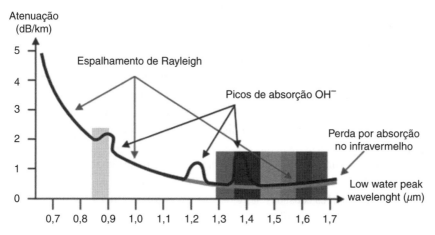

**FIGURA 2.26** Atenuação e espalhamento em função do comprimento de onda na fibra.

O fenômeno da atenuação está diretamente associado às perdas de transmissão, uma característica fundamental em todo meio físico. O fenômeno de dispersão, por sua vez, permite caracterizar a capacidade de transmissão da fibra óptica, expressa pela taxa de transmissão (em bps) ou pela banda passante (em Hertz). Além disso, são considerados outros fenômenos que interferem nos sinais através das fibras ópticas: absorção, espalhamento e perdas por curvaturas (Figura 2.27).

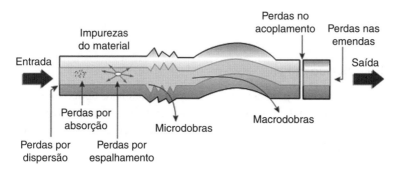

**FIGURA 2.27** Perdas na fibra óptica.

## 2.7.1. Atenuação

A atenuação de uma fibra óptica é definida pela relação entre a potência luminosa na entrada da fibra e a potência luminosa na saída da fibra e determina a distância máxima de transmissão do sinal óptico.

Entre as principais causas de atenuação em fibras ópticas estão: absorção pelo material que compõe a fibra, irradiação devido a curvaturas, espalhamento pelo material (linear e não linear), perdas por modos vazantes, perdas por microcurvaturas, atenuações em emendas e conectores, perdas por acoplamento no início e no final da fibra.

Os parâmetros que influenciam a atenuação global da fibra óptica relacionam-se com a qualidade de sua fabricação, o comprimento de onda da luz guiada (estrutura do guia dielétrico) e o grau de pureza do material utilizado. Assim, a atenuação dos sinais luminosos que se propagam através da fibra óptica é uma característica fundamental para a determinação da distância máxima entre um transmissor e um receptor óptico.

Convém ressaltar que, no dimensionamento de um sistema óptico, além das perdas introduzidas pela atenuação da própria fibra óptica, devem ser consideradas também as atenuações causadas nas emendas e conexões entre os segmentos de fibras e no acoplamento das fibras com as fontes e detectores luminosos.

## 2.7.2. Dispersão

Enlaces de fibras ópticas são limitados em comprimento pela atenuação e pela distorção de pulso. Dispersão é o fenômeno que ocorre na propagação de campos eletromagnéticos em meios materiais, causando atrasos na propagação destes campos. Diferentes naturezas de interação causam diferentes efeitos de dispersão.

Na fibra óptica, o fenômeno de dispersão está associado ao fato de que os sinais podem ser transmitidos com velocidades diferentes, resultado dos diferentes atrasos de propagação dos modos que transportam a energia luminosa, tendo como efeito a distorção dos sinais transmitidos e impondo uma limitação na sua capacidade de transmissão.

Na fibra óptica é possível observar três tipos de dispersão.

## 2.7.2.1. Dispersão modal

Os diferentes modos de propagação têm diferentes caminhos ópticos, levando a diferentes atrasos do sinal na fibra, que resultam na dispersão modal. Esta é a maior fonte de atraso nas fibras multimodo. Quando a propagação se dá apenas no modo fundamental, a fibra é dita monomodo.

A Fibra Óptica

## 2.7.2.2. Dispersão cromática

A dispersão cromática é o resultado da ação conjunta das dispersões modal e da guia de onda. Refere-se ao atraso diferencial que os diversos componentes espectrais do pulso ou do sinal experimentam. É a principal fonte de atraso em fibras monomodo. Como depende apenas do comprimento de onda, é dita cromática.

## 2.7.2.3. Dispersão dos modos de polarização

Trata-se da variação de velocidade de propagação dos componentes de polarização e propagação. É devida aos efeitos de birrefringência da fibra (fenômeno que consiste na criação de dois raios refratados a partir de um único raio inicial, quando este incide sobre um meio), função de tensões ocorridas no processo de puxamento da fibra e de imperfeições mecânicas no núcleo e nas interfaces núcleo-casca das fibras. É um fator importante a ser considerado nos projetos de fibras monomodo para altas taxas de transmissão (acima de 2,5 Gbps) em longas distâncias.

Nas fibras multimodo também ocorre, mas é mascarada pela dispersão modal.

### 2.7.3. Absorção

O vidro, mesmo aquele com elevado grau de pureza, absorve energia luminosa dentro de regiões específicas de comprimento de onda. O fenômeno da absorção é causado pela conversão da luz em calor pelas moléculas do vidro. Os principais responsáveis são a Oxidrila (OH⁻) residual e elementos dopantes usados para modificar o índice de refração da fibra.

A absorção ocorre em comprimentos de onda discretos, sobretudo de 1.000 nm, 1.400 nm e acima de 1.600 nm. As perdas por absorção são caracterizadas, basicamente, como:

## 2.7.3.1. Absorção intrínseca

É causada pela interação da luz com um ou mais componentes do material que compõe a fibra, e ocorre com maior intensidade na faixa de comprimentos de onda na região do ultravioleta do espectro eletromagnético, designada por absorção UV. Este tipo de absorção depende do material usado na composição da fibra e constitui-se no principal fator físico, definindo a transparência do material na região espectral especificada.

Considerando-se um processo de fabricação perfeito (sem impurezas, sem variações na densidade, homogeneidade do material etc.), a absorção intrínseca estabelece um limite mínimo fundamental na absorção para qualquer tipo de material usado. As perdas por absorção intrínseca são inferiores a 0,003 dB/km, para comprimentos de onda entre 1.300 nm e 1.600 nm.

### 2.7.3.2. Absorção extrínseca

É causada pela interação da luz com as impurezas do material. A absorção extrínseca resulta da contaminação de impurezas que a fibra experimenta durante seu processo de fabricação. Um dos exemplos desse tipo de perda é a presença de íons do tipo Oxidrila (OH⁻), também chamado de atenuação pelo pico de água (WPA – Water Peak Attenuation).

### 2.7.3.3. Absorção por defeitos estruturais

A absorção por defeitos estruturais resulta do fato de a composição do material da fibra estar sujeita a imperfeições: por exemplo, a falta de moléculas ou a existência de defeitos do oxigênio na estrutura do vidro. Este tipo de absorção é normalmente desprezível com relação aos efeitos das absorções intrínsecas ou das impurezas do material. Entretanto, quando uma fibra óptica fica sujeita a uma radiação de alta intensidade, pode ocorrer alteração na estrutura atômica do material utilizado na sua construção e, dessa forma, as perdas podem ser significativas.

### 2.7.3.4. Absorção total

Perda por absorção total é a somatória das perdas por absorção intrínseca, absorção extrínseca e absorção por efeitos estruturais.

### 2.7.4. Espalhamento

A perda por espalhamento se dá por causa do desvio de parte da energia luminosa na fibra pelos vários modos de propagação, em várias direções. Neste caso, a energia luminosa é convertida em modos e/ou comprimentos de onda que não se propagam bem ao longo da fibra óptica.

Existem diferentes tipos de espalhamento: Rayleigh, Mie, Brillouin e Raman. O espalhamento está sempre presente na fibra óptica e determina o limite mínimo de atenuação nas fibras de sílica na região de baixa atenuação.

Os dois primeiros tipos (Rayleigh e Mie) são mecanismos lineares de espalhamento causados pela transferência de potência de um modo guiado para modos vazados ou irradiados. Os outros dois tipos (Brillouin e Raman) são mecanismos não lineares que implicam a transferência de potência luminosa de um modo guiado para si mesmo, ou para outros modos, em um comprimento de onda diferente. Seus efeitos são, geralmente, significativos apenas em fibras monomodo.

A Fibra Óptica

**49**

## 2.7.4.1. Espalhamento de Rayleigh

É originado em defeitos microscópicos na composição e na densidade do material, que podem surgir durante o processo de fabricação da fibra ou em função de irregularidades próprias na estrutura molecular do vidro que compõe a fibra óptica.

## 2.7.4.2. Espalhamento de Mie

Quando a radiação luminosa é espalhada por partículas cujos raios se aproximam ou excedem em até oito vezes o comprimento de onda da radiação, o espalhamento não depende do comprimento de onda. Isto pode ser observado quando as irregularidades da fibra apresentam dimensões comparáveis ao comprimento de onda da luz.

## 2.7.4.3. Espalhamento de Brillouin

Originado por efeitos não lineares gerados por campos ópticos elevados transmitidos no núcleo da fibra. Neste caso, ocorre uma modulação da luz causada pela vibração das moléculas do meio.

## 2.7.4.4. Espalhamento de Raman

Efeito originado por níveis de potência ainda mais elevados que Brillouin, decorrentes da modulação do sinal óptico no núcleo da fibra. Neste caso, a transferência de potência ocorre principalmente na direção de propagação.

### 2.7.5. Perdas por curvaturas

Quando a luz encontra curvaturas na fibra óptica, sejam elas macroscópicas, causadas por uma dobra, ou microscópicas, por pequenas ondulações entre a interface da casca e o núcleo, alguns raios de luz podem formar um ângulo inferior ao ângulo crítico e sair da fibra, causando perda de potência. As curvaturas podem ser classificadas em duas:

## 2.7.5.1. Macrocurvaturas

Os raios das curvaturas são grandes se comparados com o diâmetro da fibra. Ocorrem, por exemplo, quando se enrola um cabo óptico em carretel para transporte ou, por dobra, quando se tem de contornar um canto ou uma esquina (Figura 2.28).

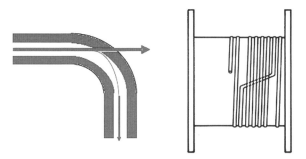

**FIGURA 2.28** Perdas por macrocurvatura.

### 2.7.5.2. Microcurvaturas

Dobras microscópicas aleatórias do eixo da fibra cujos raios de curvatura são próximos ao raio do núcleo da fibra e que ocorrem quando as fibras são incorporadas em cabos ópticos (Figura 2.29). Quando as fibras são enroladas em carretéis, pequenas irregularidades no suporte podem causar microcurvaturas, que podem afetar a integridade do material e causar atenuação.

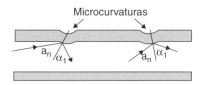

**FIGURA 2.29** Perdas por microcurvaturas.

No caso de fibras ópticas multimodo, as perdas por microcurvaturas são irrelevantes e independentes do comprimento de onda. Em fibras monomodo, as perdas por microcurvaturas aumentam significativamente a partir de certos comprimentos de onda e podem ser resolvidos utilizando-se a construção de cabo chamada *loose*.

## 2.8. VANTAGENS DAS FIBRAS ÓPTICAS

As características das fibras ópticas implicam consideráveis vantagens em relação aos suportes físicos de transmissão convencionais, tais como o par metálico e o cabo coaxial, mesmo considerando-se ainda o suporte de radiofrequência. As desvantagens no uso das fibras ópticas podem, em geral, ser consideradas transitórias, pois resultam principalmente das características do projeto da rede e das técnicas empregadas para sua instalação. As principais características das fibras ópticas, destacando suas vantagens como meio de transmissão, são as seguintes:

# A Fibra Óptica

## 2.8.1. Capacidade de banda

A transmissão em fibras ópticas é realizada em frequências na faixa espectral de 1.014 Hz a 1.015 Hz e 100 Hz a 1.000 THz. Isto significa uma capacidade de transmissão potencial, no mínimo, dez mil vezes superior à capacidade dos sistemas de micro-ondas que operam com uma banda passante útil de 700 MHz. Atualmente, já estão disponíveis sistemas comerciais utilizando as fibras ópticas com capacidade de banda passante *versus* distância, superiores a 200 GHz. km. Isso contrasta significativamente com os suportes convencionais onde, por exemplo, um cabo coaxial apresenta uma banda passante útil máxima em torno de 400 MHz.km.

## 2.8.2. Baixas perdas

As fibras ópticas apresentam perdas menores quando comparadas aos cabos metálicos. As atenuações típicas encontram-se na ordem de 1 dB/km a 5 dB/km, para operação na região espectral de 1.000 nm até 1.700 nm (exceto o comprimento de onda de 1.400 nm). Por exemplo, um sistema utilizando cabos metálicos exige repetidores em distâncias da ordem de 5 km. Sistemas com fibras ópticas permitem alcançar distâncias de cerca de 50 km, sem repetidores.

Tecnologias mais recentes, como a DWDM, permitem distâncias ainda maiores, superiores a 300 km. Desse modo, é possível implantar sistemas ópticos de transmissão de longa distância com espaçamento significativo entre repetidores, reduzindo substancialmente a complexidade e custos do projeto.

## 2.8.3. Material dielétrico

As fibras ópticas, por serem compostas de material dielétrico (isolante elétrico), não sofrem interferências eletromagnéticas. Isto permite uma operação satisfatória dos sistemas ópticos, até em ambientes eletricamente ruidosos. Interferências causadas por descargas atmosféricas, pela ignição de motores, chaveamento de relés e por diversas outras fontes de ruído elétrico esbarram na blindagem natural provida pelas fibras ópticas.

O material dielétrico que compõe a fibra óptica também oferece uma excelente isolação elétrica entre os transceptores ou estações interligadas. Ao contrário dos suportes metálicos, as fibras ópticas não têm problemas com o aterramento elétrico. Além disso, quando um cabo de fibra óptica é danificado não existem faíscas resultantes de um curto-circuito. Como não existe a possibilidade de choques elétricos em cabos ópticos, sua reparação pode ser feita em campo, mesmo com os equipamentos das extremidades ligados.

## 2.8.4. Dimensões e peso

As fibras ópticas têm dimensões comparáveis com as de um fio de cabelo humano. Ainda que considerando-se os encapsulamentos de proteção, o diâmetro e o peso dos cabos ópticos são bastante inferiores aos dos cabos metálicos.

Por exemplo, um cabo óptico de aproximadamente 6 mm de diâmetro, com uma única fibra de diâmetro 125 μm e encapsulamento plástico, substitui, em termos de capacidade, um cabo de 7,6 cm de diâmetro com 900 pares metálicos.

Quanto ao peso, um cabo metálico de cobre de aproximadamente 100 kg pode ser substituído por um cabo óptico pesando cerca de 4 kg.

## 2.8.5. Segurança da Informação

Em condições normais de propagação, a luz não é irradiada a partir da fibra óptica, não podendo ser captada por um equipamento externo. Diferente dos cabos de cobre, as fibras oferecem um bom nível de segurança e privacidade, uma vez que não irradiam energia elétrica em seu interior, o que dificulta a detecção do sinal transmitido. No caso do cabo de cobre, basta retirar a capa plástica do fio e fazer uma derivação ou by-pass, sem interromper a rede para ter acesso ao sinal.

No cabo óptico, seria necessário quebrar a fibra e fundir um novo segmento para ter acesso ao sinal. Durante essa modificação, a rede seria interrompida e isso permitiria ao sistema de gerência detectar a falha e localizar a tentativa de alteração. O resultado é a garantia de um sigilo quase absoluto para a informação transmitida através de fibras ópticas. O sistema é interessante para comunicações militares, sistemas bancários, sistemas de supervisórios na indústria, transmissão de dados entre bancos e outras aplicações nas quais o sigilo seja de importância para a eficiência do sistema.

## 2.8.6. Capacidade de transmissão

Os sistemas de transmissão por fibras ópticas podem ter sua capacidade de transmissão ampliada gradualmente sem que seja necessária a troca ou instalação de um novo cabeamento óptico.

## 2.8.7. Ausência de diafonia

As fibras ópticas agrupadas no interior dos cabos ópticos não permitem acoplamento entre si. Assim, não interferem umas nas outras, não irradiando externamente e resultando em um nível de ruído de diafonia (crosstalk) desprezível, principalmente na transmissão de altas frequências. Imunidade a ruídos eletromagnéticos é outra característica importante das fibras ópticas.

# A Fibra Óptica

## 2.8.8. Imunidade RFI/EMI

A fibra óptica apresenta imunidade à interferência por radiofrequência (RFI) e à interferência eletromagnética (EMI). RFI e EMI são sinais de natureza transitória que podem induzir correntes com elevados valores de pico nos condutores metálicos, e, quase sempre, ocorrem danos nos equipamentos eletrônicos ligados às extremidades do fio. A transmissão com fibras ópticas é imune a esse tipo de transiente, o que se mostra uma vantagem para aplicações em aviação, na indústria e em sistemas de telecomunicações para fins estratégicos.

## 2.9. DESVANTAGENS DAS FIBRAS ÓPTICAS

A utilização das fibras ópticas, na prática, tem as seguintes implicações, que podem ser consideradas como desvantagens em relação aos suportes de transmissão metálicos:

### 2.9.1. Fragilidade

O manuseio de uma fibra óptica "nua" é bem mais delicado se comparado com o manuseio dos meios metálicos.

### 2.9.2. Dificuldades de conexão

As pequenas dimensões das fibras ópticas exigem procedimentos e equipamentos de alta precisão na realização das conexões e emendas.

### 2.9.3. Impossibilidade de energização remota

Os sistemas com fibras ópticas requerem alimentação elétrica independente para cada repetidor, não sendo possível ainda prover uma alimentação remota através do próprio meio de transmissão.

### 2.9.4. Temperatura

Não é exatamente uma desvantagem da fibra óptica, mas da eletrônica associada aos sistemas. As fontes de luz utilizadas em sistemas ópticos têm suas características influenciadas pela temperatura. Com variações de temperatura, os materiais utilizados na fabricação das fibras ópticas sofrem diferentes efeitos, causando pressões mecânicas na superfície da fibra. Estas pressões podem gerar distorções no guia de ondas, originando microcurvaturas que irão interferir no funcionamento do sistema óptico.

## 2.10. APLICAÇÕES DAS FIBRAS ÓPTICAS

Dentre as diversas aplicações das fibras ópticas em redes de comunicação em banda larga podemos destacar:

### 2.10.1. Telefonia

Uma das aplicações principais das fibras ópticas em sistemas de telecomunicações corresponde aos sistemas de telefonia, interligando centrais de equipamentos. Estes sistemas exigem estruturas de transmissão de grande capacidade, envolvendo distâncias que vão, tipicamente, desde algumas dezenas até centenas ou, eventualmente, em países com dimensões continentais, milhares de quilômetros.

As fibras ópticas, com suas qualidades de banda passante e baixa atenuação, atendem perfeitamente a esses requisitos. Alta capacidade de transmissão e grande alcance sem repetidores minimizam os custos de rede, oferecendo vantagens econômicas significativas comparativamente às redes com cabeamento metálico (Figura 2.30).

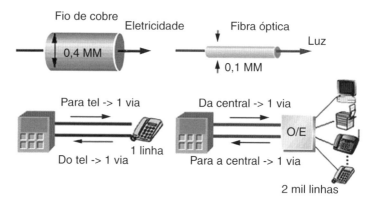

**FIGURA 2.30** Comparativo meio metálico *versus* fibra óptica.

### 2.10.2. Redes submarinas

Os cabos submarinos convencionais, embora façam uso de cabos coaxiais de alta qualidade e grande diâmetro para minimizar a atenuação, estão limitados a um espaçamento máximo entre repetidores da ordem de 5 km a 10 km. As fibras ópticas permitem maiores espaçamentos entre repetidores, em torno de 60 km, podendo chegar a 100 km.

Além disso, as fibras ópticas aplicadas em redes submarinas oferecem facilidades operacionais, como dimensões e peso menores e uma maior capacidade de transmissão, contribuindo substancialmente para atender à crescente demanda por circuitos internacionais a um custo mais baixo que os enlaces via satélite (Figura 2.31).

# A Fibra Óptica

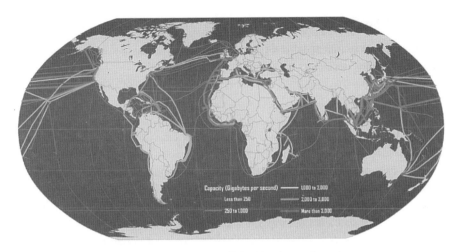

**FIGURA 2.31** Rotas mundiais de cabos submarinos.

## 2.10.3. Redes locais de computadores

A opção pela utilização da fibra óptica na instalação de uma rede local de computadores, em lugar de soluções de cabeamento de par metálico convencional, apresenta vantagens significativas, em decorrência da capacidade da fibra de permitir o tráfego das informações com velocidades elevadas.

A fibra padrão utilizada em LAN é a fibra óptica multimodo de 62,5 μm, que possui uma largura de banda virtualmente ilimitada para as aplicações nas distâncias envolvidas em redes locais (aproximadamente 200 m), sendo suficiente para atender as redes Ethernet (10 Mbps), Fast Ethernet (100 Mbps), bem como as redes Gigabit Ethernet (1 Gbps) e aplicações de segurança, por exemplo (Figura 2.32).

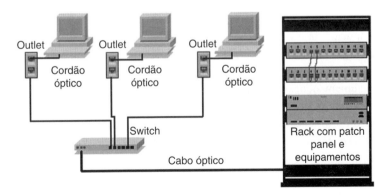

**FIGURA 2.32** Fibra óptica em LAN.

## 2.11. CABO METÁLICO *VERSUS* CABO ÓPTICO

No projeto de qualquer sistema de comunicação, as vantagens e desvantagens dos condutores metálicos *versus* fibras ópticas devem ser avaliadas. O custo é, com frequência, o parâmetro mais importante a ser considerado no projeto de um sistema de telecomunicações.

### 2.11.1. Custo

O fator custo pode se tornar evidente quando a comparação é realizada por unidade de informação transferida na unidade de tempo. Também devem ser incluídos os custos de instalação, operação e manutenção. Por exemplo, em redes de longa distância, os cabos ópticos são mais baratos e mais fáceis de instalar do que os cabos metálicos, isto porque cabos ópticos apresentam menor volume e são mais leves.

### 2.11.2. Operação

No quesito operação, não existem grandes diferenças entre sistemas com fibras ópticas ou com cabos metálicos. Os sistemas eletrônicos que operam em redes metálicas incluem o processamento dos sinais antes que estes sejam enviados pela rede de comunicação e após sua chegada ao terminal receptor. Os sistemas com cabos ópticos operam de forma semelhante, o que permite a incorporação de fibras ópticas em sistemas que utilizam originalmente cabos metálicos com pequenas adaptações na topologia.

### 2.11.3. Manutenção

A manutenção de cabos ópticos requer cuidados especiais. Embora a corrosão provocada pela água e outros agentes químicos seja menos severa para o vidro do que para o cobre, a água, com o tempo, pode penetrar no vidro e afetar as propriedades da fibra óptica. Fibras ópticas podem suportar temperaturas elevadas antes de apresentarem algum tipo de problema. Por exemplo, temperaturas na ordem de 800°C não afetam o vidro, porém o plástico que reveste o cabo pode derreter, destorcendo a fibra e aumentando sua atenuação.

Se um cabo óptico é danificado por um acidente ou necessita ser cortado por causa de modificações na topologia da rede, manobra conhecida como "corte de cabo", devem ser realizadas novas emendas ou novos conectores devem ser adicionados ao sistema. Essas operações exigem mais tempo e maior habilidade para os cabos ópticos do que para cabos metálicos, além de profissionais devidamente treinados. Como resultado, os custos de manutenção devem ser considerados no projeto do sistema.

## 2.11.3.1. Manutenção preventiva

É necessário um plano de manutenção preventiva que, como o próprio nome diz, tem como objetivo verificar e substituir algum elemento da rede que, eventualmente, poderia ocasionar determinado tipo de problema, causando parada da rede.

Basicamente, a manutenção preventiva pode ser executada a partir da verificação visual da rota do cabo óptico e do hardware de rede que apresenta as maiores probabilidades de defeito ou falha. Em geral, esse hardware faz parte do grupo de equipamentos que estão sujeitos a constantes manobras, como caixas de emenda, conectores, cordões e extensões ópticas, além do distribuidor óptico.

No caso dos conectores, deve ser verificado se não se encontram gastos e se os ferrolhos não estão arranhados ou sujos. Quanto aos cabos, normalmente não sofrem manobras constantes, contudo, vale à pena verificar com periodicidade os pontos em que estão mais expostos.

## 2.11.3.2. Manutenção corretiva

Tem como objetivo corrigir qualquer defeito que surja na rede, seja uma troca de materiais ou uma conectorização que tenha de ser refeita. Uma vez acusado algum problema na rede é necessário descobrir-se seu motivo. É preciso verificar se não existem defeitos relacionados com o hardware da rede. Se a causa não estiver em nenhum destes, prosseguir verificando o restante do cabeamento. Recomenda-se que a verificação seja feita nesta sequência, pois esse procedimento costuma ser difícil, representando uma perda de tempo caso o problema não esteja no cabeamento. Constatado o defeito, e desde que esteja no cabeamento, substituir o material defeituoso ou conectorizar algum trecho, mantendo-se as características anteriores.

Em termos de organização faz-se necessário um controle de manutenções preventivas e corretivas que proporcione uma listagem dos materiais reparados e períodos de manutenção executados.

A Figura 2.33 apresenta um fluxo com os esquemas de manutenção preventiva e corretiva em redes.

**FIGURA 2.33** Esquemas de manutenção em redes.

## 2.11.4. Conectividade

Os conectores metálicos são mais baratos e não requerem maiores cuidados na sua instalação quando comparados com os conectores para fibras ópticas. Os custos e as perdas dos conectores ópticos devem ser devidamente relacionados no projeto, além de demandarem equipamentos e ferramentas especiais para sua instalação e necessitarem de pessoal qualificado para execução. Em geral, os conectores devem apresentar características mecânicas de precisão do alinhamento para perdas abaixo de 1 dB.

A Tabela 2.8 apresenta um resumo com algumas das características dos cabos metálicos *versus* cabos ópticos.

**TABELA 2.8** Comparativo cabo de cobre *versus* cabo óptico

| Parâmetro | Cabo de cobre | Cabo óptico |
|---|---|---|
| Imunidade ao choque elétrico | Susceptível | Imune |
| Perigo de faíscas | Sim | Não |
| Durabilidade do material | Baixa | Alta |
| Custo de conectores | Baixo | Alto |
| Atenuação | 30 dB/km | 0,3 dB/km (SM) |
| Peso | Mais pesado | Mais leve |
| Largura de banda suportada | 10 Mbps – 10 Gbps | 10 Mbps – 1 Tbps |
| Imunidade a EMI e RFI | Baixa | Imune |
| Segurança da informação | Baixa | Alta |
| Distância | Curta (1 m – 1 km) | Longa (1 m – 500 km) |
| Conhecimento técnico | Baixo | Alto |
| Custo de lançamento | Baixo | Alto |

# Capítulo 3

# Cabos Ópticos

À reunião de várias fibras ópticas individuais, revestidas de materiais que proporcionam resistência mecânica e proteção contra intempéries, denomina-se cabo óptico. Trata-se de estruturas com encapsulamento que têm como função básica proteger e prover facilidades de manuseio às fibras ópticas. O encapsulamento protege a fibra óptica contra esforços mecânicos e condições ambientais durante a instalação e operação da rede óptica de comunicação.

Nas redes de telecomunicações, os cabos ópticos devem apresentar resistência mecânica suficiente para evitar danos às fibras em seu interior, originados pelo puxamento durante os procedimentos de instalação aérea ou subterrânea. Também devem prover a rigidez necessária a fim de prevenir curvaturas excessivas que poderão danificar fisicamente as fibras ou atenuar o sinal óptico. Os cabos ainda devem proteger as fibras nos casos de operação em condições de temperaturas extremas (cabos aéreos) ou se sujeitos à penetração de água e outros solventes (cabos subterrâneos).

## 3.1. CONSTRUÇÃO DE CABOS ÓPTICOS

Com uma capacidade de transmissão muito mais elevada do que qualquer cabo metálico ou sistema sem fios, os cabos de fibras ópticas são a base para o crescimento das novas redes de comunicação, principalmente devido a sua durabilidade (algo em torno de 20 anos, ou mais) e por não estarem sujeitos às interferências comuns que afetam os demais meios de comunicação.

Os cabos ópticos são categorizados pelo ambiente (cabos para uso interno ou externo), pelo tipo de acondicionamento e pela função a que se destinam. Além disso, os cabos ópticos proporcionam uma maior facilidade de manuseio na instalação, sem o risco de danificar as fibras (Figura 3.1).

**FIGURA 3.1** Categorias de cabos ópticos.

A construção de cabos ópticos se dá em várias etapas, com a reunião de diversos elementos, aplicação de capas protetoras, enchimentos, encordoamentos, tudo executado com a utilização de equipamentos em processos industriais, efetuando-se a amarração das fibras em torno de elementos de apoio e tração.

### 3.1.1. Estrutura dos cabos ópticos

Para garantir a durabilidade do cabo óptico, é necessário não submeter as fibras a tensões mecânicas fora de suas especificações. Com esse fim, são utilizados na fabricação elementos tensores e tubos que absorvem as solicitações mecânicas aplicadas ao cabo. Esses elementos são muito importantes na construção do cabo óptico, assegurando sua estabilidade, e também servem para permitir uma fácil identificação das fibras no seu interior.

A fibra óptica, durante o processo de fabricação, é revestida por uma camada plástica de proteção adequada ao tipo de serviço. Os cabos devem ter esta constituição para garantir a proteção das fibras durante e após a instalação, e para assegurar uma transmissão sem perdas de suas propriedades, enquanto durar a vida útil do sistema.

Nas aplicações em redes externas, é necessário oferecer à fibra óptica uma proteção adicional por meio de um processo construtivo conhecido como buffering.

O processo de buffering pode ocorrer de duas formas (Figura 3.2):

- **Solto (ou loose)** – Para uso externo e algumas aplicações internas.
- **Compacto (ou tight)** – Para uso interno e subterrâneo.

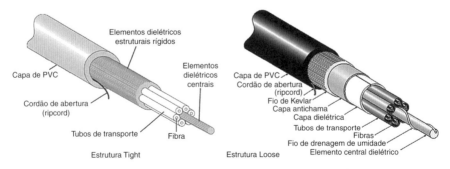

**FIGURA 3.2** Estruturas de cabos ópticos loose e tight.

Cabos Ópticos

Os cabos mais utilizados em redes externas de telecomunicações apresentam a seguinte constituição física, do interior para o exterior:

- **Elemento central** – Em aço revestido com plástico ou, mais modernamente, com poliéster reforçado (aramida), que suporta a estrutura do cabo e serve de elemento tensor nas fases de fabricação e instalação.
- **Tubos de proteção** – Sobre o elemento central são posicionadas as fibras (dentro dos tubos de proteção) e os elementos de enchimento (se necessários). Sobre esse conjunto, pode ou não ser aplicada uma barreira contra a umidade, constituída por uma fita de polietileno/alumínio/polietileno ou geleia de petróleo.
- **Elemento de preenchimento** – Sob o conjunto, os espaços vazios são totalmente ocupados pela introdução de geleias sintéticas, evitando a entrada de umidade no cabo.
- **Revestimento** – O revestimento final é feito com material plástico aplicado por extrusão (normalmente PVC).
- **Proteção adicional** – Como proteção extra, pode ser incluído um elemento de reforço mecânico, tal como armadura convencional de duas fitas de aço aplicadas em formato helicoidal, ou de uma só fita de aço longitudinal e corrugada (cabos em aplicações diretamente enterradas), ou ainda tensor exterior (metálico ou não), se o cabo se destina à instalação aérea.

Podemos resumir a estrutura básica de um cabo óptico como composta de:

- Núcleo (corresponde à fibra óptica)
- Casca (envolve o núcleo da fibra)
- Cobertura da casca (revestimento de acrilato colorido)
- Tubo de proteção (tubo de transporte ou tubete)
- Proteção adicional contra tração (fios de aramida)
- Elemento de tração (bastão de kevlar)
- Capa externa de polímero (PVC e outros)

A capa externa dos cabos ópticos geralmente é construída com PVC (policloreto de polivinila) ou em polietileno. O PVC não propaga chama, sendo ideal para aplicações internas. Já o polietileno é resistente a intempéries, sendo o material ideal para aplicações externas.

Para instalações em ambientes altamente corrosivos, que exigem maior resistência mecânica, deve-se consultar o fabricante para adotar o tipo de cabo mais adequado. Por exemplo, quando cabos ópticos aéreos são instalados junto a linhas de alta-tensão, ocorre a degradação do material de capa devido ao campo elétrico induzido na sua superfície. Com isso, a probabilidade de falha de um cabo óptico exposto a ambientes severos é mais elevada.

Para evitar esses problemas, é necessário utilizar um material de capa com maior resistência. Alguns fabricantes disponibilizam cabos com capas que reúnem as qualidades do PVC e do polietileno e podem ser aplicados em ambos os ambientes, apesar de não recomendados para grandes distâncias. Em redes locais de computadores e de *campus* é uma opção, pois elimina a necessidade de bloqueios e emendas na transição do ambiente interno para o externo.

### 3.1.1.1. Estrutura loose tube

Os cabos ópticos tipo modo solto, ou loose tube, apresentam as fibras ópticas acondicionadas no interior de tubos plásticos (conhecidos como tubos loose, tubos de transporte ou tubetes) com diâmetro interno muito maior que o diâmetro da fibra (entre 1 mm e 3 mm), e que proporcionam a primeira proteção às fibras ópticas, isolando-as das tensões mecânicas do cabo.

No interior dos tubos plásticos, é acrescentado um material de preenchimento, em geral gel sintético ou silicone, que proporciona uma maior proteção contra variações de temperatura e proteção extra contra a entrada de água e contra os choques mecânicos.

Existe também o "cabo seco", que no lugar do gel sintético utiliza compostos com características hidroexpansíveis. As normas de cabeamento recomendam o uso deste tipo de cabo em instalações de redes internas.

Ao conjunto formado pelas fibras ópticas no interior de cada tubo loose e seu material de preenchimento dá-se o nome de "unidade básica". Além da unidade básica, também é introduzido um elemento de tração constituído de kevlar – polímero sintético com grande resistência à tensão e que dá sustentação e rigidez mecânica ao conjunto – e ambos recebem um revestimento final (Figura 3.3).

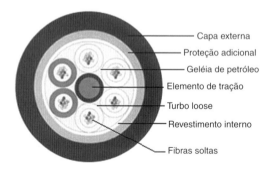

**FIGURA 3.3** Estrutura loose.

Esta estrutura é interessante para cabos ópticos submetidos a elevadas tensões durante o processo de instalação ou em operação, como em redes aéreas e submarinas em longas distâncias, apresentando como características:

# Cabos Ópticos

- **Maior proteção contra variações de temperatura** – Com variações de temperatura ocorrem expansões e retrações no cabo, mas com as fibras "soltas" no interior do tubo de transporte não há esforço sobre elas.
- **Maior proteção contra umidade** – A água em contato com a fibra óptica pode provocar, ao longo do tempo, microfissuras. O gel de preenchimento dificulta a penetração da água em possíveis rompimentos do tubo.
- **Aplicação ideal** – Em ambientes externos, por proteger a fibra de grandes variações de temperatura e penetração de água; é o tipo mais adequado para sistemas de telecomunicações.
- **Restrições** – Não é recomendado para ambientes internos, pela dificuldade de manuseio devido ao volume e por alguns modelos apresentarem gel de preenchimento derivado de petróleo, que é propagante a chamas.

A estrutura loose pode ser subdividida nos seguintes tipos:

- **Loose tube** – Os tubos de transporte são preenchidos com 2 a 12 fibras, com tubos de diâmetros pequenos. Apresentam como vantagem um menor custo em cabos de baixa contagem.
- **Core tube** – O tubo de transporte tem um diâmetro maior, podendo receber alta contagem de fibras (acima de 12). Apresenta como vantagens menor custo por fibra, maior facilidade na decapagem e menor diâmetro externo do cabo.
- **Ribbon** – As fibras são dispostas em forma de fitas agrupadas em conjuntos de 12, dentro de um tubo central de preenchimento. Possui as mesmas vantagens do core tube, somadas às facilidades de localização das fibras (Figura 3.4).

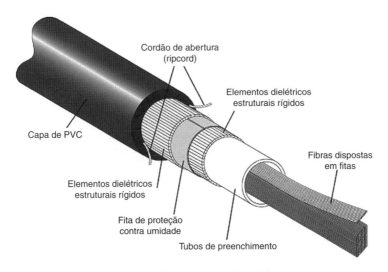

**FIGURA 3.4** Estrutura de cabo ribbon.

Os cabos ópticos do tipo loose com preenchimento de compostos de derivados petroquímicos (propagantes a chamas) não são especificados para ambientes internos. Órgãos normativos, como o National Electrical Code (NEC), dos Estados Unidos, somente permitem a utilização deste tipo de cabo em ambientes internos, onde exista um local destinado apenas a passagem de cabos (que não possua comunicação com o restante do edifício), e desde que sejam tomadas as seguintes precauções:

1. Este tipo de cabo só pode percorrer, sem qualquer tipo de proteção, os primeiros 15 m do edifício.
2. Após os primeiros 15 m, deve-se necessariamente proteger o cabo, lançando-o dentro de eletrodutos metálicos.
3. Caso haja a necessidade de lançar o cabo em locais comuns (que possuam comunicação com o restante do edifício) e distâncias superiores a 15 m, deve-se fazer a terminação do cabo tipo loose em hardware apropriado (um armário óptico, por exemplo) e, daí em diante, continuar com cabo do tipo tight.

## 3.1.1.2. Estrutura tight buffer

Nos cabos tipo tight (modo compacto), o acrilato é o revestimento primário mais usado e este material também proporciona alguma resistência à flexão para as fibras ópticas. A estrutura apresenta ainda um revestimento secundário, em plástico ou poliéster, aplicado diretamente sobre a fibra.

Ao contrário da estrutura em modo solto, as fibras estão em contato direto com a estrutura do cabo e submetidas diretamente às tensões mecânicas nele aplicadas.

O modo compacto apresenta dimensões menores, com 0,9 mm, 2 mm e 3 mm de espessura, permitindo a construção de cabos multifibras mais densos e com maior resistência a forças de esmagamento. Algumas das aplicações para esse tipo de cabo são:

- Aplicações interedifícios (subterrânea)
- Sistemas de cabeamento primário interno (entre pisos)
- Distribuição secundária, utilizando calhas ou canaletas
- Instalação em dutos congestionados
- Cordões de manobras e cordões de testes

Como citado, nos cabos do tipo tight as fibras ópticas recebem um revestimento primário colorido de acrilato (resina acrílica usada na fabricação de tintas) e, acima dele, um revestimento extra de material plástico (revestimento secundário), podendo receber elementos de tração e capa externa individual, ou global, que irá proporcionar uma proteção maior para as fibras.

# Cabos Ópticos

Cada fibra óptica com revestimento secundário é denominada de elemento óptico. Os elementos ópticos são reunidos em torno de um elemento de tração que, juntos, recebem o revestimento final (Figura 3.5).

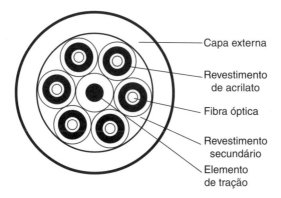

**FIGURA 3.5** Estrutura de cabo tight.

Esse cabo foi um dos primeiros a ser utilizados nas redes de telecomunicações. Atualmente, são mais empregados em aplicações como redes internas em curtas distâncias e onde se faz necessária a conectorização. A estrutura tight apresenta as seguintes características:

- **Flexibilidade** – O revestimento adicional protege as fibras contra microdobras que podem ocorrer na passagem em infraestruturas apertadas ou com muitas curvas. Apresenta menor raio de curvatura para cabos com baixo número de fibras.
- **Manuseio** – Permite manuseio mais simples no lançamento e instalação de conectores dentro de distribuidores ópticos e na montagem de cordões de manobra.
- **Aplicações** – Ambientes internos onde a passagem dos cabos exige maior proteção contra microdobras.
- **Restrições** – Utilização restrita para instalações externas que apresentam condições muito severas ou longas. Geralmente, são mais sensíveis do que os cabos tipo loose em relação a variações de temperatura e tração externa.

## 3.1.2. Cabo drop autossustentado

Trata-se de um tipo de cabo óptico tipo loose para uso externo que possui um elemento de sustentação metálico em aço galvanizado, conhecido como "mensageiro", o qual lhe confere resistência mecânica e facilidade de fixação em redes aéreas.

O interior do cabo *drop* é constituído por tubo loose contendo entre 1 a 12 fibras ópticas, um reforço estrutural de material dielétrico (elemento de tração), tudo protegido por uma capa externa de material polimérico resistente a intempéries, geralmente polietileno.

O cabo drop é frequentemente usado nos projetos de redes aéreas que necessitam oferecer às fibras ópticas proteção suficiente durante a tração, causada pelo peso do próprio cabo ou por cargas ambientais (chuva e vento, por exemplo), como também proteção contra outros possíveis danos no manuseio. Um dos modelos mais conhecidos no mercado é o drop figura oito. Ele recebeu esse nome devido ao formato em "8" (Figura 3.6).

**FIGURA 3.6** Estrutura do drop figura oito.

### 3.1.3. Cordão óptico

Os cordões ópticos são cabos de fibra óptica pré-conectorizados em ambas as extremidades, do tipo tight, para uso interno, com uma ou duas fibras ópticas. Os tamanhos dos cordões podem variar de 1 m até 20 m ou sob encomenda. Cabos com revestimento na cor azul indicam que a fibra utilizada é monomodo; com revestimento na cor laranja, que a fibra utilizada é multimodo.

São utilizados como cabos de conexão na interligação de dispositivos ópticos, painéis e equipamentos de testes, estações de trabalho e pontos de rede em telecomunicações (Figura 3.7).

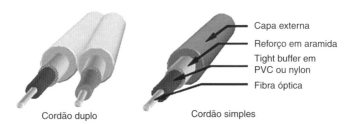

**FIGURA 3.7** Estrutura de cordão óptico.

Para conectar um cabo de fibra óptica a um painel de terminação óptico, por exemplo, é necessário que se instale um conector apropriado na extremidade de cada fibra do cabo, isto é, que seja emendada uma extensão óptica, também conhecida como cordão *pigtail*, um cabo monofibra que possui conector óptico em apenas uma de suas extremidades (Figura 3.8).

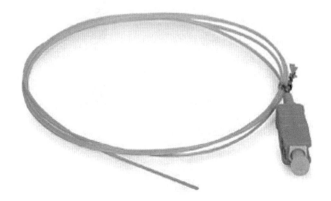

**FIGURA 3.8** Exemplo de pigtail.

A Tabela 3.1 apresenta os valores de atenuação típica para cordão monomodo, em dB/km, segundo a ITU-T G.652.B. A atenuação total pode ser calculada multiplicando-se o comprimento do cordão pelos valores de atenuação típica.

**TABELA 3.1** Valores de atenuação para cordões monomodo segundo a ITU-T G.652.B

| Tipo | Comprimento de onda (nm) | Atenuação típica (dB/km) |
|---|---|---|
| Cordão SM | 1.310 | 0,40 |
| Cordão SM | 1.550 | 0,30 |

### 3.1.4. Cabos com construções especiais

Além dos tipos de cabos citados anteriormente, pode-se destacar os seguintes tipos:

#### 3.1.4.1. Drop low friction

O cabo drop low friction (baixo atrito) é constituído por fibra óptica monomodo com baixa sensibilidade à curvatura e pode ser usado em ambientes internos ou externos. Possui revestimento externo em material termoplástico que, além de não propagante a chamas, também protege o cabo contra a ação dos raios UV.

O cabo drop low friction é um tipo de cabo figura oito que possui uma construção bastante compacta, com tamanho reduzido e formato que permite baixo atrito durante a instalação. Este cabo é indicado para aplicações em redes FTTx (Figura 3.9).

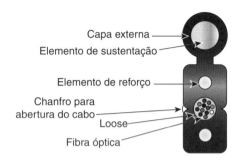

**FIGURA 3.9** Estrutura de cabo drop low friction.

### 3.1.4.2. Armored

O cabo armored apresenta uma proteção metálica adicional com um tubo corrugado. Tem como vantagem garantir uma melhor proteção em ambientes agressivos e proteção contra roedores, podendo ser enterrado diretamente no solo (Figura 3.10).

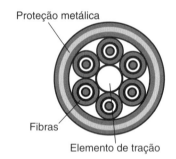

**FIGURA 3.10** Estrutura de cabo armored.

### 3.1.4.3. OPGW

O cabo OPGW (Optical Ground Wire) é um modelo com a função de para-raios, com um núcleo de fibra óptica, para instalação em torres de transmissão de energia de alta-tensão. Consiste em um cabo de transmissão de energia elétrica contendo em seu interior uma unidade central com as fibras ópticas (normalmente até 144 fibras) montadas em estrutura loose.

As vantagens deste cabo são a diminuição dos custos de instalação, pois um único cabo realiza duas funções: transmissão de energia elétrica e transmissão de dados. Dessa forma, ele é utilizado na transmissão de sinais ópticos em sistemas de alta capacidade, para instalações aéreas em linhas de transmissão de energia elétrica que, dependendo do cabo, possuem uma capacidade de até 500 kV (Figura 3.11).

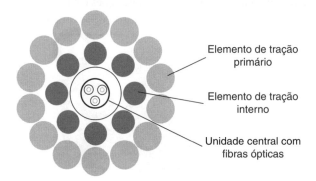

**FIGURA 3.11** Estrutura de cabo OPGW.

### 3.1.4.4. Cabos submarinos

O cabo óptico submarino é um tipo especial que recebe proteção mecânica adicional, própria para instalação sob a água. Usualmente, dispõe de alma de aço e isolamento e proteção mecânica especiais.

Os cabos submarinos permitem espaçamento entre repetidores em torno de 60 km (Figura 3.12).

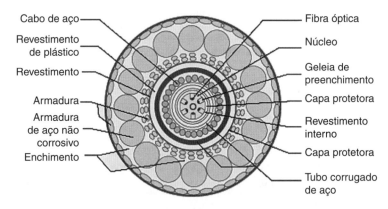

**FIGURA 3.12** Cabo submarino.

### 3.1.4.5. Cabos híbridos

Os cabos híbridos, ou Hybrid Fiber Cooper (HFC), contêm condutores metálicos associados com fibras ópticas. Normalmente, são utilizados em trechos de cobertura de médias e grandes distâncias, em instalações internas de redes e TV a cabo.

Os cabos híbridos apresentam como desvantagens a dificuldade na instalação em ambientes internos e a manutenção demorada, no caso de rompimento. Oferecem também problemas para a administração do cabeamento em sistemas estruturados e apresentam atenuação considerável em grandes distâncias (Figura 3.13).

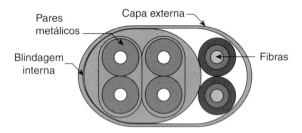

**FIGURA 3.13** Estrutura de cabo HFC.

A Tabela 3.2 resume as aplicações e características dos principais tipos de construção de cabos ópticos encontrados no mercado.

**TABELA 3.2** Características e aplicações das principais construções de cabos ópticos

| Tipo de cabo | Aplicação | Característica |
|---|---|---|
| Tight buffer | Rede de acesso e rede interna | Montagem de cordões ópticos |
| Distribution | Rede de acesso e rede interna | Concentração de fibras em pequeno volume |
| Breakout | Rede de acesso e rede interna | Robustez e fácil manuseio em ambientes internos |
| Loose tube | Rede externa (alimentação e distribuição) | Seco ou com gel, aplicações gerais na rede externa |
| Armored | Rede externa (alimentação e distribuição) | Proteção contra roedores e outros danos mecânicos |
| Ribbon | Rede externa (alimentação e distribuição) | Alta contagem de fibras em pequeno volume |

## 3.2. CABOS ÓPTICOS EM REDES PASSIVAS

Os cabos utilizados em redes ópticas passivas variam de acordo com sua aplicação. Podem ser instalados em redes subterrâneas ou aéreas e mesmo em tubulações

Cabos Ópticos

prediais (redes internas), e os cabos ópticos tipos tight ou loose são usados indistintamente nessas estruturas.

Os parâmetros para utilização dos cabos são determinados a partir do projeto, no que se refere às características construtivas (resistência mecânica, fadiga estática e fadiga dinâmica) e condições de instalação (em bandejas ou canaletas, rede subterrânea com dutos de polietileno de alta densidade – PEAD, rede subterrânea diretamente enterrada ou rede aérea autossustentada ou espinada). A partir desses parâmetros, será determinado o tipo de cabo óptico mais adequado tanto para a rede de alimentação e distribuição quanto para a rede de acesso.

### 3.2.1. Infraestrutura de acesso aérea e subterrânea

O projeto de redes ópticas envolve a construção de infraestrutura para suporte desses cabos. Infraestrutura é o nome dado ao conjunto responsável por receber, acomodar e distribuir o cabo óptico ao longo de seu trajeto, também conhecido como rota de cabo ou enlace. A infraestrutura de redes ópticas pode ser aérea, subterrânea, submarina ou a combinação destas.

### 3.2.1.1. Redes aéreas

As redes de acesso aéreas são compostas pela infraestrutura de cabos de telecomunicações. Normalmente, são utilizadas as estruturas das operadoras de telefonia pública e das concessionárias de energia elétrica presentes na região do provedor ou, quando não há possibilidade, é construída a infraestrutura necessária para a instalação do cabeamento óptico. A rede é constituída basicamente por:

- **Sistema suporte ou de apoio** – Formado pelos postes e os suportes para os cabos. Os postes devem atender exigências de altura nos cruzamentos e de esforço nos casos de terminação de rede (encabeçamento) e mudança de direção dos cabos.
- **Sistema de fixação** – Formado pelas ferragens em geral, isoladores, caixas de emenda, caixas terminais e cabo mensageiro.
- **Sistema de cabos** – Suportados pelas ferragens, postes e demais elementos de suporte.

### 3.2.1.2. Redes subterrâneas

As redes subterrâneas possuem uma grande variedade de padrões construtivos e de configurações, cujas variáveis são aplicadas com base em fatores como a região projetada, a densidade de carga, o tipo de consumidor, o tipo de pavimento, o tipo de solo, as condições climáticas e de trânsito e as atividades típicas da região (comercial, residencial etc.).

A construção de uma rede subterrânea requer maior investimento, mais tempo para execução e maior número de recursos, sendo constituída basicamente por:

- Dutos primários em PVC, concreto ou cerâmica.
- Subduto – Outro duto de PVC, de menor diâmetro, instalado inicialmente em redes urbanas, dentro do duto primário, aumentando a capacidade dos dutos existentes na rede. Posteriormente, o subduto passou a ser usado também nas redes de telecomunicações de longa distância.
- Caixas de passagem em concreto ou alvenaria, instaladas abaixo do nível do solo, com a função de armazenar as caixas e as reservas técnicas dos cabos.
- Ferragens para a fixação dos cabos no interior das caixas, ganchos, drenagem e escadas de acesso.
- Reserva ou sobra técnica, que corresponde a uma folga ou reserva de cabo que será utilizada caso ocorra um acidente no cabo, ou para atender um novo acesso.
- Tampões de caixas e de dutos.

Nas instalações de redes subterrâneas, as seguintes profundidades são recomendadas entre a superfície do terreno e o topo do duto mais alto:

- Instalação em via urbana – 60 cm
- Instalação em calçada – 45 cm (dutos múltiplos) e 35 cm (dutos singelos)
- Instalação em valas ao longo de rodovias ou ferrovias – 80 cm a 150 cm

Por motivos econômicos, é recomendável o uso de lances com o maior comprimento possível. Este comprimento máximo é limitado pelo fornecedor, considerando as características construtivas do cabo, fatores como máxima tração admissível, peso por unidade de comprimento, superfície e diâmetro do cabo, características do local, entre outros.

### 3.2.2. Cordoalhas

Os cabos aéreos podem ser fixados por cordoalhas que proveem sua sustentação. Cabo mensageiro ou cordoalha é o cabo fixado entre postes, que faz a sustentação física de equipamentos, cabos de telecomunicações e outros sistemas que nele estiverem afixados. Trata-se de cabo manufaturado a partir de arames de aço ou algum tipo de material dielétrico, resistente à tração e à corrosão.

### 3.2.2.1. Cordoalha de aço

As cordoalhas de aço são classificadas, segundo seus tipos, em média resistência (SM), alta resistência (HS) e extra alta resistência (EHS), para usos diversos: em para-raios, no aterramento elétrico, estais, tirantes etc.

# Cabos Ópticos

A cordoalha de aço é, muitas vezes, confundida com o cabo de aço propriamente dito. Entretanto, ela se diferencia deste na sua construção, pois usa arames de aço mais densos e com menos "fios" do que um cabo de aço convencional. Os "fios" que formam a cordoalha também estão em uma formação helicoidal distinta de uma formação de cabo de aço (no cabo de aço, os arames formam "pernas" e, posteriormente, o conjunto de "pernas" forma o cabo). Por este motivo, as cordoalhas são mais rígidas e mais utilizadas na sustentação de cabos de telecomunicações (Figura 3.14).

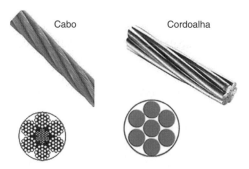

**FIGURA 3.14** Cabo e cordoalha de aço.

As cordoalhas de aço possuem acabamento galvanizado (geralmente a fogo), no qual a galvanização está subdividida em classes (quantidade de zinco utilizado na galvanização). As cordoalhas de aço apresentam como características:

- Alta flexibilidade
- Condutividade elétrica satisfatória
- Entrelaçamento constante e bem distribuído
- Podem ser produzidas em cobre nu, cobre estanhado, alumínio ou aço

### 3.2.2.2. Cordoalha dielétrica

A cordoalha dielétrica também é utilizada em redes de telecomunicações para possibilitar a sustentação e passagem de cabos, entre os vãos de postes, que não apresentam elementos de sustentação. São utilizadas em redes aéreas e possuem menor peso em relação às cordoalhas metálicas, facilitando o manuseio e a instalação nas redes de telecomunicações.

Sua estrutura é composta por fios de polietileno com alma em aramida (kevlar), que atuam como elementos tensores, em torno de um elemento central, todos recobertos com uma capa de polietileno de alta densidade (PEAD). A capa externa possui, em geral, a cor preta e tem boa resistência à abrasão e proteção contra raios ultravioleta (Figura 3.15).

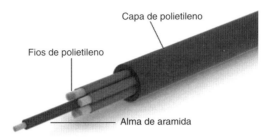

**FIGURA 3.15** Exemplo de cordoalha dielétrica.

Como vantagens da cordoalha dielétrica em relação à cordoalha galvanizada, pode-se destacar:

- Menor peso em relação à cordoalha galvanizada.
- Permite maior facilidade de instalação, com consequente redução de homem/hora e do custo de implantação.
- Dispensa uso de acessórios para proteção elétrica do mensageiro.
- Isolamento elétrico garante proteção contra o perigo da energização da rede de telecomunicações.
- Permite elevação dos níveis de isolação da rede aérea, diminuindo a penetração de surtos de tensão e de corrente.
- Elevada resistência à tração, com baixo alongamento, semelhante ao aço.
- Não corrosiva, podendo ser utilizado em regiões críticas a este fator.

A Figura 3.16 apresenta um exemplo para a instalação de um cabo óptico espinado em rede aérea utilizando cordoalha.

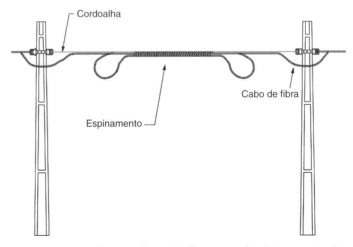

**FIGURA 3.16** Utilização de cordoalha com cabo óptico espinado.

Cabos Ópticos

75

### 3.2.2.3. Cordoalha em rede de energia elétrica

Cordoalhas são utilizadas no compartilhamento da infraestrutura das redes de distribuição de energia elétrica. Neste caso, o primeiro aspecto a ser observado é que a ocupação deverá ser feita utilizando somente o espaço reservado para o respectivo ponto de fixação, de maneira a não interferir com os demais ocupantes. Cada ponto de fixação é considerado como uma ocupação, sendo permitida uma única ocupação por ponto. Se todos os pontos de fixação de um poste já estiverem ocupados, o solicitante deverá estudar alternativa de rota, de forma a evitar nova ocupação.

A empresa ocupante, autorizada a explorar serviço de telecomunicações e interessada no compartilhamento da rede de energia elétrica, considera sempre o uso de cabos de telecomunicações autossustentados, em primeiro lugar. A concessionária somente aprovará uso de cabos sustentados por cordoalhas dielétricas, ou de aço, quando estes não possuírem estrutura de sustentação própria devidamente comprovada. O mesmo vale para os equipamentos da empresa ocupante, que devem ser instalados na cordoalha somente se não tiverem condições próprias de autossustentação, exceto os armários de distribuição, caixas terminais, fontes de alimentação, subidas e descidas laterais, definidas em projeto, após autorização da concessionária de energia elétrica.

Convém observar que os cabos e cordoalhas das redes da ocupante devem ser instalados nos postes, no mesmo lado da rede de distribuição secundária de energia elétrica existente ou prevista, inclusive nos postes com transformador, utilizando-se os acessórios adequados para fixação.

Quando a empresa ocupante optar por utilizar cordoalhas de aço para sustentação dos cabos, deverá ser instalado aterramento aproximadamente a cada 200 m de rede. Deverá também aterrar-se as cordoalhas nos finais de rede, nos cruzamentos e nas mudanças de direção das rotas do cabo, com o aterramento devendo ser instalado em todos os postes de sustentação da cordoalha.

É oportuno mencionar que a caixa de emenda óptica e a reserva técnica do cabo óptico de telecomunicações devem ficar, preferencialmente, no vão da rede. Assim, a empresa ocupante deve se utilizar de meios adequados para que a montagem da cordoalha seja executada de acordo com as flechas e trações estabelecidas no projeto de ocupação, para garantir a estabilidade da infraestrutura e os afastamentos mínimos especificados na documentação fornecida pela concessionária (Figura 3.17).

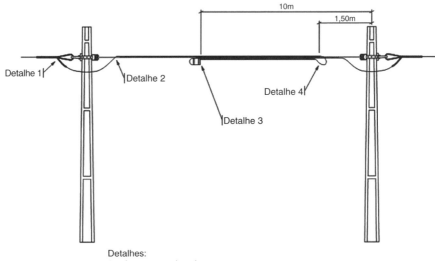

Detalhes:
1 – Ancoragem de cabos
2 – Passagem para cabo espinado em cordoalha
3 – Acomodação de caixa de emenda
4 – Curva de retorno de cabo para entrar na caixa de emenda

**FIGURA 3.17** Exemplo de fixação de caixa de emenda no vão da rede aérea.

## 3.3. IDENTIFICAÇÃO DAS FIBRAS ÓPTICAS

O revestimento primário de acrilato que colore a fibra óptica serve como a primeira proteção para o cabo óptico. Para isto, é usado um código de cores para identificar cada fibra individualmente, baseado nas 10 cores usadas na cobertura de plástico que identifica os condutores dos cabos de cobre. Foram somadas duas outras cores para trazer o código de cores para um total de 12. Essa coloração é usada para identificar fibras ópticas individuais, quando as cores são aplicadas à superfície da fibra, e também pode ser usada para identificar unidades (grupos de fibras ou tubos soltos) ou tiras de fibras em determinado cabo óptico.

As unidades básicas são identificadas por códigos de cores. No padrão ABNT, a unidade básica 1 é chamada de "piloto" e apresenta coloração verde. A unidade básica 2 é chamada de "direcional" e apresenta coloração amarela. As unidades básicas 3 em diante seguem a sequência do direcional e apresentam a coloração branca. Para fibras importadas, as unidades básicas seguem o código de cores para fibras ópticas.

Na Tabela 3.3, é apresentada a identificação das unidades básicas, conforme padrão Anatel.

As fibras são agrupadas em grupos de até 12 fibras por grupo. Para cabos com 12 ou mais fibras, as cores se repetem para cada grupo, e cada grupo apresenta algum tipo de identificação, estabelecido pelo fabricante do cabo.

Cabos Ópticos

**TABELA 3.3** Identificação das cores das unidades básicas no padrão Anatel

| 1 – Piloto | 2 – Direcional | 3 em Diante |
|---|---|---|
| Verde | Amarelo | Branco |

Na Tabela 3.4, são apresentados os códigos de cores usados para identificação de estruturas com fibras ópticas, de acordo com o padrão brasileiro da Anatel e padrão americano TIA/EIA-598-A.

**TABELA 3.4** Equivalência de código de cores Anatel e EIA/TIA-598

| Fibra | Anatel | EIA/TIA-568 |
|---|---|---|
| 1 | Verde | Azul |
| 2 | Amarelo | Laranja |
| 3 | Branco | Verde |
| 4 | Azul | Marrom |
| 5 | Vermelho | Cinza |
| 6 | Violeta | Branco |
| 7 | Marrom | Vermelho |
| 8 | Rosa | Preto |
| 9 | Preto | Amarelo |
| 10 | Cinza | Violeta |
| 11 | Laranja | Rosa |
| 12 | Água-marinha | Água-marinha |

Para a coloração das capas dos cabos ópticos, a norma TIA/EIA-598-A define o seguinte padrão:

- A cor laranja é usada na capa para identificar os cabos ópticos multimodo.
- A cor azul-claro é usada na capa para identificar os cabos monomodo.

A Tabela 3.5 apresenta o quantitativo de fibras e de tubos loose segundo o número de fibras que compõem o cabo óptico.

**TABELA 3.5** Quantitativo de fibras e de tubos loose por número de fibras no cabo óptico

| Número de fibras por cabo | Número de fibras por tubo | Número de tubos loose |
|---|---|---|
| 2 | 2 | 1 |
| 4 | 2 | 2 |
| 6 | 2 | 3 |
| 8 | 2 | 4 |
| 10 | 2 | 5 |
| 12 | 2 | 6 |
| 18 | 6 | 3 |
| 24 | 6 | 4 |
| 30 | 6 | 5 |
| 36 | 6 | 6 |
| 48 | 12 | 4 |
| 60 | 12 | 5 |
| 72 | 12 | 6 |
| 84 | 12 | 7 |
| 96 | 12 | 8 |
| 108 | 12 | 9 |
| 120 | 12 | 10 |
| 132 | 12 | 11 |
| 144 | 12 | 12 |

A Tabela 3.6 apresenta a identificação dos grupos de looses por número de fibras.

Convém ressaltar que essa identificação dos grupos pode sofrer algumas alterações em função do fabricante do cabo, que pode adotar alguma forma de "montagem" proprietária.

Cabos Ópticos

**TABELA 3.6** Identificação dos grupos de fibras

| Tubo | Tubo com 2 fibras | Tubo com 6 fibras | Tubo com 12 fibras |
|---|---|---|---|
| 1 | Verde | Verde | Verde |
| 2 | Amarelo | Amarelo | Amarelo |
| 3 | – | Branco | Branco |
| 4 | – | Azul | Azul |
| 5 | – | Vermelho | Vermelho |
| 6 | – | Violeta | Violeta |
| 7 | – | – | Marrom |
| 8 | – | – | Rosa |
| 9 | – | – | Preto |
| 10 | – | – | Cinza |
| 11 | – | – | Laranja |
| 12 | – | – | Água-marinha |

## 3.4. INSTALAÇÃO DE CABOS ÓPTICOS

A instalação de cabos ópticos pode ser executada a partir de três métodos distintos: manualmente, com auxílio de guias, usando camisas de puxamento com destorcedores, ou utilizando máquina de sopro.

O método mais comum para a instalação de cabos ópticos em dutos é o puxamento com as mãos e o uso de guias, ainda muito adotado em diversos países.

A prática do uso de camisas de puxamento com destorcedores utiliza uma variedade de equipamentos para fixação ao cabo e compensação dos esforços de tração.

Independentemente do método usado, é importante saber qual a quantidade de força aplicável sem danificar o cabo. Os fabricantes fornecem informações sobre a tensão máxima de instalação para cada cabo e esta deve ser respeitada para evitar danos ao cabo e ao equipamento de instalação. Tanto o tipo do duto quanto o método usado para instalar o duto afetam a tensão no puxamento do cabo óptico. Não é recomendável puxar longos trechos de cabos de fibras em dutos enterrados diretamente no solo. As ondulações nos dutos podem ocasionar curvaturas que aumentam a tensão de tração que pode vir a danificar as fibras no interior do cabo. Todos os cabos são fornecidos pelos fabricantes em bobinas que trazem informações detalhando comprimento do lance, lote de fabricação, tipo de cabo, entre outras.

**FIGURA 3.18** Suporte de bobinas.

Considerando que o cabo tenha sido transportado para o local do lançamento (Figura 3.18) e a infraestrutura esteja em boas condições e adequada para o lançamento dos cabos ópticos, são cuidados que devem ser tomados antes de iniciar-se o lançamento propriamente dito, quer seja em rede subterrânea (dutos), quer em rede aérea (cabo espinado ou autossustentado):

- Antes de desenrolar a bobina com o cabo óptico, verificar visualmente e, em seguida, testar com equipamento (OTDR) se esta se encontra em ordem, ou seja, se não foi danificada durante o embarque, transporte e desembarque.
- A bobina com o cabo óptico deve ser descarregada e desenrolada obedecendo-se as recomendações do fabricante do cabo.
- O cabo óptico deve ser retirado da bobina e enrolado no chão em forma de "8". Este comprimento deve ser puxado na primeira seção do duto.
- Os cabos ópticos deverão ser tracionados com cabos-guia, camisas de puxamento e destorcedores com monitoração de dinamômetros, evitando-se o tracionamento excessivo (Figura 3.19).
- As extremidades dos cabos ópticos devem ser protegidas para que não haja penetração de umidade e perda de pressão, no caso de cabos pressurizados.
- Em nenhuma hipótese o cabo poderá ser submetido a torções e estrangulamentos, considerando-se sempre que o raio de curvatura mínimo durante a instalação é de 40 vezes o diâmetro do cabo, e de 20 vezes na ocasião da acomodação.

# Cabos Ópticos

- Os cabos ópticos não devem ser estrangulados, torcidos ou prensados, devendo-se evitar que sejam "pisados", sob risco de provocar alterações nas características originais.
- As sobras dos cabos ópticos deverão ser acomodadas considerando-se sempre sua fixação e seu raio de curvatura. As sobras deverão ser sempre acomodadas em forma de "8", atendendo-se o raio de curvatura mínimo do cabo óptico.
- Evitar reutilizar cabos ópticos de outras instalações, pois os cabos são projetados para suportar somente uma instalação.
- Todos os cabos ópticos deverão ser caracterizados com materiais identificadores resistentes ao lançamento para que possam ser reconhecidos e instalados em seus respectivos pontos.
- Nunca utilizar produtos químicos – como vaselina, sabão, detergentes etc. – para facilitar o lançamento dos cabos ópticos no interior de dutos, pois eles podem atacar a capa de proteção dos cabos ópticos, reduzindo sua vida útil. Há produtos específicos para tal.
- Evitar instalar os cabos ópticos na mesma infraestrutura com cabos de energia e/ou aterramento. Não há risco de interferência eletromagnética; contudo, em uma eventual manutenção dos cabos elétricos, os cabos ópticos podem sofrer danos, além do risco de choques elétricos.
- Os cabos ópticos devem ser decapados somente o necessário, isto é, apenas nos pontos de terminação e de emenda.
- Nas caixas de passagem, deve ser deixado ao menos uma volta de cabo óptico contornando as laterais para ser utilizada como uma folga estratégica em uma eventual manutenção do cabo óptico.
- Nos pontos de emendas, deverão ser deixados, no mínimo, três metros de cabo óptico em cada extremidade com o objetivo de se ter uma folga suficiente para as emendas.
- As folgas de cabos ópticos devem ser acomodadas convenientemente e mantidas fixas com abraçadeiras plásticas ou cordões encerados.

**FIGURA 3.19** Exemplo de camisa de puxamento para cabos.

## 3.4.1. Instalação subterrânea

As instalações subterrâneas podem ser executadas com a abertura de valas, por escavação manual ou mecanicamente para a colocação de dutos. O método mais moderno é a escavação mecânica com o uso de perfuratriz direcional. Na perfuratriz, um dispositivo de perfuração é colocado em ângulo com o solo e, uma vez posicionado, é direcionado ao destino por meio de controles eletrônicos. Esse método é particularmente indicado nas situações nas quais a escavação tradicional não é possível, como na travessia de avenidas movimentadas, sob edifícios ou rios.

A maioria dos cabos ópticos subterrâneos é instalada em dutos para proteção contra agressões, e lubrificantes são aplicados no seu interior para reduzir o coeficiente de fricção e, portanto, o esforço requerido para puxamento do cabo. O lubrificante usado deve ser compatível com o material da capa de proteção do cabo.

O óleo e a graxa são materiais que dilatam e danificam a capa protetora da maioria dos cabos ópticos. Alguns lubrificantes, como cera e sabão, não são adequados, porque podem aumentar a possibilidade de fissuras nas capas de polietileno. Os lubrificantes especiais para o puxamento dos cabos são fabricados a partir de polímeros à base de água, com vários agentes para a redução da fricção especialmente formulados para cabos ópticos.

Antes de se iniciar o lançamento dos cabos, convém vistoriar os dutos e as caixas de passagem que fazem parte da rota de lançamento. Em se constatando obstruções, providências devem ser tomadas no sentido de sua liberação.

No lançamento com o auxílio de guinchos mecânicos, faz-se necessária a utilização de equipamentos para monitoração de tensão de tracionamento do cabo óptico, os dinamômetros. Isto é necessário para que o cabo não seja submetido a tracionamentos excessivos que possam causar danos às fibras ópticas (Figura 3.20).

**FIGURA 3.20** Exemplo de dinamômetro.

Mesmo no caso de lançamento executado manualmente, o uso de equipamentos para monitoramento não deve ser dispensado, ainda que seja utilizada mão de obra especializada para tal.

A instalação por jato de ar ou "a sopro" é a mais indicada para cabos ópticos leves. O lançamento do cabo óptico utilizando o método de lançamento por sopro consiste na utilização de um equipamento pneumático especial (blowing machine), dotado de uma esteira. Esse conjunto é acionado por um compressor de ar de grande capacidade que mantém um fluxo de ar comprimido de mais de 10 m³/min, a uma pressão de entrada maior que 7,0 bar, levando o cabo através de um duto pela força de arrasto do ar, empurrando a capa de proteção e, pela força hidrostática gerada pelo gradiente de pressão, ao longo da extensão do duto.

O cabo óptico é passado pela máquina e, quando o compressor de ar é acionado, o ar é insuflado sob pressão, acionando suas engrenagens. A esteira é controlada por um operador que administra a velocidade de entrada do cabo para o interior do duto através do túnel de ar criado (Figura 3.21).

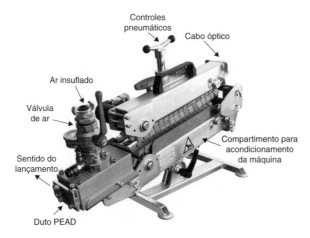

**FIGURA 3.21** Exemplo de máquina de sopro.

Normalmente, todas as formas de lançamento subterrâneo podem ser executadas seguindo-se os procedimentos:

- Na bobina, devem permanecer dois profissionais, um para controlar o desenrolamento do cabo óptico e outro guiando a entrada deste no interior do duto, sem, contudo, empurrar o cabo, isto é, deixando que ele seja puxado pela outra extremidade.
- Em cada caixa de passagem, deve permanecer sempre um profissional para puxar e guiar o cabo para a entrada no duto seguinte.
- Em lances onde serão utilizados subdutos, é necessário instalá-los com antecedência e, somente após limpos e vistoriados, lançar os cabos ópticos no seu interior obedecendo aos procedimentos anteriores.
- Em lances longos, nos quais o lançamento pode causar tensões excessivas no cabo, é conveniente que a tarefa seja executada em partes. O cabo óptico deve ser puxado até uma caixa de passagem intermediária (evitando trações excessivas) para, em seguida, puxar-se uma sobra do cabo, formando a figura de um "8", suficiente para que ele possa completar o lance. Este procedimento deve ser repetido nas caixas de passagem intermediárias ao longo do lance.
- Os cabos não devem permanecer tencionados no interior dos dutos ou nas caixas de passagem. Nos casos em que não houver emendas, os cabos deverão ser acomodados nas laterais das caixas de passagem, sendo fixados em suportes com abraçadeiras plásticas.

- Nas caixas de passagem onde forem executadas emendas, deve ser deixada, pelo menos, uma folga de 1½ volta de cabo em cada extremidade, além das sobras necessárias para a execução das emendas, lembrando sempre que os cabos e as caixas de emendas devem ser fixados nos suportes existentes nas caixas de passagem.

### 3.4.2. Método não destrutivo

O método não destrutivo (MND) – trenchless ou no-dig – se refere à instalação, reparação e reforma das tubulações, dutos e cabos subterrâneos utilizando técnicas que minimizam ou eliminam a necessidade de escavações manuais ou com uso de perfuratriz.

Os métodos não destrutivos podem reduzir os danos ambientais e os custos sociais e, ao mesmo tempo, representam uma alternativa econômica para a instalação subterrânea de cabeamento óptico em vias públicas, rodovias, ferrovias, leitos de rios e outros ambientes a céu aberto (Figura 3.22).

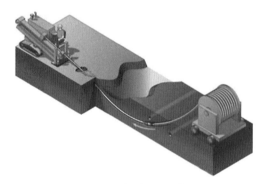

**FIGURA 3.22** Método não destrutivo.

Para instalação de redes utilizando o método MND, é comum a utilização de perfuratrizes direcionais, também conhecidas como navigator (Figura 3.23).

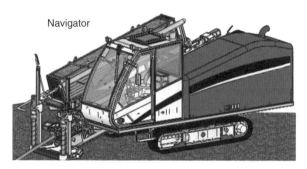

**FIGURA 3.23** Exemplo de perfuratriz.

## 3.4.3. Instalação aérea

As instalações aéreas de cabos ópticos podem ser executadas de duas formas: espinada ou autossustentada, dependendo do tipo de cabo. Cada tipo de instalação exige técnica e cuidados especiais para que os cabos sejam convenientemente instalados.

Durante todo o tempo de vida útil de um cabo aéreo, esforços mecânicos estarão presentes. A força de tração causa o alongamento do cabo, sendo a principal característica no projeto de cabos aéreos o controle deste alongamento. O esforço constante, ou carga de instalação, é responsável pela sustentação do cabo e depende do vão, da flecha, do peso, da quantidade e das características dos elementos de reforço do cabo. Os esforços variáveis que compõem a carga máxima de operação dependem das condições ambientais, como a velocidade do vento e a variação de temperatura.

São descritas, a seguir, as técnicas usadas em cada tipo de instalação.

### 3.4.3.1. Cabos espinados

O processo de espinamento é utilizado em cabos que são desprovidos de elementos de sustentação. Neste caso, o cabo é comumente denominado de cabo mensageiro, constituído de uma cordoalha de aço que proporciona sustentação ao cabo óptico.

O espinamento do conjunto, formado pelo cabo óptico e o cabo mensageiro, é feito por meio da máquina de espinar, sendo que existem ainda duas formas de espinar os cabos: com o cabo preso provisoriamente ao cabo mensageiro e com espinamento simultâneo.

O processo de espinamento com o cabo já preso provisoriamente consiste em utilizar suportes provisórios que são deslocados simultaneamente com a máquina de espinar, que, obviamente, deve estar provida de arames de espinar.

Antes de iniciar-se o espinamento, é necessário que o cabo óptico já esteja preso ao cabo mensageiro firmemente, e sob certa tensão; em seguida, o arame de espinar deverá ser preso ao cabo mensageiro através de prensa fios. Depois disso, a máquina de espinar deve ser puxada pela corda presa em seu corpo a tensão e velocidade constantes, evitando-se partidas e paradas bruscas que possam causar uma desigualdade nos passos de espinamento (Figura 3.24).

**FIGURA 3.24** Máquina de espinar cabos.

Após o término do espinamento entre um poste e outro, o arame de espinar deve ser cortado e imediatamente fixado ao cabo mensageiro com prensa fios. Terminado este trecho, a máquina de espinar deve ser deslocada ao próximo trecho, onde, após a colocação da máquina e como no processo anterior, o arame de espinar deverá ser fixado antes de iniciar-se novamente o processo de espinamento.

No processo de espinamento simultâneo, o cabo óptico é espinado ao mesmo tempo em que é desbobinado. Este processo poderá ser utilizado somente se as condições físicas ao longo do trecho a espinar permitirem a movimentação do suporte para a bobina e a máquina de espinar de modo simultâneo.

Em ambos os processos, devem ser tomados cuidados no sentido de verificar se o cabo óptico não se encontra "enrolado" em torno do cabo mensageiro. O normal é que se encontre abaixo do cabo mensageiro.

Outro detalhe a ser observado são os passos do espinamento, que devem estar espaçados uniformemente, proporcionando uma boa fixação do cabo óptico ao cabo mensageiro. Além disso, no processo de acabamento, o cabo nunca deve ser encostado nos postes, e deve receber uma placa de identificação em todos os lances.

## 3.4.3.2. Cabos autossustentados

Nas redes aéreas, são aproveitadas as estruturas das concessionárias de serviços (energia elétrica e telefonia) presentes ou, quando não há possibilidade, é implantada uma nova infraestrutura para instalação da rede óptica. Esta infraestrutura é composta pelos postes e pelas caixas de emenda.

Os cabos autossustentados são aplicados em redes de fibras ópticas externas e possuem diversas vantagens como alternativa aos cabos espinados: instalação mais rápida, baixo custo e fácil manutenção em caso de dano na infraestrutura.

Este processo é utilizado em cabos que possuem elementos de sustentação próprios e, portanto, podem ser instalados diretamente nos postes, sem a necessidade de elementos de sustentação adicionais, conhecidos como cordoalhas (cabos de aço que interligam os postes), nos quais o cabo óptico é preso ou espinado (enrolado) com um arame de aço, sendo preciso somente ferragens para sua fixação nos postes.

Existem dois tipos de fixação do cabo ao poste: ancoragem e suspensão. A fixação por ancoragem é utilizada nos casos de encabeçamento ou terminação nos postes onde serão realizadas emendas, ou nas ocasiões em que ocorre um desvio de rota superior à 20°, horizontal ou verticalmente.

A fixação por suspensão é utilizada nos casos em que o trecho é praticamente reto, com desvios de rota inferiores à 20°, horizontal ou verticalmente. O cabo não é fixo, sendo mantido somente suspenso. Sua montagem apresenta-se bastante simples e fácil. Neste tipo de instalação, a complexidade maior encontra-se no momento do puxamento do cabo, o qual deve ser executado tomando-se os mesmos cuidados descritos anteriormente (Figura 3.25).

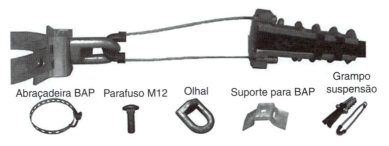

**FIGURA 3.25** Conjunto de ancoragem para cabos autossustentados.

Capítulo 4

# Redes Ópticas em Telecomunicações

As redes ópticas são aquelas que possibilitam a transmissão de informações em altíssima velocidade e que utilizam fibras ópticas em sua infraestrutura. Atualmente, ela faz parte das principais redes de comunicação do mundo devido a sua grande área de abrangência, que varia desde redes locais de computadores e redes metropolitanas até coberturas entre países e continentes.

## 4.1. ENLACE ÓPTICO

Um enlace óptico consiste em um circuito eletrônico que toma uma entrada elétrica e a converte para uma saída óptica com o uso de um transmissor óptico. A luz do transmissor é acoplada na fibra mediante um conector e, então, transmitida através do cabo óptico. No outro extremo, a luz é acoplada por meio de um receptor e um detector efetua a conversão do sinal óptico em sinal elétrico novamente, que é apropriadamente configurado para uso do equipamento.

Todos os sistemas de transmissão e recepção em redes com fibras ópticas funcionam de forma similar ao esquema da Figura 4.1.

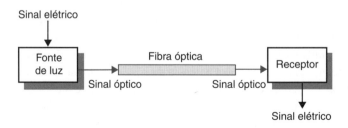

**FIGURA 4.1** Esquema de transmissão óptica.

Do mesmo modo como ocorre no meio metálico ou na transmissão via rádio, o desempenho de um enlace com fibras ópticas pode ser determinado pela comparação do sinal elétrico obtido no receptor com relação ao sinal da entrada do transmissor. A capacidade de qualquer sistema de transmissão com fibras ópticas depende, em última análise, da potência óptica e da qualidade dos componentes no receptor.

A taxa de erros em número de bits (Bit Error Rate – BER) é uma função da potência óptica que chega ao receptor. Baixa potência ou potência excessiva pode causar taxas de erro de bits. No primeiro caso, devido a ruídos; no segundo, à saturação do amplificador no receptor.

A potência no receptor depende de dois fatores básicos:

- o quanto de potência é lançado na fibra pelo transmissor; e
- o quanto de potência é perdido no meio óptico que conecta o transmissor ao receptor.

## 4.2. DECIBEL

Para projetar e construir uma rede de fibra óptica é preciso estabelecer, medir e relacionar os níveis do sinal óptico presentes em cada um dos elementos da rede. Por esse motivo, é necessário conhecer parâmetros, como: potência óptica na saída de uma fonte de luz; nível de potência necessário para o sinal percorrer a rede e chegar até o receptor óptico de modo que este possa detectá-lo adequadamente; e nível de potência óptica perdida nos elementos da rede. Uma forma para medir a atenuação na rede ou num dispositivo é referenciar o nível de sinal de saída com o nível do sinal de entrada.

Para a fibra óptica, a intensidade do sinal normalmente reduz de forma exponencial. Esta perda é designada em termos do logaritmo da razão entre as potências medidas em decibéis (dB). O decibel é um número relativo e permite representar relações entre duas grandezas de mesmo tipo, como relações de potências, tensões, correntes ou qualquer outra relação adimensional. Portanto, permite definir ganhos e atenuações, relação sinal/ruído etc. As escalas logarítmicas são usadas em telecomunicações para medir relações de potências de sinais em virtude das grandes variações existentes entre estes sinais. Por exemplo, uma variação de 1 para 10.000 corresponde, em logaritmos decimais, de 0 para 4.

Um circuito elétrico qualquer pode apresentar uma atenuação ou um ganho do sinal. A atenuação significa que a potência do sinal de entrada é maior que a do sinal de saída e o ganho, que a potência do sinal de entrada é menor que a do sinal de saída. A finalidade da escala, em dB, é permitir a medição do ganho de tensão, corrente ou potência em um quadripolo (Figura 4.2).

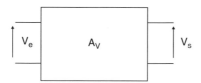

**FIGURA 4.2** Quadripolo.

O dB é uma unidade logarítmica muito usada em telecomunicações, porque:

- o ouvido humano tem resposta logarítmica (sensação auditiva *versus* potência acústica); e
- em telecomunicações, se usam números extremamente grandes ou pequenos. O uso de logaritmos torna estes números pequenos e fáceis de manipular e transforma produtos em somas e divisões em subtrações.

Na fibra óptica ou outro componente passivo de uma rede óptica, com potência de entrada $P_{in}$ e potência de saída $P_{out}$ ($P_{in} > P_{out}$), as perdas em dB são dadas por:

$$Perdas\,em\,dB = 10\log_{10}\left(\frac{P_{out}}{P_{in}}\right)$$

Por convenção, a atenuação na fibra ou outro componente é positiva:

$$Atenuação\,(dB) = -10\log_{10}\left(\frac{P_{out}}{P_{in}}\right) = 10\log_{10}\left(\frac{P_{in}}{P_{out}}\right)$$

A Tabela 4.1 apresenta exemplos de razões de potência, medidas em decibel.

**TABELA 4.1** Razões de potência óptica e correspondentes, em dB

| Razão de potência | Equivalente em dB |
|---|---|
| 10N | +10N |
| 10 | +10 |
| 2 | +3 |
| 1 | 0 |
| 0,5 | −3 |
| 0,1 | −10 |
| 10-N | −10N |

A Tabela 4.2 apresenta os valores típicos de perda de potência, em decibéis, e a porcentagem de potência remanescente depois desta perda. Estes valores são importantes no momento de considerar os efeitos da atenuação no projeto do enlace óptico ou quando se calcula a atenuação do sinal para determinado comprimento de cabo óptico.

**TABELA 4.2** Valores de perda, em dB, e porcentagem de potência remanescente

| Perda de potência (em dB) | Potência remanescente (%) |
|:---:|:---:|
| 0,1 | 98 |
| 0,5 | 89 |
| 1 | 79 |
| 2 | 63 |
| 3 | 50 |
| 6 | 25 |
| 10 | 10 |
| 20 | 1 |

Por exemplo, considerando que no percurso de um enlace com fibra óptica a potência do sinal de saída seja reduzida pela metade na recepção, ou seja, $P_{out} = 0,5$ $P_{in}$, a atenuação no enlace será $10\log 0,5 = 10(-0,3) = -3,0$ dB. O cálculo demonstra que o sinal perdeu metade de sua potência até chegar ao receptor.

### 4.2.1. Nível de potência absoluta

É interessante notar que o argumento da função log é adimensional e o dB é uma unidade relativa, o que torna necessário especificar sempre a grandeza de referência.

Por exemplo, em eletricidade, quando se diz 3 ampères, significa 3 vezes a unidade básica ampère. O mesmo, porém, não acontece para 3 decibéis. Essa indicação necessita de um referencial, pois o decibel é uma unidade relativa e não absoluta.

É necessário que exista outro valor para que sua magnitude tenha um sentido pleno. Assim, foi adotado um padrão de potência para ser considerado como 0 dB. Esse padrão de referência é 0,775 V sobre uma impedância de 600 W. Isso corresponde a 1 mW de potência elétrica (Figura 4.3).

Redes Ópticas em Telecomunicações

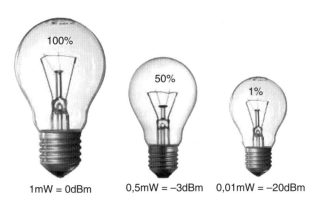

**FIGURA 4.3** Decibel e unidade relativa a 1 mW.

Assim, o dBm é a unidade que exprime o nível de potência absoluta e expressa o ganho ou a atenuação de um sinal em relação a uma potência de referência de 1 mW, ou seja, indica quantos decibéis o sinal está acima ou abaixo de 1 mW. Uma regra interessante para se memorizar é que 0 dBm = 1 mW. Logo, valores com indicação positiva em dBm são maiores que 1 mW e valores com indicação negativa, menores que 1 mW.

A Tabela 4.3 apresenta alguns valores de potência óptica e seus correspondentes, em dBm.

**TABELA 4.3** Níveis de potência óptica e correspondentes, em dBm

| Potência óptica | Equivalente em dBm |
|---|---|
| 100 mW | +20 |
| 10 mW | +10 |
| 2 mW | +3 |
| 1 mW | 0 |
| 500 mW | −3 |
| 100 µW | −10 |
| 10 µW | −20 |
| 1 µW | −30 |
| 100 nW | −40 |
| 10 nW | −50 |
| 1 nW | −60 |

## 4.2.2. Cálculos em dB e dBm

Os valores dados em dB e dBm podem ser combinados num mesmo cálculo. Seguem algumas recomendações para as possíveis operações envolvendo dBm e dB:

- Na soma ou subtração entre dB e dBm, o resultado será sempre em dBm.
- Na subtração de dBm com dBm, o resultado será sempre em dB.
- Não se pode somar, multiplicar ou dividir dois valores em dBm.
- Não se pode multiplicar ou dividir dois valores em dB.
- Nunca se deve operar diretamente valores em mW com valores em dB.

**Exemplo de cálculo**

O segmento de rede óptica apresentado na Figura 4.4 apresenta uma atenuação total de 13 dB (incluindo pontos de fusão) entre um transmissor e um receptor. Se a potência do transmissor é de – 3 dBm, qual a potência óptica na entrada do receptor, em dBm?

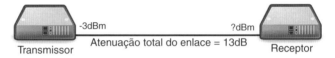

**FIGURA 4.4** Exemplo de cálculo.

Potência na entrada do receptor em dBm = potência na saída do transmissor + atenuação total do enlace => Potência na entrada do receptor = (–3dBm) + (–13dB) = –16dBm.

## 4.3. TRANSMISSORES E RECEPTORES ÓPTICOS

Os transmissores e receptores ópticos também são chamados de "transdutores", porque convertem um tipo de energia em outro tipo. São os componentes responsáveis pela transformação do sinal elétrico em óptico e vice-versa.

Um equipamento eletrônico da rede envia uma mensagem codificada por meio de um pulso elétrico até outro equipamento dotado de um transmissor óptico, que converte este sinal elétrico em pulso luminoso. Este pulso percorre a fibra até atingir seu destino, onde encontra o equipamento receptor que recebe o sinal luminoso e o converte novamente em pulso elétrico para que o outro equipamento eletrônico, no extremo oposto do enlace, possa interpretar corretamente a informação.

### 4.3.1. Transmissores ópticos

Os transmissores ópticos são responsáveis por converter sinais elétricos em sinais luminosos que irão trafegar na fibra óptica. No início do desenvolvimento das redes ópticas, foram usadas como fontes de luz, dispositivos conhecidos como

diodos emissores de luz – LED (Light Emitting Diode), operando com comprimentos de onda na faixa de 850 nm. Posteriormente, com o advento dos dispositivos laser (Light Amplification by Stimulated Emission of Radiation), foram utilizados os comprimentos de onda de 1.310 nm e 1.550 nm.
Cada uma dessas fontes de luz oferece vantagens e desvantagens, diferenciando-se entre si em diversos aspectos. Atualmente, um transmissor óptico pode conter uma das seguintes fontes de luz:

- Diodo emissor de luz (LED)
- Diodo laser de Fabry-Pérot (FP)
- Diodo laser Distributed Feedback (DFB)

A Figura 4.5 apresenta exemplos de LED, FP e DFB.

**FIGURA 4.5** LED, FP e DFB.

### 4.3.1.1. Características dos transmissores ópticos

As características mais comuns dos pulsos de luz emitidos pelo transmissor, que influenciam na seleção do tipo de fibra, são o comprimento de onda central, a potência média, a largura espectral e a frequência de modulação:

- **Comprimento de onda central** – Qualquer fonte de luz emite seu próprio conjunto de cores e campo de variação de comprimentos de onda. Os transmissores para fibras ópticas de sílica normalmente emitem luz com valores nominais de 850 nm, 1.300 nm e 1.550 nm. Cada um desses valores é chamado de comprimento de onda central.
- **Potência média** – É o nível médio da potência saída de uma fonte de luz durante o processo de modulação, medida em decibéis relativos (dBm) ou em miliwatts (mW). Em geral, é especificada para um tamanho particular de fibra ou de abertura numérica (NA). Quanto mais potência um transmissor enviar através do meio óptico, mais potência média estará disponível para possibilitar maior alcance e vencer os obstáculos ao sinal óptico (pontos de emendas, conectores etc.). Por exemplo, o laser oferece maior potência óptica se comparado com o LED; enquanto o LED apresenta potência média típica de −7 dBm a −14 dBm, a potência laser está em torno de +5 dBm. Quando um transmissor é acoplado a uma fibra com um diâmetro de

núcleo ou abertura numérica diferente da potência média especificada, um nível de potência diferente é lançado na fibra.

- **Largura espectral** – A largura espectral (ou largura de pulso) é dada como a faixa de variação dos comprimentos de onda emitidos com um nível de intensidade maior ou igual à metade do nível de intensidade máxima, ou largura espectral máxima à meia largura (Full Width at Half Maximum – FWHM). A potência total emitida pelo transmissor é distribuída ao longo do campo de variação de comprimentos de onda em torno do comprimento de onda central. O diodo laser apresenta largura espectral estreita, menor que os LEDs, o que proporciona menor variação da velocidade de fase da onda no material, a chamada dispersão material.

- **Frequência de modulação** – É a taxa de mudança da transmissão no formato digital ("0" e "1" lógicos). Essa mudança é semelhante ao estado da fonte de luz passar do aceso para o apagado, e vice-versa. Os LEDs têm uma frequência de modulação relativamente baixa, possibilitando taxas de transmissão em torno de 622 Mbps. Já os lasers têm uma frequência de modulação mais alta, suportando taxas de transmissão acima de 10 Gbps.

## 4.3.1.2. Diferenças funcionais entre LED e laser

Em decorrência das diferenças estruturais entre o diodo LED e o diodo laser, estes possuem diferenças funcionais que devem ser analisadas ao se optar pela aplicação de um desses componentes como transmissor no sistema óptico. Pelas características de ambos, vemos que o laser é o que fornece uma maior potência luminosa e uma menor largura espectral, razão pela qual é amplamente empregado nos circuitos ópticos em maiores distâncias.

As diferenças entre LED e laser podem ser resumidas na Tabela 4.4, pela comparação do desempenho de ambos em relação às suas características.

**TABELA 4.4** Comparação entre LED e laser

| Características | Laser | LED |
|---|---|---|
| Potência óptica | Alta | Baixa |
| Custo | Alto | Baixo |
| Utilização | Complexa | Simples |
| Largura de espectro | Estreita | Larga |
| Tempo de vida útil | Menor | Maior |
| Velocidade de resposta | Rápida | Lenta |
| Divergência na emissão | Menor | Maior |
| Acoplamento | Melhor | Pior |
| Sensibilidade térmica | Maior | Menor |

## 4.3.2. Receptores ópticos

Os receptores ópticos (ou fotodetectores) são responsáveis pela conversão dos sinais ópticos em sinais elétricos. Os receptores apresentam um projeto mais complexo do que o dos transmissores, uma vez que devem tomar decisões sobre quais tipos de dados foram enviados, baseados em uma versão amplificada de um sinal distorcido (Figura 4.6).

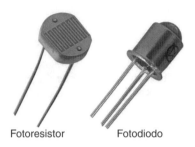

Fotoresistor    Fotodiodo

**FIGURA 4.6** Modelos de fotodetectores ópticos.

### 4.3.2.1. Características dos receptores ópticos

Os principais parâmetros que caracterizam os receptores ópticos são sensibilidade, taxa de erros de bit e campo de variação dinâmico:

- **Sensibilidade** – É a indicação do nível mínimo de potência que um sinal precisa apresentar para ser decodificado com um número limitado de erros de bit. Se a potência do sinal fica abaixo da sensibilidade do receptor, a taxa de erros de bit aumenta para valores acima do especificado para aquele receptor, inviabilizando a comunicação.
- **Taxa de erros de Bit** ou BER (Bit Error Rate) – É o número máximo de erros de bit permitido em relação à taxa de bits transmitidos entre o transmissor e o receptor.
- **Campo de variação dinâmico** – Define a potência média recebida dentro da BER do detector. Se uma potência excessiva é recebida pelo detector, ocorre distorção do sinal e aumento da taxa de erros de bit.

### 4.3.2.2. Fotodetectores

A grande maioria dos receptores ópticos incorpora algum tipo de fotodetector para converter o sinal óptico em elétrico novamente. Neste caso, o comprimento de onda do receptor é selecionado de maneira que corresponda ao tipo de transmissor utilizado e à fibra.

A faixa de variação do comprimento de onda na qual o receptor mantém seu nível de sensibilidade é limitado, isto quer dizer que um receptor projetado para trabalhar na faixa de 1.300 nm pode não funcionar adequadamente em um enlace de 1.550 nm.

Os dois principais tipos de componentes utilizados como fotodetectores são: o fotodiodo PIN (Positive Intrinsic Semiconductor), que se adapta melhor às condições climáticas e tem vida útil maior, além de possuir um menor custo, e o diodo APD (Avalanche Photodiode), que apresenta melhor adaptação quanto ao ruído, porém com custo mais elevado (Figura 4.7).

**FIGURA 4.7** Exemplos de fotodiodos PIN e APD.

As diferenças funcionais entre fotodiodos PIN e APD devem ser observadas quando da escolha para aplicação em um sistema óptico (Figura 4.8).

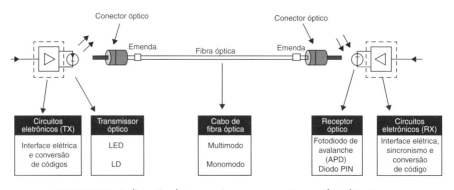

**FIGURA 4.8** Aplicação de transmissores, receptores e fotodetectores.

As principais diferenças construtivas e operacionais dos diodos PIN e APD podem ser resumidas na Tabela 4.5.

Existem diferentes classes de LEDs e lasers que caracterizam a atenuação máxima permitida na rede de distribuição óptica. A Tabela 4.6 ilustra o par de emissores e receptores normalmente usados em Redes Ópticas Passivas (Passive Optical Network – PON) e a respectiva classe de potência.

# Redes Ópticas em Telecomunicações

**TABELA 4.5** Comparação entre PIN e APD

| Características | PIN | APD |
|---|---|---|
| Sensibilidade | Menor | Maior |
| Linearidade | Maior | Menor |
| Relação sinal/ruído | Pior | Melhor |
| Custo | Baixo | Alto |
| Vida útil | Maior | Menor |
| Tempo de resposta | Maior | Menor |
| Sensibilidade térmica | Menor | Maior |
| Utilização | Simples | Complexa |

**TABELA 4.6** Classes de emissores e receptores para redes PON

| | Emissor/Receptor OLT | Emissor/Receptor ONU/ONT | Sensibilidade (dBm) |
|---|---|---|---|
| CLASSE A | DFB/APD | FP/PIN | 20 |
| CLASSE B | DFB/APD | FP/PIN | 25 |
| CLASSE B+ | DFB/APD | DFB/APD | 28 |
| CLASSE C | DFB/APD | DFB/APD | 30 |
| CLASSE C+ | DFB/APD | DFB/APD | 33 |

É preciso que os emissores sejam capazes de fornecer a potência necessária para que o sinal transmitido chegue ao receptor com um nível aceitável para sua detecção.

A Tabela 4.7 serve de referência com valores típicos para cada classe dos emissores e receptores usados para o OLT e ONU/ONT em PON.

**TABELA 4.7** Valores típicos para emissores e receptores em OLT/ONU/ONT

| Unidade (Tx + Rx) | Potência Tx (dBm) | Sensibilidade Rx (dBm) | Classe |
|---|---|---|---|
| OLT (DFB + APD) | +1,5 ~ +5 | $< -28$ | B+ |
| ONU (DFB + APD) | +0,5 ~ +5 | $< -28$ | B+ |
| OLT (DFB + APD) | +3,5 ~ +7,5 | $< -33$ | C+ |
| ONU (DFB + APD) | +0,5 ~ +5 | $< -28$ | C+ |

## 4.4. EMENDAS E TERMINAÇÕES EM FIBRAS ÓPTICAS

A construção de uma rede óptica requer planejamento cuidadoso para se obter um sistema confiável e com uma infraestrutura flexível. Para determinar a melhor estratégia visando atingir os objetivos esperados, os provedores devem tomar algumas decisões e uma das delas é definir o investimento em uma rede utilizando emendas ópticas ou uso de conectores para as junções dos cabos da rede. Deve-se sempre ter em mente que o hardware passivo que irá trabalhar associado aos cabos ópticos deve ser conectado de maneira que seja garantido o melhor desempenho com a menor perda possível para o sistema.

Uma emenda é uma junção permanente de dois segmentos de fibras ópticas. Elas são necessárias para ampliar ou dar continuidade a um lance de fibra óptica quando o comprimento do sistema é maior que o comprimento contínuo do cabo disponível. A emenda também é usada para permitir a inserção de novos componentes ópticos no sistema ou na ocorrência de ações corretivas devido a rompimentos no cabo óptico. Há dois métodos para a emenda de fibras ópticas: por fusão e mecânica.

Normalmente, existem derivações ou emendas durante os trajetos que os cabos de fibra óptica percorrem. Essas emendas surgem da necessidade de dar continuidade a um lance de cabo óptico que esteja sendo instalado ou unir este cabo a uma extensão óptica dotada de um conector e um rabicho de cabo óptico.

Em razão das dimensões envolvidas, a instalação de fibras ópticas exige o uso de técnicas sofisticadas e de precisão a fim de limitar as perdas por acoplamento. A junção ponto a ponto de dois ou mais segmentos de fibra óptica pode ser realizada através de emendas por fusão ou por meio de conectores mecânicos de precisão. Já em junções multiponto, utiliza-se de acopladores de diversos tipos.

Quanto às terminações ópticas, estas são constituídas de conectores ópticos que irão realizar a conexão do cabo óptico ao terminal do equipamento.

Os processos empregados para emendas de fibras são, de uma maneira geral; os seguintes:

### 4.4.1. Emenda por fusão

A emenda por fusão é o processo que apresenta melhor desempenho quanto à perda por inserção e à perda de retorno. Utilizando-se um equipamento específico, a máquina de emenda por fusão, a fibra óptica nua, após uma sequência de procedimentos preparatórios, é introduzida na máquina e submetida a um arco voltaico que eleva a temperatura nas faces das fibras, o que provoca seu derretimento e sua soldagem (Figura 4.9).

A máquina de emenda por fusão é um equipamento capaz de emendar duas fibras de qualquer tipo, praticamente sem perda no desempenho (0,05 dB, em média). Os modelos mais modernos possuem alinhamento automático das fibras (núcleo ou casca) e vídeo para acompanhamento da fusão, informando a perda estimada da emenda, e possuindo ainda um pequeno forno embutido para aquecimento do material termocontrátil do protetor de emenda, que tem a função de oferecer resistência mecânica à emenda, protegendo-a contra quebras e fraturas.

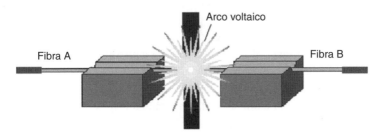

**FIGURA 4.9** Arco voltaico na emenda por fusão.

### 4.4.2. Emenda mecânica

Este tipo de emenda é baseado no alinhamento das fibras com o uso de estruturas mecânicas. O método é uma alternativa à técnica de emenda por fusão e não requer o uso da máquina por fusão.

As emendas mecânicas são dispositivos dotados de travas, com dimensões que variam conforme o fabricante. Pode-se dizer que se trata de um pequeno conector óptico com um sistema de travamento que não permite que a fibra se mova no seu interior e que contém um tubo com um líquido que ficará entre as fibras, chamado líquido casador de índice de refração, que tem a função de diminuir as perdas por reflexão (Fresnel). Estão disponíveis em versões de uso permanente e reutilizáveis, para uso em fibras multimodo e monomodo, com perdas por inserção entre 0,1 dB até 0,5 dB, em média.

Neste tipo de emenda, as fibras também devem ser limpas e clivadas antes de serem posicionadas no dispositivo, visando não causar perdas no feixe óptico. Com esse procedimento é possível obter baixa atenuação por emenda.

No processo de emenda mecânica, as fibras são encaixadas em fendas de precisão no interior do dispositivo, dispensando a utilização de microscópio para efetuar o alinhamento das pontas, e uma tampa fixada por encaixe ou por meio de um adesivo é usada para manter a emenda sempre travada (Figura 4.10).

É um tipo de emenda que permite um tempo de execução em campo reduzido quando comparado ao tempo necessário para preparação e emenda com a máquina de fusão.

Normalmente, é aplicada em caráter provisório, recomendada para reparos de emergência, em que não há grandes problemas em termos de atenuação. Para sua realização, é necessário apenas o uso de ferramentas para a preparação da fibra, isto é, o decapador e o clivador de fibra.

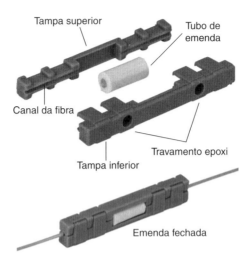

**FIGURA 4.10** Detalhe de emenda mecânica.

## 4.4.3. Procedimentos para emenda por fusão e mecânica

Os processos de emendas ópticas não são muito simples e exigem preparo e cuidado para sua execução, não podendo ser comparados com os processos para emenda de cabos metálicos. Antes de se executar a emenda propriamente dita, é necessário trabalhar nas extremidades das fibras ópticas.

Os procedimentos para emendas de fibras ópticas pelos processos de fusão e mecânico são semelhantes na etapa de preparação da fibra. A diferença está no processo de união das fibras.

### 4.4.3.1. Preparação do cabo e limpeza das fibras

- Usar o rip cord, fio fabricado em material resistente (normalmente aramida) que está situado em sentido longitudinal, sob o revestimento do cabo óptico, para a remoção do material que protege as fibras, ou mesmo um estilete para abrir a capa do cabo óptico. Retirar aproximadamente 2,0 m a 3,0 m da capa para expor os tubos de proteção das fibras (cabos loose) ou as fibras com o buffer (cabos tipo tight).
- Limpar o cabo utilizando um removedor apropriado para o gel de preenchimento, nos cabos que utilizam esse tipo de proteção. Existem no mercado kits de limpeza para fibras ópticas disponíveis para esse fim.
- Etiquetar os elementos de proteção para a marcação dos grupos de fibras. Nos cabos loose, a numeração segue o sentido dos ponteiros do relógio a partir dos elementos pilotos nas cores verde (1) e amarela (2), e segue para os demais, conforme a construção do cabo.

Redes Ópticas em Telecomunicações

103

- Remover todos os elementos de revestimento deixando as fibras ópticas livres.
- Remover as proteções individuais utilizando um roletador de tubos, ou estilete, para expor as fibras internas.
- Deixar uma parte do elemento de tração (cerca de 0,5 m) para instalação e fixação do cabo na caixa de emenda. O excesso de material poderá ser retirado no final da instalação.
- Para os cabos tipo loose, retirar entre 1,5 m a 2,0 m dos tubos que abrigam as fibras para expor as fibras individuais ou grupos de fibras.
- Remover o gel que recobre as fibras (se houver) utilizando um remover apropriado ou um lenço de papel embebido em álcool isopropílico. É importante executar uma limpeza cuidadosa, garantindo que as fibras não fiquem com resíduos de gel.
- Fixar o conjunto na caixa de emenda, prendendo o elemento de tração no ponto de fixação da caixa de emenda.
- Fixar os tubos de proteção (cabos loose) na bandeja ou no chassi do distribuidor óptico. As fibras devem ser separadas por grupos para facilitar seu manuseio individual.

## 4.4.3.2. Preparação para emenda

- Separar as fibras individualmente por grupos sobre uma superfície limpa e isenta de contaminantes para iniciar o processo de preparação.
- Para cabos tipo loose, remover a proteção da primeira fibra a ser emendada utilizando um decapador com o diâmetro apropriado, retirando cerca de 5 cm da camada de proteção para expor a casca. Em seguida, remover o revestimento de acrilato utilizando um decapador para esse fim.
- Para cabos tipo tight, remover 5 cm do buffer com um decapador adequado e, depois, 5 cm da cobertura da fibra para expor a casca. Com o decapador, remover o revestimento de acrilato.
- Colocar um tubete de proteção da emenda na primeira fibra, se for utilizar o processo por fusão.
- Limpar a fibra novamente com um lenço de papel embebido em álcool isopropílico. Após a limpeza, a fibra não deve entrar em contato com quaisquer tipos de contaminantes.
- Quebrar a extremidade da fibra óptica em um ângulo de 90°, utilizando um clivador. Deixar o comprimento necessário de fibra para uso na máquina de fusão ou na emenda mecânica, conforme indicado a seguir, ou mediante recomendação do fabricante.
- Preparar a segunda fibra a ser emendada conforme a sequência anterior para decapagem, limpeza e clivagem.

A Figura 4.11 apresenta a sequência para a preparação da emenda a partir da decapagem, limpeza e clivagem da fibra óptica.

Material para preparação de fibra óptica para emenda

Retirar cerca de 20 a 25mm do revestimento de acrilato da fibra com a ferramenta

Limpar a fibra com papel ou algodão embebido em álcool isopropílico ou anidro

Executar a clivagem da ponta da fibra em cerca de 12mm com o clivador

**FIGURA 4.11** Sequência de preparação da fibra óptica.

### 4.4.3.3. Emenda por fusão

- Colocar as fibras a serem emendadas no dispositivo alinhador da máquina de fusão, conforme indicado no manual do fabricante, e dar sequência ao processo de fusão (Figura 4.12).
- Após executado o processo na máquina, colocar o tubete de proteção sobre o ponto da emenda e levar ao forno de aquecimento da máquina para aquecer o material termocontrátil e fixar o ponto de emenda. A finalidade do tubete é garantir o reforço mecânico das emendas, protegendo-as contra quebras e fraturas.

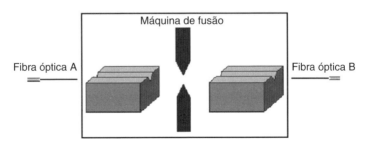

**FIGURA 4.12** Alinhamento das fibras e fusão.

### 4.4.3.4. Emenda mecânica

- Alinhar a primeira fibra em uma das extremidades do dispositivo de emenda garantindo que ela esteja perfeitamente inserida na fenda de precisão.
- Repetir o processo com a segunda fibra na extremidade livre do dispositivo de emenda. Nesse momento, as fibras estão com seus núcleos alinhados.
- Travar as fibras pressionando a tampa de travamento do conjunto.

### 4.4.3.5. Acomodação das emendas

- Colocar o tubete de proteção ou a emenda mecânica na bandeja de emendas. Existe um suporte adequado para cada tipo de emenda, que deve ser solicitado ao fabricante da caixa de emenda ou distribuidor óptico.
- Arrumar a reserva de fibras nos guias adequados, disponíveis nas bandejas de acomodação, com o cuidado para não danificar a fibra ou causar algum tipo de atenuação. Para tanto, certificar-se que o raio de curvatura mínimo das fibras (geralmente 25 mm) não seja comprometido na acomodação (Figura 4.13).

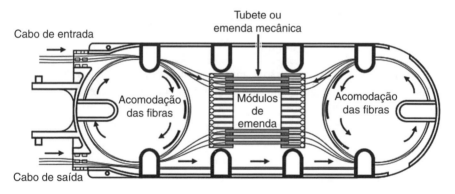

**FIGURA 4.13** Acomodação das fibras em bandeja de emendas.

### 4.4.3.6. Testes e conclusão

- Realizar um teste da emenda utilizando OTDR. Se o instrumento acusar algum problema ou valores altos de atenuação, repetir o processo, refazendo a fusão ou abrindo a emenda mecânica.
- Nos casos de a emenda ser refeita, todo o processo de preparação deve ser repetido. Se for utilizada emenda mecânica permanente (não reutilizável), esta deverá ser descartada e utilizada outra nova.
- Após os testes certificarem que todas as emendas estão dentro dos padrões técnicos, montar a bandeja e fechar a caixa de emenda ou instalar o chassi no rack ou distribuidor óptico seguindo as recomendações do fabricante,

sempre tomando cuidado no manuseio do cabo óptico para evitar danos (Figura 4.14).
- Testar todos os enlaces utilizando OTDR ou OPM e OLS em ambos os sentidos. Normas aplicáveis aos testes de redes ópticas recomendam o uso de OPM e OLS para a medição da atenuação dos enlaces ópticos.
- Finalizados os testes, registrar todas as informações correspondentes na documentação de projeto específica. Essas informações serão necessárias para comprovar a qualidade das instalações (certificação) da rede e servirão como guia de referência para as atividades de instalação e manutenção que ocorrerem posteriormente.

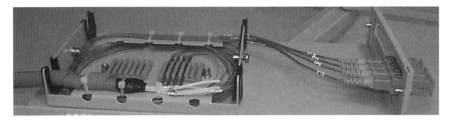

**FIGURA 4.14** Acomodação em distribuidor óptico.

### 4.4.4. Emenda por acoplamento

Na emenda por acoplamento, são usados adaptadores ópticos e luvas de conexão. São componentes que têm como função unir dois conectores, fazendo com que o sinal óptico possa fluir através de segmentos ópticos distintos.

O adaptador óptico caracteriza-se por uma peça dupla, fêmea-fêmea, que possibilita o alinhamento correto entre conectores de diferentes formatos. Já a luva de conexão é uma peça simétrica dupla, fêmea-fêmea, capaz de realizar o alinhamento face a face de dois conectores de mesma construção.

Na Figura 4.15, são apresentados alguns modelos de adaptadores ópticos fêmea-fêmea para conectores tipo FC, LC e SC. O corpo do adaptador/luva é, normalmente, fixado em um painel distribuidor óptico e a conexão das fibras é feita através do receptáculo acoplador.

As principais características de desempenho esperadas dos conectores ópticos e luvas são as seguintes:

- Baixas perdas por inserção[1] e reflexão (inferiores a 1dB)
- Estabilidade mecânica nos ciclos de conexão e desconexão

---

[1] As perdas por inserção consistem em perdas na potência luminosa que ocorre na passagem da luz entre as conexões na fibra óptica. Existem vários fatores que contribuem para a ocorrência destas perdas, sendo que as principais causas estão relacionadas com irregularidades no alinhamento dos conectores e irregularidades intrínsecas às fibras ópticas. Na prática, é a perda de inserção que contribui para a soma total da atenuação ou perda de potência óptica de todo o lance do cabeamento óptico.

Redes Ópticas em Telecomunicações

- Durabilidade com ciclos repetitivos
- Insensibilidade a fatores ambientais, como poeira e temperatura
- Construção e montagem simples
- Padronização
- Custo

**FIGURA 4.15** Exemplos de adaptadores ópticos.

### 4.4.5. Terminações ópticas

As terminações ópticas são constituídas, basicamente, de adaptadores e conectores. A montagem de conectores ópticos é um processo relativamente complexo e pode ser feita de duas formas: industrialmente ou em campo. O mais recomendado (e mais utilizado) é o processo industrial, com a compra dos cordões já com o conector montado. Neste caso, a montagem é executada por equipamentos com esse fim e num ambiente limpo e com temperatura controlada, resultando em menores níveis de atenuação.

Na maioria das vezes, as condições do trabalho de montagem em campo são desfavoráveis; além disso, todo o processo é realizado manualmente, sendo que a qualidade irá depender da habilidade do profissional, podendo resultar em níveis de atenuação altos. Normalmente, esse processo é executado em cabos monofibra do tipo tight, que oferecem uma estrutura adequada para tal.

#### 4.4.5.1. Adaptador de fibra nua

Um adaptador ou alinhador de fibra nua permite a conexão temporária ou para testes em cabos ópticos. É usado para o acoplamento de fibra nua em equipamentos de teste, como fones ópticos e mesmo OTDR (Figura 4.16).

**FIGURA 4.16** Exemplo de adaptador de fibra nua.

### 4.4.5.2. Conectores ópticos

Os conectores ópticos são dispositivos passivos que têm a função de realizar junções temporárias, ponto a ponto, entre duas fibras ópticas ou entre transmissor/receptor óptico e fibra e entre fibra óptica e um equipamento de teste, que podem ser uma fonte de luz ou medidor de luz, por exemplo. A qualidade da conexão é garantida pela precisão das peças mecânicas que constituem o conetor óptico e o alinhamento da fibra em relação ao corpo do conector.

Os conectores ópticos possuem utilizações específicas e são identificados por códigos que indicam suas características. Podem apresentar indicações quanto ao tipo de polimento do ferrolho (PC, APC, UPC etc.), ao tipo de fibra (multimodo ou monomodo), se simples ou duplos etc. Encontramos no mercado diferentes tipos de conectores e suas aplicações variam de acordo com a rede, distâncias, precisão de acoplamento etc.

Alguns dos modelos de conectores mais usados em fibras monomodo e multimodo são mostrados na Figura 4.17.

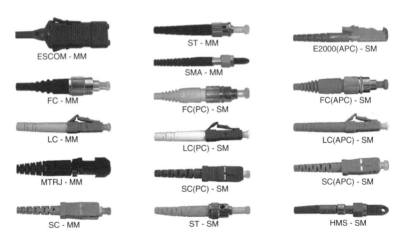

**FIGURA 4.17** Modelos de conectores ópticos.

Redes Ópticas em Telecomunicações 109

## 4.4.6. Estrutura do conector óptico

Independentemente da forma de fixação, o conector óptico é composto, basicamente, por três partes (Figura 4.18):

- **Ferrolho** – Parte cilíndrica, normalmente de porcelana, por onde flui a luz da fibra. É o componente responsável pela conexão com a fibra óptica. Na extremidade do ferrolho, é realizado o polimento para minimizar os efeitos relacionados com a reflexão da luz. A eficiência deste componente está ligada com a precisão da furação pela qual é inserida a fibra óptica e com o tipo de polimento aplicado em sua extremidade.

- **Corpo** – A estrutura propriamente dita do conector, normalmente em plástico. Tem por função prover a forma de fixação e a proteção mecânica ao conjunto ferrolho e fibra óptica. A forma de fixação pode ser do tipo rosqueável, baioneta ou push pull.

- **Base protetora** – Onde é feito o acabamento com a fibra óptica e colocada sua capa. Normalmente fabricada em PVC, tem por função aliviar os esforços mecânicos entre a base rígida da carcaça em que está fixada, a fibra óptica e as movimentações do cabo óptico quando da sua manipulação, evitando curvaturas excessivas que poderiam ocasionar o rompimento da fibra.

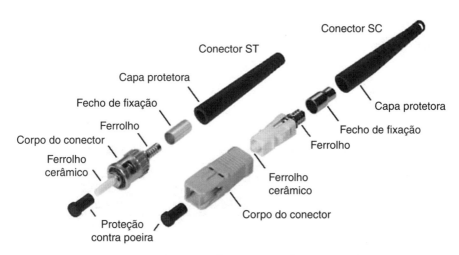

**FIGURA 4.18** Estruturas de conectores ópticos ST e SC.

A Tabela 4.8 apresenta os valores típicos de atenuação dos conectores mais utilizados para redes ópticas.

# REDES ÓPTICAS DE ACESSO EM TELECOMUNICAÇÕES

**TABELA 4.8** Atenuação típica nos conectores

| Tipo de conector | Tipo de fibra | Atenuação típica a 1.300 nm | Reflexão (conector montado) |
|---|---|---|---|
| SC | MM | < 0,2 dB | < −25 dB |
| SC | SM | < 0,3 dB | < −45 dB |
| FC/PC | MM | < 0,2 db | < −25 dB |
| FC/PC | SM | < 0,3 db | < −45 dB |
| ST | MM | < 0,2 dB | < −30 dB |
| ST | SM | < 0,2 dB | < −45 dB |
| ST Push Pull | MM | < 0,2 dB | < −25 dB |
| ST Push Pull | SM | < 0,3 dB | < −45 dB |

SM = Monomodo (Single Mode) MM = Multimodo (Multimode)

## 4.4.7. Tipos de conectores

Existe uma grande variedade de conectores para aplicações distintas com fibras ópticas. A Tabela 4.9 apresenta os conectores ópticos mais usados em redes de comunicação.

**TABELA 4.9** Principais tipos de conectores ópticos

| Conector | Aplicação | Fixação | Tipo de fibra/ polimento |
|---|---|---|---|
| ST | Telecomunicações e redes locais | Baioneta | SM/PC e MM/SPC |
| SC | Telecomunicações e CATV | Push Pull | SM/APC e MM/PC |
| FC | Telecomunicações e instrumentação | Rosqueável | SM/APC MM/SPC |
| ESCON | Equipamentos padrão IBM | Encaixe | MM/FLAT |
| SMA-905 | Redes locais | Rosqueável | MM/FLAT |
| E2000 | Telecomunicações e CATV | Push Pull | SM/PC e SM/APC |

SM = Monomodo (Single Mode) MM = Multimodo (Multimode)

A Figura 4.19 representa os tipos mais comuns de terminais de fixação dos conectores ópticos.

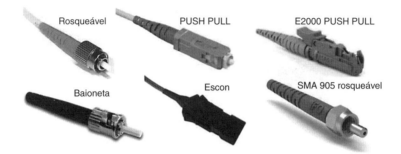

**FIGURA 4.19** Tipos mais comuns de fixação de conectores ópticos.

Os tipos de conectores ópticos mais comuns são os conectores com ferrolho, os conectores bicônicos e os conectores com lentes.

### 4.4.7.1. Conectores com ferrolho

O ferrolho é um cilindro de metal, plástico ou cerâmica com um furo central onde é alojada a extremidade da fibra óptica. Geralmente, o ferrolho é envolvido por um anel de fixação que o prende a uma luva de conexão.

Esse tipo de conector óptico está disponível para a variedade de dimensões de fibras existentes, concorrendo entre si quanto à aplicação, ao custo e à qualidade de fabricação (Figura 4.20).

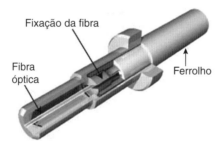

**FIGURA 4.20** Estrutura do ferrolho.

### 4.4.7.2. Conectores bicônicos

O componente central deste tipo de conector é uma luva bicônica que aceita plugues cônicos e alinha os eixos das extremidades das fibras centradas nos plugues (Figura 4.21).

FIGURA 4.21 Conector bicônico moldado.

### 4.4.7.3. Conectores com lentes

As lentes podem ser usadas para melhorar a focalização da luz proveniente da fibra óptica. Os conectores com lentes trazem melhorias em termos de redução de perdas de inserção, uma vez que se assume que as lentes, em termos ópticos, são ideais; isto é, não apresentam perdas por absorção ou reflexão. Porém, apresentam custos de fabricação maiores quando comparados com outros conectores ópticos, restringindo sua utilização. Podem ser encontrados com dois tipos de acoplamentos lenticulares: simétrico e assimétrico (Figura 4.22).

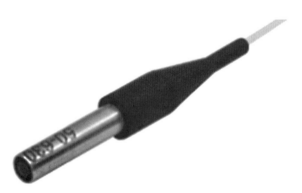

FIGURA 4.22 Conector com lente.

### 4.4.8. Perdas nos conectores ópticos

Quando se trabalha com redes ópticas deve-se considerar que ao se manipular um conector óptico este sempre apresentará algum tipo de atenuação. As atenuações presentes em um conector óptico podem ser divididas pelos seguintes fatores:

## 4.4.8.1. Fatores intrínsecos

Estão associados ao tipo de fibra óptica. Como mencionado, uma fibra óptica é composta por um núcleo e uma casca e, quando é feita a conectorização de uma fibra óptica, esta é conectada a um dispositivo óptico ou outra fibra através de algum tipo de adaptador.

Existem, por mais perfeitas que sejam as fibras, diferenças entre seus núcleos (diferenças na geometria) e casca (diferenças na concentricidade entre o núcleo e a casca). Estas diferenças causam atenuações na emissão e recepção dos sinais ópticos, resultando no efeito da atenuação. Assim, diferentes tipos de fibras, com diferentes diâmetros de casca, necessitam de diferentes tipos de conectores, com diferentes sistemas de travamento de fibra (Figura 4.23).

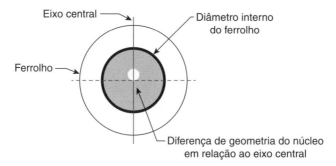

**FIGURA 4.23** Fatores intrínsecos.

## 4.4.8.2. Fatores extrínsecos

Os fatores extrínsecos estão associados ao processo de conectorização e são motivados por imperfeições quando da execução das conexões. As imperfeições mais comuns são:

- **Perdas por deslocamento lateral ou axial:** pode ocorrer quando há uma diferença entre os conectores, por deslocamento da fibra instalada no ferrolho, ou deslocamento entre ferrolhos, causados por adaptadores de má qualidade (Figura 4.24).

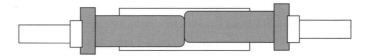

**FIGURA 4.24** Deslocamento lateral.

- **Perdas por deslocamento longitudinal:** quando dois conectores ópticos são unidos por um adaptador, é comum existir um espaço mínimo entre eles para que não ocorra desgaste mecânico. O uso de adaptadores de qualidade duvidosa, que apresentam uma folga maior entre os conectores, ocasiona uma reflexão da luz incidente conhecida como efeito Fresnel e, consequentemente, uma atenuação maior. Este efeito ocorre por que a luz, vinda de um meio N1 (no caso, a fibra óptica), atravessa um meio N2 (no caso, o ar) e retorna ao meio N1, extremidade do outro conector (Figura 4.25).

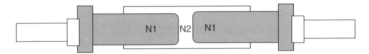

**FIGURA 4.25** Deslocamento longitudinal.

- **Perdas por desalinhamento angular:** este tipo de atenuação ocorre quando o alinhamento dos conectores não está dentro da tolerância exigida. Parte da luz incidente não é aproveitada pelo conector receptor. Pode ocorrer por imperfeições na construção dos conectores ou dos adaptadores quando as superfícies não estão a 90° (Figura 4.26).

**FIGURA 4.26** Desalinhamento angular.

- **Perdas por retorno ou reflexão:** este tipo de perda ocorre devido ao deslocamento longitudinal e quando há um desalinhamento entre as extremidades dos conectores, ou seja, uma reflexão entre as junções (Figura 4.27).

**FIGURA 4.27** Perdas por retorno.

- **Perdas por qualidade da superfície:** ocorre este tipo de atenuação quando a clivagem não foi bem executada, gerando uma superfície não perpendicular ao eixo da fibra ou uma clivagem diferente de 90°. Para evitar este tipo de perda, deve-se efetuar uma clivagem cuidadosa e um polimento minucioso na ponta do conector (Figura 4.28).

**FIGURA 4.28** Perdas por má qualidade da superfície.

## 4.4.9. Polimento dos conectores

Reiterando que os conectores ópticos são dispositivos passivos que permitem a conexão óptica entre cabos, ou entre cabos, e elementos ativos instalados em uma rede óptica, eles podem ser encontrados em diferentes cores e com diferentes tipos de polimento na sua face de contato, bem como podem ser usados tanto em fibras monomodo quanto em fibras multimodo.

Os conectores, quanto ao tipo de polimento, podem ser divididos conforme a Figura 4.29.

**FIGURA 4.29** Polimento dos conectores.

Em que temos:

- **Polimento plano** (Flat Polishing): apresenta a face do ferrolho com um ângulo de 90°, ou seja, reto.
- **Polimento convexo angular** (Angled Physical Contact Polishing – APC): ferrolho combina geometria em ângulo de 8° com polimento PC na extremidade. Com o ângulo de 8° em relação a normal, evita-se a captura do sinal refletido pelo núcleo da fibra. Os conectores APC são produzidos na cor verde e idealizados para sistemas de alta taxa de transmissão que necessitam de perda de retorno entre 50 dB e 70 dB e perda de inserção menor que 0,3 dB para operação. Esse efeito ocorre somente em fibras monomodo, porque elas apresentam um núcleo pequeno o suficiente para que esse ângulo faça o sinal luminoso refletir para fora da fibra. Os conectores são compatíveis apenas entre si, não permitindo combinação com outro tipo de conector.
- **Polimento de contato físico** (Physical Contact Polishing – PC): apresenta extremidade mais arredondada, além de melhor resposta de perda de retorno e perda de inserção quando comparado com conector de polimento plano.

O polimento PC minimiza a reflexão da luz por meio da utilização de uma técnica de preparação da fibra em que a face externa do ferrolho e a fibra mantêm um perfil convexo e contato direto com a outra fibra. Conectores PC são produzidos na cor azul.

- **Polimento de ultra contato** físico (Ultra Physical Contact Polishing – UPC): apresenta pequena diferença na perda de retorno em comparação ao tipo PC.

Para assegurar um perfeito desempenho dos conectores ópticos, seis critérios devem ser observados:

- **Perda por retorno** (Optical Return Loss – ORL): é a reflexão da luz que retorna ao emissor e que pode ser ocasionada por mau polimento do conector, sujeira no contato entre conector e acoplador, má qualidade da própria fibra óptica ou do processo de clivagem, causando uma diferença no índice de refração entre os meios (ar e vidro).
- **Perda por inserção** (Insertion Loss – IL): é a perda de potência óptica ocasionada pelo mau casamento entre conectores, desalinhamento, espaço demasiado (gap) entre conectores e polimento de qualidade inferior.
- **Apex offset:** corresponde à distância axial entre o ponto inicial do conector antes e após o polimento. Uma distância grande contribui para maiores perdas no conector. Para reduzir este problema, o polimento deve ser realizado por equipamentos automáticos em laboratório ou empregando conectores pré-polidos de fábrica (Figura 4.30).

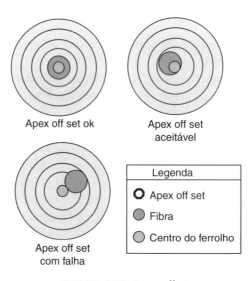

**FIGURA 4.30** Apex offset.

# Redes Ópticas em Telecomunicações

- **Raio de curvatura da face esférica polida** (Radius of Curvature): é a medida esférica obtida após o polimento, que afeta o desempenho do conector. É especificado pela indústria entre 10 mm e 25 mm.
- **Excesso de polimento:** é a medida do polimento abaixo e acima do ferrolho, realizada por equipamento chamado interferômetro; a medida recomendada fica entre +/− 50 nm.
- **Análise visual:** realizada com microscópio, em laboratório, é importante para análise do acabamento final do polimento e deve ser realizada por profissional especializado.

A Figura 4.31 exemplifica as possíveis combinações de uso entre adaptadores e conectores ópticos PC e APC e o resultado com relação às perdas.

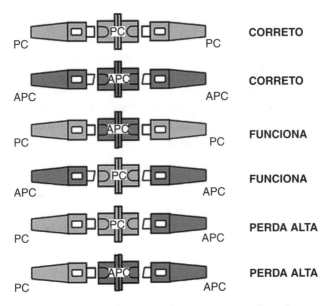

**FIGURA 4.31** Combinações de conectores e adaptadores com acabamento PC e APC.

## 4.4.10. Limpeza de conectores e adaptadores ópticos

Os conectores ópticos são pontos sensíveis da rede, uma vez que ficam expostos a ação ambiental e ao manuseio. Conectores contaminados podem representar perdas significativas para o sistema óptico e uma partícula de poeira de 1 μm pode causar perdas de até 1 dB em uma conexão, por exemplo. Existem diversos tipos de contaminantes capazes de bloquear a transmissão óptica ou causar a degradação da potência do sinal e os mais comuns são partículas de poeira em suspensão, óleos, gorduras e resíduos de solventes.

Em PON, as margens calculadas para as perdas de potência ao longo da rede óptica são suficientes para que as conexões funcionem perfeitamente. Entretanto, na medida em que a rede óptica necessita lidar com taxas de transmissão crescentes, as margens ficam cada vez mais estreitas e, por este motivo, é importante que todas as fontes de perdas sejam reduzidas ao mínimo.

Uma rede óptica pode deixar de funcionar por diversos motivos, mas superfícies sujas e danificadas são as fontes de problemas mais subestimadas.

Há duas fontes de problemas que causam perdas num ponto de conexão de fibras: deposição de sujeira (gel, óleos, partículas de poeira etc.) e danos nas superfícies dos conectores. Assim, para que uma rede óptica funcione em todo seu potencial é necessário que sejam seguidas práticas para limpeza e inspeção dos conectores ópticos.

O método de limpeza para conectores e adaptadores ópticos utiliza diferentes processos, mas pode ser realizada de maneira simples e eficiente utilizando um kit de limpeza, cassete de limpeza de conectores, cotonetes, ou mesmo lenços de papel embebidos em álcool isopropílico (com porcentagem de água menor do que 1% e, por isso, utilizado na limpeza de superfícies de vidro, lentes etc.).

No caso de danos, estes surgem na forma de arranhões, ranhuras ou fragmentações do ferrolho. Esses defeitos podem indicar uma terminação incorreta ou sujeira no acoplamento óptico. Todas as faces da fibra devem ser verificadas antes de serem inseridas nas portas dos dispositivos ópticos.

## 4.4.10.1. Melhores práticas

Existem procedimentos desenvolvidos especificamente para a limpeza das faces das fibras e dos acessórios ópticos, que compõem uma sequência de "melhores práticas". Contudo, a melhor prática sempre será limpar os componentes da rede óptica antes da instalação ou uso. Seguem algumas orientações:

- **Inspeção das fibras** – A inspeção deve ser realizada antes e após a limpeza das fibras. Se a inspeção após a limpeza ainda acusar deposição de sujeira, será necessário um novo ciclo de limpeza.
- **Inspeção dos acoplamentos** – Ambos os lados do acoplamento óptico deverão ser inspecionados, pois ao gerar uma conexão acoplada (ou emenda) as faces entram em contato. Conforme a norma IEC 61300-3-35, todos os conectores de fibra devem ser limpos e inspecionados antes de conectados ao sistema.
- **Ar comprimido** – Consiste em soprar a sujeira para fora do conector ou do acoplador óptico usando ar comprimido. Essa prática serve para remover grandes partículas de poeira, mas é ineficaz contra sujeira proveniente de óleos, outros resíduos, pequenas partículas de poeira carregadas estaticamente etc.

Redes Ópticas em Telecomunicações

- **Solventes** – Solventes são utilizados para a retirada de deposições de sujeira que secaram sobre as faces dos conectores ou que obstruem o ferrolho. O álcool isopropílico é o solvente mais popular, mas é altamente higroscópico, ou seja, retira umidade do ar fixando-a sobre a fibra e pode deixar resíduos após sua secagem. Existem no mercado novos produtos para a limpeza de fibras que apresentam taxas e evaporação específicas para fibras ópticas.
- **Produtos auxiliares** – Podem ser usados panos para limpeza, lenços de papel, bem como cotonetes. Os aparelhos mecânicos portáteis também facilitam esse trabalho. Deve-se evitar o uso de materiais abrasivos ou que possam deixar pedaços ou qualquer resíduo no ferrolho ou na face da fibra.
- **Instalações novas e mudanças** – Em novas instalações, testar os enlaces de fibra e certificar-se de usar cordões de lançamento de qualidade limpos e inspecionados. No caso de mudanças e acréscimos na rede óptica, limpar qualquer cordão óptico antes de reconectá-lo.

É importante ter em mente que sempre será mais simples e barato efetuar a limpeza das faces das fibras, conectores e adaptadores antes que ocorra uma falha na rede. Planejar os passos de limpeza é o mais indicado para evitar tempos de indisponibilidade de rede inesperados que poderão trazer mais que prejuízos financeiros.

## 4.4.10.2. Limpeza dos conectores

A limpeza das faces das fibras e dos conectores ópticos é uma parte importante da manutenção das redes de fibras ópticas. Para executar essa atividade, deve-se assegurar que os conectores ópticos e os adaptadores do backplane (estrutura que suporta os adaptadores ópticos no equipamento) a ser limpo estejam desconectados.

Para a limpeza, utilizar o kit de limpeza de fibra ou, na falta deste, lenços de papel e álcool isopropílico. Não utilizar algodão ou tecido, pois podem deixar fiapos que causarão problemas de conexão e atenuação na fibra.

Esse procedimento deve ser utilizado para a limpeza de conectores tipo FC, SC, LC e ST. Outros conectores necessitam de procedimentos específicos, normalmente indicados pelo fabricante.

O primeiro passo é inspecionar o conector óptico e verificar o grau de limpeza com um microscópio de inspeção antes de conectá-lo a qualquer componente de sistema. O objetivo é verificar se há algum dano ou irregularidade no corpo do conector ou na extremidade do ferrolho. Não havendo danos, e mesmo que não exista evidência de contaminação na face do conector, proceder à limpeza (Figura 4.32).

- Utilizar duas folhas de papel limitando o contato dos dedos, agarrando-as pelas laterais. A área sombreada (zona de toque) define a região de contato usada para controlar, enquanto são feitas as dobras (passo 1).

- Dobrar as folhas (passos 2, 3, 4 e 5).
- Limpar o ferrolho do conector, segurando-o contra a superfície e aplicando pressão firme e constante, e girar o conector aproximadamente 720° (duas rotações), conforme passo 5.
- Limpar o conector pelo menos três vezes, aplicando uma pressão firme e constante sobre este (passo 6).
- Inspecionar o conector com microscópio, ou visualmente, antes de conectar ao sistema.
- Se a limpeza não for suficiente, repetir o processo.
- Caso o conector não seja utilizado imediatamente, instalar uma tampa para preservar a limpeza.

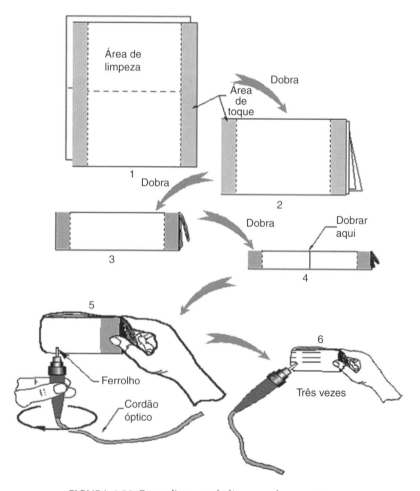

**FIGURA 4.32** Procedimento de limpeza de conectores.

Uma alternativa para o procedimento descrito anteriormente é a utilização de um dispositivo portátil para a limpeza das faces das fibras, conhecido como cassete de limpeza para fibra óptica, que pode ser usado a partir dos passos 5 e 6 (Figura 4.33).

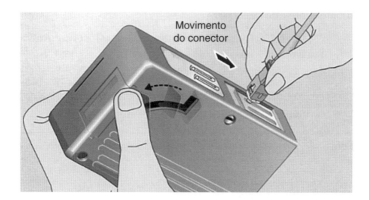

**FIGURA 4.33** Cassete de limpeza de fibra.

### 4.4.10.3. Limpeza dos adaptadores

Para a limpeza de adaptadores e conectores ópticos, devemos utilizar a ferramenta apropriada, bem como ar comprimido seco. O primeiro passo é remover o conector ou a tampa de cobertura do adaptador; em seguida, usar o ar comprimido para retirar possíveis contaminantes soltos e, em seguida, aplicar a ferramenta de limpeza de conectores e adaptadores (Figura 4.34)

É importante inspecionar o adaptador antes de acoplar qualquer conector. Se a contaminação ainda for evidente, repetir o procedimento de limpeza. Se o conector não está em uso, deve-se mantê-lo com um protetor (tampa) para preservar a limpeza.

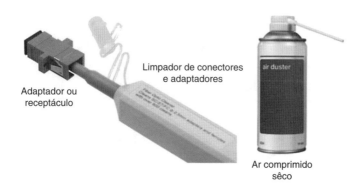

**FIGURA 4.34** Limpeza de adaptador.

A Tabela 4.10 apresenta um resumo dos possíveis métodos de limpeza de conectores e adaptadores ópticos e onde se aplicam.

**TABELA 4.10** Resumo dos métodos de limpeza de conectores e adaptadores

| Aplicação | Método de limpeza | | | | | |
|---|---|---|---|---|---|---|
| | Kit de limpeza | Lenço seco e cassete | Lenço ou cassete com solvente | Cotonete seco | Cotonete com solvente | Ar comprimido |
| Conector em cordão | Sim | Sim | Sim | Sim | Sim | Não |
| Conector em adaptador | Sim | Sim | Sim | Sim | Sim | Sim |
| Adaptador, apenas | Sim | Não | Não | Sim | Sim | Sim |
| Tampas, plugues, protetores e terminações | Sim | Não | Não | Sim | Sim | Sim |

## 4.5. DIVISORES ÓPTICOS (*SPLITTERS*)

Em muitos sistemas, há a necessidade da transmissão de sinal, simultaneamente, para dois ou mais acessos. Os divisores ópticos têm como função combinar ou dividir o sinal óptico transmitido a partir de uma fonte comum. O divisor óptico, comumente chamado *splitter*, é um elemento passivo utilizado em redes ópticas que realiza a divisão do sinal óptico proveniente de uma fibra para N fibras, em razões usuais de 1:2, 1:4, 1:8, 1:32 e 1:64 (Figura 4.35).

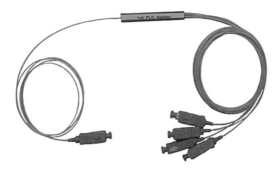

**FIGURA 4.35** Modelo de splitter conectorizado de 1:4.

# Redes Ópticas em Telecomunicações

Um splitter conectorizado pode ser utilizado como divisor óptico em caixas de emenda externas conectorizadas para atendimento aos usuários. Entretanto, existem no mercado outros modelos de splitters não conectorizados para aplicações externas com a possibilidade de instalação em bandeja óptica de emenda. Podem ser encontrados sob dois tipos básicos: balanceado e desbalanceado.

- **Splitter balanceado** – Permite utilizar a mesma razão de divisão da potência do sinal óptico de entrada em cada porta de saída. É utilizado, principalmente, em redes ópticas passivas com topologia em árvore e em redes híbridas (Figura 4.36).

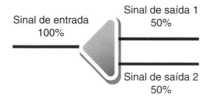

FIGURA 4.36 Esquema de splitter balanceado 1:2.

- **Splitter desbalanceado** – Permite utilizar diferentes razões de divisão da potência do sinal óptico. É utilizado, principalmente, em redes ópticas passivas com topologia em barramento e em projetos especiais que necessitam de frações de potência alocadas ao longo da rede (Figura 4.37).

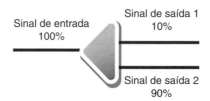

FIGURA 4.37 Esquema de splitter desbalanceado 90/10.

## 4.6. ATENUADORES ÓPTICOS

Os atenuadores ópticos são utilizados em redes ópticas para atenuar a potência do sinal dos transmissores. Quando dois dispositivos ópticos estão conectados muito próximos entre si, pode ocorrer que o nível do sinal na recepção chegue com valores muito elevados. Como resultado, o sinal será refletido de volta ao meio óptico, podendo ocasionar falhas na transmissão e erros de bit (BER).

Os atenuadores ópticos são usados quando se necessita ajustar a potência óptica do transmissor às características do receptor óptico, limitando o nível de potência transmitido. Existem dois tipos básicos de atenuadores (Figura 4.38):

- **Atenuadores fixos:** o nível de atenuação é fixo e predeterminado de fábrica.
- **Atenuadores variáveis:** permitem o ajuste do nível de atenuação dentro de uma faixa de valores predeterminados.

**FIGURA 4.38** Exemplos de atenuadores ópticos.

### 4.6.1. Escolha do atenuador óptico

Assim como óculos escuros reduzem a intensidade da luz solar que chega aos olhos, os atenuadores reduzem o nível da potência do sinal óptico transmitido, assegurando um nível ideal de transmissão dos sinais.

Antes de selecionar um atenuador, deve-se checar o tipo de conector usado no sistema. Existem tipos diferentes de atenuadores, adequados para cada tipo de painel de conexão. O passo seguinte é determinar o valor da atenuação necessária para o enlace óptico por meio do cálculo do orçamento de perda de potência óptica, que será demonstrado no Capítulo 9.

Por exemplo, é possível reduzir a potência do sinal utilizando atenuadores fixos com valores padronizados comercialmente em níveis de 2 dB, 5 dB, 10 dB, 15 dB ou 20 dB.

# Capítulo 5

# Redes Ópticas Passivas

Quando se trata dos projetos de atualização das redes de acesso legadas, aquelas redes externas que chegam aos usuários e que utilizam o cabo metálico ou cabo coaxial como principais meios de transmissão, torna-se necessário um estudo detalhado, pois essas redes apresentam sérias limitações, tanto em questões de largura de banda como em termos de custos de operacionalização de novas tecnologias e serviços.

O custo da infraestrutura, aliado aos riscos envolvidos no processo de migração dos equipamentos ativos existentes, estão entre os principais fatores impeditivos para investimentos e novos projetos. Como estratégia de projeto, as redes ópticas passivas (Passive Optical Network – PON) podem ser utilizadas para aproveitar a base instalada de cabos metálicos nas redes de acesso, permitindo a atualização tecnológica.

## 5.1. CONCEITO PON

A rede óptica passiva (PON) é baseada no uso de comprimentos de onda em CWDM e transmissão bidirecional em uma única fibra óptica. Em sua topologia, não existem componentes ativos entre a central de equipamentos e as instalações do usuário final. Apenas componentes passivos estão inseridos no enlace de rede para proporcionar o tráfego dos sinais ópticos, em comprimentos de onda específicos, entre a central de equipamentos e os equipamentos terminais.

Atualmente, o alcance físico da transmissão pela rede óptica, da central de equipamentos ao usuário final, situa-se em até 20 km. Diferentemente dos enlaces de dados ponta a ponta, a recepção dos pacotes de informação pode variar em função das diferentes localizações dos usuários na rede. Essas variações são toleráveis, desde que a distância até a central de equipamentos não supere os 20 km, ou que a distância entre o usuário mais próximo da central e o usuário mais distante, ligados a um divisor de potência óptica comum, estejam a 20 km, aproximadamente.

A principal vantagem da arquitetura PON está na redução dos custos de implantação e de manutenção, uma vez que os elementos de rede, responsáveis pela distribuição do sinal, são passivos, ou seja, não requerem alimentação elétrica para funcionar. Uma vez que os dispositivos passivos não têm requisitos de alimentação elétrica ou de processamento de sinais elétricos, eles apresentam um elevado tempo médio entre falhas (Mean Time Between Failures – MTBF). Outra vantagem é a ampliação da largura de banda disponível sem a necessidade de aumento no número de componentes ativos na rede. Por meio de roteamento óptico flexível, o número de terminais ópticos compartilhando um canal de comprimento de onda pode ser adaptado, regulando a capacidade disponível por terminal óptico às suas demandas por tráfego. Esse roteamento pode ser realizado por roteadores ajustáveis realizando multicast dos comprimentos de onda nos pontos de divisão da rede. Quando as demandas por tráfego entre os terminais ópticos são alteradas, as configurações de roteamento podem ser modificadas para renovar a otimização do compartilhamento do canal de comprimento de onda.

A infraestrutura da rede de cabos ópticos em PON está distribuída em níveis, desde a central de equipamentos do provedor de serviços até o usuário final, o que facilita o projeto da área de cobertura e posterior manutenção da rede (Figura 5.1).

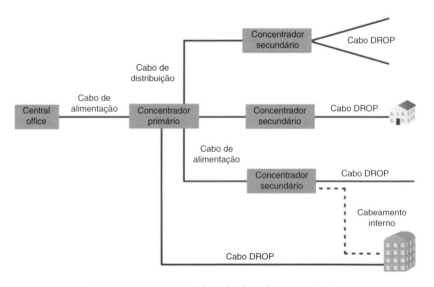

**FIGURA 5.1** Divisão da rede de cabos em níveis.

O Central Office é o nó de acesso da rede e atua como o ponto de partida da rota da fibra óptica ao usuário final. A função desse nó de acesso inclui alojar todos os equipamentos ativos de transmissão do provedor de telecomunicações, gerenciar todas as terminações de fibras e facilitar a interligação física e lógica entre fibras ópticas e equipamentos ativos.

Redes Ópticas Passivas

Os cabos de alimentação partem do nó de acesso até o ponto concentrador de fibras primário, ou Fibre Concentration Point (FCP), e podem cobrir uma distância de vários quilômetros. O número de fibras que constituem o cabo óptico irá depender da topologia de construção da rede.

O concentrador primário tem como função a terminação e conversão do cabeamento primário em cabos de distribuição de menor capacidade, o que permitirá maior flexibilidade para a distribuição dos sinais na rede óptica. Idealmente, o FCP deve ser posicionado o mais próximo possível dos usuários, reduzindo os comprimentos de cabos de distribuição subsequentes e minimizando, assim, custos de construção adicionais de rede.

O cabeamento de distribuição conecta o FCP com o usuário que, normalmente, está a distâncias que não excedem 1 km. Cabos de distribuição apresentam contagens médias de fibras e atendem um número específico de edifícios ou uma área predefinida.

Em algumas situações, os cabos de distribuição podem ser subdivididos dentro da rede, antes de chegar ao usuário. Tal como no caso do FCP, esse segundo ponto requer flexibilidade para permitir conexão rápida e reconfiguração da rede de fibra. Neste ponto, temos o concentrador secundário, ou FCP secundário, e os cabos de distribuição são conectados a fibras individuais ou a pares de fibras dos cabos de derivação (cabo *drop*).

O cabeamento drop realiza a conexão externa final com o usuário, a partir do último FCP até as dependências deste, a uma distância não superior a 300 m. Esses cabos, utilizados para as ligações dos usuários, geralmente contêm um baixo número de fibras (1, 2 ou 4), mas pode incluir outras fibras adicionais para backup ou aplicações especiais do usuário, por exemplo.

A Tabela 5.1 apresenta o descritivo dos elementos da infraestrutura.

**TABELA 5.1** Descrição dos elementos da infraestrutura

| Elementos da infraestrutura | Descrição |
| --- | --- |
| Central Office | Central de equipamentos do provedor de serviços de telecomunicações |
| Cabo de alimentação | Cabeamento óptico de alta capacidade de interconexão com a rede de distribuição |
| Concentrador primário | Armário ou caixa de emenda externa com alta capacidade para distribuição de fibras ópticas |
| Cabo de distribuição | Cabeamento óptico com média capacidade para interconexão com a rede de acesso |
| Concentrador secundário | Armário ou caixa de emenda externa com média/baixa capacidade para cabo de distribuição e alta capacidade para cabo drop |
| Cabo drop | Cabo óptico de pequena contagem de fibras para conexão com o usuário final |
| Cabeamento interno | Inclui dispositivos de entrada e terminação de cabeamento óptico no usuário final |

Convém salientar que muitas questões que envolvem a interoperabilidade entre equipamentos para redes passivas de fabricantes diferentes ainda são motivo de discussão. Em 1995, os fabricantes e fornecedores de equipamentos e serviços em banda larga formaram o Serviço de Acesso Pleno à Rede (Full Service Access Network – FSAN), com o objetivo de padronizar e projetar técnicas mais baratas e eficientes, visando ampliar a utilização e o alcance das redes passivas. Esse processo de padronização tem promovido uma interconexão de equipamentos PON de fabricantes diferentes, permitindo a utilização cada vez maior da tecnologia.

## 5.2. ARQUITETURAS DE REDES ÓPTICAS

Uma rede de telecomunicações deve oferecer e assegurar condições básicas para a comunicação entre os usuários e o restante da rede, e deve oferecer interfaces para acesso a recursos compartilhados, além de disponibilizar serviços com um nível de qualidade previamente estabelecido.

A interface de acesso e a própria operação interna da rede envolvem um conjunto de protocolos entre os vários elementos participantes. Estes protocolos incluem não só aspectos físicos, por exemplo, relativos a conectores e sinais elétricos, mas também aspectos lógicos relacionados com o início, a transferência e o término das comunicações.

Os três principais modelos da arquitetura PON são: centralizado, convergência local e splitters distribuídos. A arquitetura centralizada possui uma fibra dedicada para cada assinante, a partir da central. A convergência local possui uma fibra dedicada, a partir de um ponto de convergência entre a rede de alimentação e a rede de distribuição. No modelo de splitters distribuídos, é usada uma arquitetura que apresenta diversos pontos de convergência para realizar a distribuição.

Os sistemas de transmissão por fibras ópticas também variam conforme o grau de serviço e eficiência exigido para a rede, e podem ser classificados quanto à sua configuração básica como ponto a ponto ou ponto a multiponto.

### 5.2.1. Configuração ponto a ponto

A configuração ponto a ponto, ou P2P, é das mais simples e, ainda, muito utilizada em redes de comunicação. No caso de redes ópticas, essa arquitetura exige que uma fibra óptica seja dedicada para a comunicação entre cada usuário e a central da operadora.

A configuração ponto a ponto também demanda alguma forma de endereçamento explícito ou implícito dos sistemas terminais e a rede terá de suportar funções de comutação – isto é, a interligação entre entradas e saídas em nós da rede – de forma a permitir o encaminhamento de acordo com o endereço de destino (Figura 5.2).

# Redes Ópticas Passivas

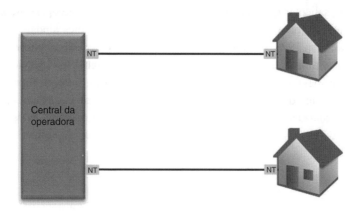

**FIGURA 5.2** Arquitetura P2P.

## 5.2.2. Configuração ponto a multiponto

A configuração ponto a multiponto, ou P2MP, permite que uma única fibra óptica seja compartilhada entre vários usuários para conexão com a central da operadora. Por consequência, ela possibilita diminuir a quantidade de fibras utilizadas na rede principal em relação ao número de usuários (Figura 5.3).

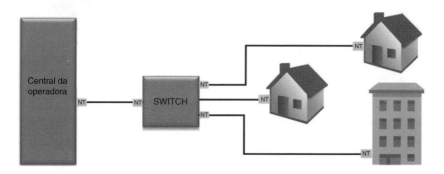

**FIGURA 5.3** Configuração ponto a multiponto.

## 5.3. TOPOLOGIA PON

A tecnologia PON foi desenvolvida para disponibilizar, fundamentalmente, acesso ponto a multiponto entre usuários e as redes de telecomunicações, utilizando como meio físico principal as fibras ópticas.

Fisicamente, as estruturas PON distinguem-se entre si quanto ao ponto de transição entre a rede de fibra óptica da operadora e a rede local que atende ao usuário final. Empresas como operadoras de telecomunicações, provedores ISPs e integradores de soluções para condomínios, clubes, rodovias, entre outros, vêm investindo nesses sistemas ópticos.

É constituída, na rede externa, apenas por componentes ópticos passivos que interligam o Terminal de Linha Óptica (Optical Line Terminal – OLT), situado na central de equipamentos, ao Terminal de Rede Óptica (Optical Network Termination – ONT), alojado nas dependências do usuário, ou à Unidade de Rede Óptica (Optical Network Unit – ONU), alojada em postes ou armários de rua, através da rede backbone e da Rede Óptica de Distribuição (Optical Distribution Network – ODN). A Figura 5.4 mostra esta topologia.

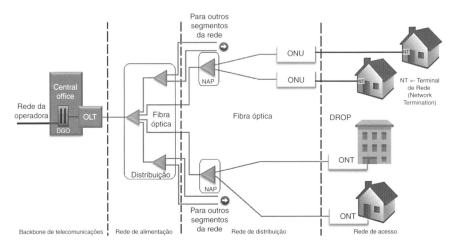

**FIGURA 5.4** Rede óptica passiva básica.

Cabe aqui destacar que alguns fabricantes de equipamentos PON utilizam indistintamente o termo ONU para identificar tanto a unidade interna (ONT) quanto a unidade externa propriamente dita.

### 5.3.1. Central de equipamentos

A central de equipamentos – Head End ou Central Office (CO) – é a infraestrutura na qual ficam instalados os equipamentos da PON: o OLT, para transmissão dos sinais no meio óptico e o Distribuidor Geral Óptico (DGO), responsável pela interface entre os equipamentos de transmissão e os cabos ópticos da rede backbone.

### 5.3.2. Rede de alimentação

A rede de alimentação, ou rede Feeder, é composta basicamente por cabos ópticos que levam os sinais provenientes do OLT, no CO, aos pontos de distribuição. Estes cabos podem ser instalados em rede subterrânea ou aérea. Para aplicação em PON, as fibras ópticas utilizadas no projeto são do tipo monomodo.

## 5.3.3. Rede óptica de distribuição

A rede óptica de distribuição (ODN) transporta o sinal óptico desde os pontos de concentração (armários e caixas de emenda) até o ponto de encontro com a rede de acesso. Ela se constitui no meio de transmissão óptica entre o OLT e as unidades ópticas (ONUs/ONTs).

A ODN é composta por elementos passivos (fibra óptica, cabos metálicos, splitters, conectores etc.). Associados aos cabos, são utilizadas caixas de emenda e de derivação das fibras para uma melhor distribuição do sinal aos diversos segmentos da rede. Caixas de emenda e terminação, denominadas Network Access Point (NAP), são estrategicamente instaladas para a distribuição do sinal, realizando a transição da rede de alimentação para a rede de acesso.

### 5.3.3.1. Pontos de distribuição

Para o melhor uso das fibras ópticas, uma PON apresenta-se geralmente em topologia estrela. Nesta configuração, os pontos de distribuição fazem a divisão do sinal óptico em áreas mais distantes, relativamente ao CO, reduzindo o número de fibras ópticas para atendimento a tais acessos.

Nos pontos de distribuição, é realizada a divisão, a distribuição e a gestão do sinal óptico associado a cada área coberta pela rede passiva.

### 5.3.4. Rede de acesso

A rede de acesso – rede terminal ou, ainda, rede drop – é composta por cabos metálicos ou cabos ópticos autossustentados de baixa formação (pequeno número de fibras ópticas). A partir de uma caixa de emenda e terminação (NAP), os cabos drop levam o sinal às dependências do usuário.

O elemento de sustentação do cabo geralmente é utilizado para realizar a ancoragem no ponto de terminação da rede (PTR) da residência ou prédio onde se encontra o usuário final (Figura 5.5).

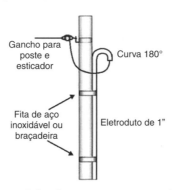

**FIGURA 5.5** Cabo drop no acesso ao usuário final.

Podem terminar em armários de distribuição ou pequenos Distribuidores Internos Ópticos (DIOs). O cabo drop de fibra também pode ser usado na transição para o cordão óptico pigtail ou em pequenos bloqueios ópticos no interior das dependências do usuário.

Devido às restrições de espaço na infraestrutura das edificações, são utilizadas fibras ópticas de características especiais para se evitar perda de sinal por curvaturas acentuadas.

### 5.3.5. Rede interna

A partir do bloqueio óptico ou distribuidor interno óptico, são utilizadas extensões ópticas ou cordões ópticos para realizar a transição do sinal até o equipamento receptor (ONT) instalado na rede local de computadores do usuário.

### 5.3.6. Terminal de linha óptica – OLT

O terminal de linha óptica (OLT) é um equipamento concentrador que está localizado fisicamente na central de equipamentos do provedor de serviços de telecomunicações.

Trata-se do elemento de rede que fornece a interface PON ao núcleo da rede de telecomunicações, por meio de um sistema de roteamento e gerenciamento. Entre suas funcionalidades estão: conversão dos sinais de óptico para elétrico e vice-versa, controle de transmissão bidirecional, multiplexação e demultiplexação, conexão cruzada de sinais e serviços, funções de operação, administração, manutenção e conversão de interfaces na rede passiva.

No sentido do fluxo de dados em direção ao usuário (canal de *downstream*), o OLT é responsável pela transmissão do sinal óptico que será distribuído para os diversos usuários pelos divisores ópticos passivos, fornecendo serviços de voz, dados e vídeo.

O padrão ITU-T G.984 oferece segurança para os sinais de downstream, codificando-os de forma que apenas o ONT possa decodificá-los – com o uso de um sistema de chaves de criptografia assimétrica. No caminho inverso (canal de *upstream*), no sentido do núcleo da rede, o OLT aceita e distribui vários tipos de tráfego de voz e dados dos usuários da rede.

Para evitar colisões dos quadros de upstream, o OLT usa um processo de escalonamento com base na distância lógica entre ele e cada ONT/ONU. Esse processo de escalonamento permite que os acopladores ópticos e os ONTs/ONUs sejam localizados dentro do alcance do OLT. O processo de escalonamento é realizado tão logo um ONT seja ativado na rede, sendo atualizado periodicamente.

O OLT estabelece a comunicação com os equipamentos responsáveis pela interligação dos usuários finais com a rede da operadora de telecomunicações. Esses

# Redes Ópticas Passivas

equipamentos terminais são instalados o mais próximo possível dos usuários da rede e são os responsáveis pela conversão do sinal óptico em elétrico e vice-versa.

Um OLT deve ser capaz de suportar distâncias de transmissão que podem chegar a 20 km através da rede de distribuição óptica (ODN), e também ser o responsável pela gerência e pelo provimento de uma interface com o restante da rede de telecomunicações.

## 5.3.6.1. Módulo transceptor óptico

Um módulo transceptor óptico, ou simplesmente transceiver, é um dispositivo que combina transmissor e receptor óptico num só dispositivo eletrônico. Estes módulos compõem os equipamentos ativos na PON, sendo disponíveis atualmente sete modelos padrão. Suas características principais estão em destaque na Tabela 5.2.

**TABELA 5.2** Características dos modelos de transceptores ópticos

| Tipo de transceptor | Características |
| --- | --- |
| SFP | Comprimentos de onda curtos e longos e WDM;<br>Fast/Gigabit Ethernet e Fibre Channel;<br>Distâncias até 100 km |
| SFF | Comprimentos de onda curtos e longos;<br>Fast/Gigabit Ethernet e Fibre Channel;<br>Distâncias até 80 km |
| XFP | Comprimentos de onda curtos e longos e DWDM;<br>10 Gbit Ethernet e 10x Fibre Channel;<br>Distâncias até 80 km;<br>Taxas de bit até 11,3 Gbps |
| XPAK | Comprimentos de onda curtos e longos;<br>10 Gbit Ethernet e 10x Fibre Channel;<br>Distâncias até 10 km;<br>Taxas de bit até 10,5 Gbps |
| XENPAK | Comprimentos de onda curtos e longos;<br>10 Gbit Ethernet;<br>Distâncias até 10 km;<br>Taxas de bit até 10,3 Gbps |
| PON | Comprimentos de onda longos;<br>Redes de acesso GPON e GEPON;<br>Distâncias até 20 km |
| GBIC | Comprimentos de onda curtos e longos e WDM;<br>1 Gbit Ethernet e Fibre Channel;<br>Distâncias até 160 km |

Os transceptores para fibras ópticas mais usados em redes passivas são a unidade externa plugável SFP (Small Form-Factor Pluggable), para inserção no equipamento, e a unidade interna SFF (Small Form Factor), fixada diretamente na placa eletrônica do equipamento. A Figura 5.6 apresenta dois exemplos dos dispositivos.

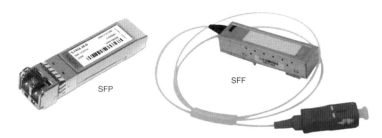

**FIGURA 5.6** Modelos de transceptores SFP e SFF.

Uma das principais características dos módulos SFP é que eles podem ser inseridos ou retirados sem desligar a alimentação do equipamento de rede (são ditos hot-pluggable).

Em redes PON, um SFP é utilizado em conjunto com o OLT para possibilitar a interface óptica deste equipamento com a rede de fibra, seguindo um padrão de especificação de classe de laser que indica a potência na qual o equipamento deve funcionar, conforme mostra a Tabela 5.3.

**TABELA 5.3** Potências segundo classe de laser em SFP

|  | Classe A | Classe B | Classe B+ | Classe C | Classe C+ |
|---|---|---|---|---|---|
| Perda mínima (dB) | 5 | 10 | 13 | 15 | 17 |
| Perda máxima (dB) | 20 | 25 | 28 | 30 | 32 |
| Potência na transmissão (dBm) | +2 até +7 ||||| 
| Potência na recepção (dBm) | −6 até −28 |||||

**Observações:**
1. Uma OLT, tipicamente, apresenta potência de saída até +5 dBm e a ONU/ONT apresentam sensibilidade de −9 dBm até −27 dBm.
2. O valor padrão indicado pela maioria dos fabricantes de equipamentos que trabalham com tecnologias PON é que a atenuação entre OLT e ONU/ONT deve ser, no máximo, de −27 dB, para até 20 km.
3. Deve-se evitar a conexão direta entre um OLT e ONU/ONT através de cordão óptico; é sempre conveniente atenuar o sinal com um splitter ou atenuador, de forma que a potência na entrada na ONU/ONT seja menor que −9,0 dB.

Redes Ópticas Passivas

## 5.3.7. Terminal de rede óptica – ONT/ONU

A unidade de rede óptica (ONU) e o terminal de rede óptica (ONT) são os equipamentos que estão situados junto aos usuários da rede e são os responsáveis pela adequação do sinal proveniente do OLT para uso pelos dispositivos, tais como telefones IP, computadores, TV e outros.

ONT/ONUs são os responsáveis por concentrar o tráfego de sinais trocados com o OLT. Por exemplo, quando o OLT envia as mensagens em broadcast na rede, ONU e/ou ONT reconhecem e encaminham apenas as mensagens destinadas aos usuários interligados a elas, ignorando os demais.

### 5.3.7.1. ONT

Um ONT é um equipamento eletrônico ativo, instalado em ambiente interno diretamente nas dependências do usuário, com o objetivo de proporcionar a conexão óptica com a PON e fazer a interface com o equipamento do usuário. Dependendo das necessidades de comunicação, pode incluir portas Ethernet, portas para telefonia, capacidade de transmissão sem fio, geralmente Wi-Fi, e saída de vídeo, entre outras funcionalidades.

### 5.3.7.2. ONU

Uma ONU é semelhante ao ONT. Trata-se de um equipamento eletrônico ativo, porém instalado em ambiente externo ao usuário, normalmente no interior de armários, bastidores ou pedestais, em vias públicas, com alimentação elétrica autônoma e proteção contra mudanças climáticas e vandalismo.

A ligação da ONU até o equipamento do usuário pode ser realizada por meio de cabos de pares metálicos, cabo coaxial, fibra óptica ou ainda via rádio enlace. Assim como ocorre com o ONT, uma ONU possui uma ou mais portas Ethernet e portas para telefonia, além de Wi-Fi e saída para vídeo, entre outras funcionalidades.

### 5.3.8. Divisores ópticos passivos – Splitters

Na rede de fibra óptica são feitas derivações com o uso de divisores passivos. Um divisor óptico passivo (Passive Optical Splitter – POS), ou simplesmente splitter, é um divisor óptico, bidirecional, no qual o sinal de luz é dividido ou combinado nas fibras ópticas. Não utiliza energia elétrica para seu funcionamento, sendo instalado na ODN, no interior de caixas de emenda apropriadas e nos locais onde for necessário dividir o sinal óptico para o acesso de diferentes usuários. Devido às severas condições de temperatura e umidade do ambiente externo, esses dispositivos devem apresentar boa estabilidade térmica.

No sentido de downstream, o sinal proveniente do OLT é dividido e enviado para todas as portas de saída do splitter; no sentido de upstream, o sinal proveniente de ONTs ou ONUs é combinado e transmitido pela rede óptica de volta ao OLT.

Um splitter pode ser simétrico (balanceado), assimétrico (desbalanceado) e filtro WDM, com 1 ou 2 portas de entrada e até 128 portas de saída, dependendo do modelo e aplicação a que se destina.

Splitters são utilizados em redes ópticas e em projetos especiais que necessitem de frações de potência alocadas ao longo da rede. Esta funcionalidade permite obter o dimensionamento adequado do sistema PON, permitindo chegar próximo à distância máxima recomendada, no que se refere à potência óptica do OLT em direção às ONUs ou ONTs (Figura 5.7).

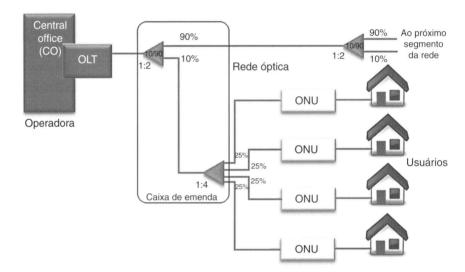

**FIGURA 5.7** Utilização de splitters balanceado e desbalanceado.

A arquitetura da divisão da potência óptica depende da topologia da rede e da localização geográfica dos usuários. Do ponto de vista de gestão, o custo no gerenciamento de múltiplos divisores é maior que a utilização de um único divisor óptico; assim, a escolha por um tipo particular de splitter deve seguir as premissas de projeto estabelecidas a partir dos cálculos de perdas do enlace.

### 5.3.8.1. Splitter balanceado

Um splitter balanceado, ou simétrico, distribui a potência óptica em um sentido predeterminado, em que a potência da porta de entrada é dividida igualmente entre as portas de saída. Nos divisores balanceados, os modelos comerciais mais comuns apresentam razões de divisão (splitter ratio) de: 1:N ou 2:N. Quanto maior a razão de divisão, menor será a potência em cada porta de saída.

Por exemplo, quando um feixe de luz é transmitido na fibra óptica através de um divisor passivo balanceado na proporção de 1:8, isto significa que o sinal será dividido por 8 em igual proporção, ou seja, cada feixe apresenta 1/8 ou 12,5% da potência óptica da fonte original (Figura 5.8).

FIGURA 5.8 Modelos de splitters balanceados 1:32 e 2:32.

Na Tabela 5.4, são apresentados os valores ideais e típicos de perdas para splitters balanceados para a faixa de comprimentos de onda entre 1.260 nm a 1.650 nm.

TABELA 5.4 Perdas para splitters balanceados

| Razão de Divisão | Perda Ideal porta (dB) | Variação da Perda (dB) | Perda Típica (dB) |
|---|---|---|---|
| 1:2 | 3 | 1 | 4 |
| 1:4 | 6 | 1 | 7 |
| 1:8 | 9 | 2 | 11 |
| 1:16 | 12 | 3 | 15 |
| 1:32 | 15 | 4 | 19 |
| 1:64 | 18 | 5 | 23 |
| 2:2 | 3,9 | 1 | 4,9 |
| 2:4 | 6,5 | 1 | 7,5 |
| 2:8 | 9,8 | 1 | 10,8 |
| 2:16 | 12,5 | 2 | 14,5 |
| 2:32 | 15,5 | 2 | 17,5 |
| 2:64 | 18,4 | 3 | 21,4 |

Na Tabela 5.5, temos a razão de divisão e as perdas por inserção para os splitters comerciais mais comuns. Por exemplo, para um splitter com razão de divisão de 1:2, o valor de atenuação ideal seria 3 dB por porta de saída, conforme mostrado na Tabela 5.4. Entretanto, cada porta de saída apresenta-se, na prática, cerca de 3,7 dB abaixo da potência da entrada. Da mesma forma, para um splitter 1:8, o nível de potência da porta de saída ideal seria 9,0 dB e, comercialmente, está 10,5 dB abaixo da potência de entrada.

**TABELA 5.5** Perdas por inserção nos splitters balanceados comerciais

| Razão de divisão | Perda por inserção (dB) |
|---|---|
| 1:2 | 3,7 |
| 1:4 | 7,3 |
| 1:8 | 10,5 |
| 1:16 | 13,7 |
| 1:32 | 17,1 |
| 1:64 | 20,5 |

### 5.3.8.2. Splitter desbalanceado

Um splitter desbalanceado, ou assimétrico, é construído a partir de duas fibras independentes, que são fundidas em uma pequena região para ocorrer transferência de energia por acoplamento.

Trata-se de um divisor passivo que compreende, tipicamente, uma entrada e duas saídas e gera uma perda não uniforme na intensidade do sinal óptico para cada saída (Figura 5.9).

**FIGURA 5.9** Modelo de splitter desbalanceado 50/50.

Comercialmente, apresenta as razões de divisão potência conforme mostra a Tabela 5.6.

Os splitters devem ser acomodados dentro de caixas de emenda ópticas para conectorização ou emenda por fusão.

As caixas de emenda aéreas são projetadas para redes e telefonia tradicionais, e também sistemas FTTx, nos quais os cabos da rede de acesso são emendados nos cabos de distribuição. Essas caixas combinam a tecnologia para suporte e selagem de cabos e sistemas de bandejas em um corpo robusto e à prova de tempo e roedores (Figura 5.10).

# Redes Ópticas Passivas

**TABELA 5.6** Splitters desbalanceados

| Referência nominal | % do sinal de saída – Fibra 1 | % do sinal de saída – Fibra 2 | Perda por inserção (dB) 1.310 nm/1.625 nm |
|---|---|---|---|
| 1/99 | 1 | 99 | ≤ 22,5/0,25 |
| 2/98 | 2 | 98 | ≤ 18,8/0,30 |
| 5/95 | 5 | 95 | ≤ 14,6/0,4 |
| 10/90 | 10 | 90 | ≤ 11,3/0,65 |
| 15/85 | 15 | 85 | ≤ 9,6/1,0 |
| 20/80 | 20 | 80 | ≤ 7,9/1,2 |
| 25/75 | 25 | 75 | ≤ 6,7/1,6 |
| 30/70 | 30 | 70 | ≤ 6,0/1,9 |
| 35/65 | 35 | 65 | ≤ 5,4/2,1 |
| 40/60 | 40 | 60 | ≤ 4,7/2,7 |
| 45/55 | 45 | 55 | ≤ 3,9/3,2 |
| 50/50 | 50 | 50 | ≤ 3,60 |

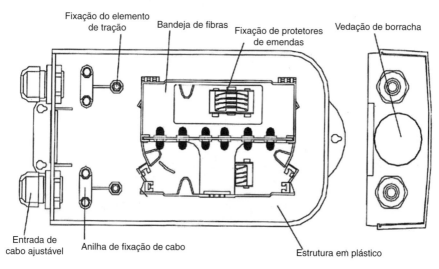

**FIGURA 5.10** Estrutura de caixa FTTx.

### 5.3.8.3. Filtro WDM

O emprego da tecnologia WDM em PON possibilita unir sinais de dados e TV, proporcionando diferentes serviços em uma infraestrutura óptica única, otimizando o investimento e o desempenho da rede como um todo.

Os filtros WDM ou filtros add-drop, são splitters utilizados em aplicações de rede com a função de filtrar diferentes comprimentos de onda de luz, sendo capazes de fazer a remoção e inserção de apenas um comprimento de onda específico na fibra óptica (Figura 5.11).

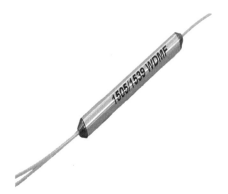

**FIGURA 5.11** Modelo de filtro WDM.

No CO, os sinais de vídeo transmitidos no comprimento de onda de 1.550 nm e os sinais de dados transmitidos em 1.490 nm e recebidos em 1.310 nm são combinados para a transmissão no sentido do usuário. Nas instalações do usuário, é feito o processo inverso, com a separação dos sinais para que sejam utilizados nas respectivas aplicações (Figura 5.12).

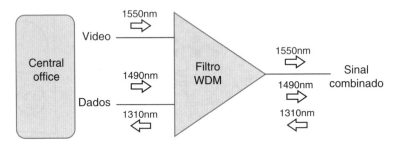

**FIGURA 5.12** Aplicação de filtro WDM.

A Tabela 5.7 apresenta algumas características de filtros WDM comerciais. Os valores indicados servem como referenciais, uma vez que podem variar conforme o fabricante.

**TABELA 5.7** Parâmetros característicos de filtros WDM

| Parâmetros | | | Valores | | | |
|---|---|---|---|---|---|---|
| Banda passante | Comprimento de onda (nm) | | 1.270-1.350 | 1.450-1.490 | 1.500-1.520 | 950-1.010 |
| | | | (1.530-1.600) | (1.530-1.580) | (1.530-1.570) | (1.500-1.600) |
| | Perda por inserção (dB) | Típica | 0,4 | 0,4 | 0,5 | 0,5 |
| | | Máxima | 0,6 | 0,6 | 0,7 | 0,7 |
| | Isolação (dB) | | 25 (1.310/1.490 nm) e 40 (1.550 nm) | | | |
| Banda refletida | Comprimento de onda (nm) | | 1.530-1.600 | 1.530-1.580 | 1.530-1.570 | 1.500-1.600 |
| | (1.270-1.350) | | (1.450-1.490) | (1.500-1.520) | (950-1.010) | |
| | Perda por inserção (dB) | Típica | 0,3 | | | |
| | | Máxima | 0,5 | | | |
| | Isolação (dB) | | 15 | | | |
| Perda de retorno (dB) | | | 50 | | | |

## 5.3.9. Construção de divisores ópticos passivos

São duas as principais técnicas de construção do splitter óptico:

### 5.3.9.1. Splitter Fused Biconical Taped (FBT)

Como mencionado, o splitter desbalanceado é um tipo de divisor óptico que compreende uma entrada e duas saídas. Tem como característica ser fabricado a partir da fusão de duas fibras independentes, em paralelo. O splitter é montado em vidro ou substrato de quartzo dentro de um tubo metálico, e os revestimentos das fibras são fundidos em uma pequena região, de forma a haver transferência de energia por acoplamento (Figura 5.13).

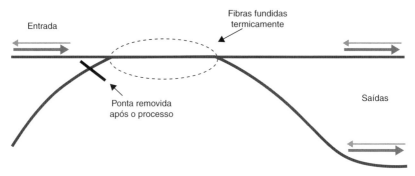

**FIGURA 5.13** Esquema de splitter FTB.

### 5.3.9.2. Splitter Planar Lightwave Circuit (PLC)

Tem como característica utilizar a mesma razão de divisão da potência do sinal de entrada para cada porta de saída. O circuito óptico do divisor é formado a partir da corrosão de um substrato sob a demarcação de uma máscara na qual o circuito é inserido. É realizado o preenchimento desses espaços com material óptico de índice de refração diferente, formando os caminhos que conduzirão o feixe óptico (Figura 5.14).

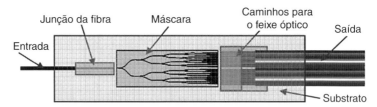

**FIGURA 5.14** Esquema de splitter PLC.

A Tabela 5.8 apresenta resumidamente as diferenças entre splitter FBT e splitter PLC.

# Redes Ópticas Passivas

**TABELA 5.8** Diferenças entre splitter FBT e splitter PLC

| Parâmetro | FBT | PLC |
|---|---|---|
| Comprimento de onda de operação (nm) | 850<br>1.310<br>1.550 | 1.260 a 1.650 |
| Número de entradas | 1 ou 2 | 1 ou 2 |
| Potência de entrada total (dBm) | 20 | 20 |
| Razão de divisão | Customizável | Igual para todas as portas |
| Máxima razão de divisão | 1:32 | 1:128 |
| Máxima razão de divisão confiável | 1:8 | 1:64 |
| MTBF | Baixo | Alto |
| Custo | Baixo | Alto |

## 5.4. ARQUITETURAS DE REDES PON

Ao longo das últimas décadas, o desenvolvimento da tecnologia fotônica permitiu avanços nos sistemas de telecomunicações, notadamente nas redes de acesso ópticas. Diferentes arquiteturas para redes ópticas passivas foram criadas, e estão em fase de desenvolvimento, com o objetivo de acompanhar a crescente demanda por novos serviços (Figura 5.15).

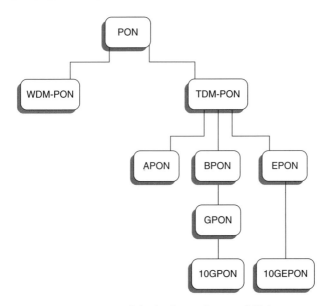

**FIGURA 5.15** Principais arquiteturas PON.

## 5.4.1. APON

Até a década de 1990, as primeiras redes ópticas passivas foram desenvolvidas utilizando os conceitos de multiplexação no tempo (Time Division Multiplexing – TDM), porém as taxas de transmissão utilizadas para atender os serviços de telefonia na época não eram as ideais para o transporte de dados.

A primeira geração de redes PON foi designada por APON, em 1995, quando o FSAN padronizou a rede óptica passiva em modo de transferência assíncrona (Asynchronous Transfer Mode Passive Optical Network – APON), padrão aceito pela União Internacional de Telecomunicações (International Telecommunication Union – Telecommunication Standardization Sector, ou ITU-T) como norma ITU-T G.983.

Nessas redes, a conectividade é garantida usando o modo ATM, ou seja, o fluxo de informação é segmentado em células, as quais são entregues à ONU apropriada de acordo com seu endereço de destino contido no cabeçalho da célula. A comunicação de upstream requer a utilização de um protocolo de acesso ao meio apropriado para ultrapassar a limitação associada ao fato de o meio ser compartilhado.

No formato APON, padronizado pelo FSAN e aceito pelo ITU-T, a transmissão de pacotes ocorre em tamanhos fixos de 53 bytes por pacote. Este formato foi aplicado para atendimento de usuários utilizando fibra óptica monomodo com distâncias limitadas a 20 km, número máximo de 32 ONTs, com taxas de transmissão derivadas do ATM de 155 Mbps e 622 Mbps no sentido downstream (em tráfego contínuo de dados e broadcast), com transmissão em TDM, e 155 Mbps no sentido de upstream (tráfego em rajadas), com transmissão em TDMA (Time Division Multiple Access) (Figura 5.16).

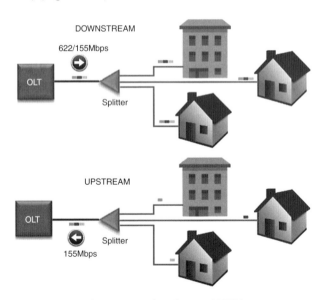

**FIGURA 5.16** Arquitetura APON.

# Redes Ópticas Passivas

## 5.4.2. BPON

O termo APON levou muitos provedores a acreditarem que apenas os serviços de ATM pudessem ser utilizados para os usuários finais. Em função disso, a FSAN decidiu modificar o nome para Broadband PON, ou BPON, e introduziu outras pequenas mudanças no padrão.

Em 1998, foi editada a norma ITU-T G.983.1 para taxas de 155 Mbps simétrico (canal de upstream) e 622 Mbps e 155 Mbps assimétrico (canal de downstream); posteriormente, o ITU aprovou a norma ITU-T G.983.3, na qual a capacidade de enlace foi estendida para 622 Mbps simétrico (canal de upstream) e 1.244 Mbps e 622 Mbps assimétrico (canal de downstream) para BPON, permitindo serviços como o suporte ao WDM, integração de dados, voz, serviços de vídeo, alocação dinâmica da largura de banda e qualidade de serviço, com garantia de interoperabilidade dos diferentes equipamentos (Figura 5.17).

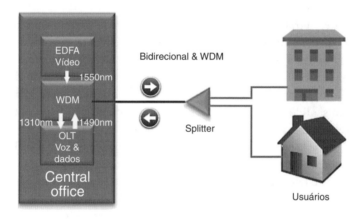

**FIGURA 5.17** Arquitetura BPON.

## 5.4.3. EPON

A EPON (Ethernet Passive Optical Network) é uma arquitetura desenvolvida pelo IEEE (Institute of Electrical and Electronics Engineers) sob a especificação 802.3ah, na qual a rede óptica passiva é baseada no padrão Ethernet, em vez de ATM. Inclui o padrão Gigabit Ethernet PON (GEPON).

A EPON permite o tratamento das informações de modo nativo entre a rede de acesso óptica e as redes Ethernet, sem a necessidade de camadas adicionais de protocolo para a extensão dessas redes até o usuário final.

A tecnologia encapsula e transporta dados em quadros de Ethernet e também transporta IP em enlace Ethernet. Utiliza a técnica TDM no sentido de downstream e TDMA no sentido de upstream, com velocidade de transmissão simétrica com taxas de até 1,25 Gbps.

# REDES ÓPTICAS DE ACESSO EM TELECOMUNICAÇÕES

O modelo apresenta as seguintes características:

- **Sentido de downstream de dados:** comprimento de onda 1.490 nm, taxa de transferência de 1 Gbps.

- **Sentido de upstream de dados:** comprimento de onda 1.310 nm, taxa de transferência de 1 Gbps.

Na EPON, no sentido de downstream, os pacotes Ethernet são enviados via broadcasting a partir do OLT, passando por splitters na rede de distribuição, até as ONUs ou ONTs, em pacotes de tamanhos variáveis até 1.518 bytes. Cada pacote carrega um cabeçalho que o identifica a fim de possibilitar que seja extraído seletivamente pela ONU/ONT de destino. Alguns pacotes também podem ser endereçados para todos os usuários em broadcasting, ou a um grupo limitado de usuários, na forma de multicasting.

No splitter, o tráfego é dividido em três sinais, cada um transportando todos os pacotes de determinada ONU/ONT. Cada OLT envia os pacotes em rajadas e a ONU/ONT faz a leitura se o pacote é destinado a ela. Os pacotes endereçados para esta são processados e os demais, descartados. No sentido de upstream, devido às propriedades dos splitters ópticos, os pacotes seguem exclusivamente no sentido do OLT, não permitindo a comunicação física entre ONU/ONT dos usuários.

A ONU situada no usuário é sincronizada para evitar colisões, e o OLT faz o reconhecimento de cada pacote por meio de um identificador do pacote. O gerenciamento da rede é feito mediante protocolo (Multi-Point Control Protocol – MPCP), que especifica um mecanismo entre o OLT e as ONU/ONTs conectadas em topologia ponto a multiponto na rede PON, para permitir a transmissão eficiente de dados no sentido de upstream. O protocolo também é responsável por incluir novas ONU/ONTs, alocar banda e medir o tempo de resposta desses equipamentos.

No sentido de upstream, o comportamento da EPON é similar a uma arquitetura ponto a ponto e o tráfego de pacotes é feito utilizando a tecnologia TDM, na qual cada intervalo de transmissão ou janela de transmissão (time slot) é dedicado a um usuário. Os intervalos de transmissão são sincronizados para que os pacotes de cada ONU/ONT não interfiram no fluxo dos pacotes de outros equipamentos que compartilham a mesma fibra (Figura 5.18).

O tráfego de downstream é segmentado em frames de intervalos fixos, cada um deles contendo múltiplos pacotes de tamanhos variados. Informações de clock na forma de sincronização são incluídas no começo de cada frame. O marcador de sincronização é feito por intermédio de um byte, transmitido a cada 2 segundos, para sincronização entre a ONU/ONT e o OLT.

A eficiência da rede no sentido de upstream está em torno de 61% e de downstream, em torno de 73%.

# Redes Ópticas Passivas

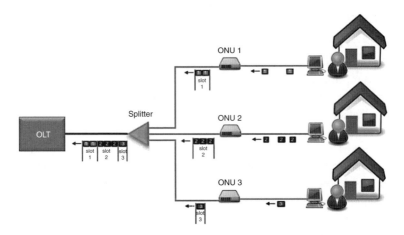

**FIGURA 5.18** Arquitetura EPON.

Redes EPON podem ser implementadas utilizando-se dois ou três comprimentos de onda de luz. Utilizam-se dois comprimentos de onda quando o objetivo é trafegar dados, voz e comutação de vídeo digital sobre IP. O comprimento de onda de 1.510 nm transporta dados, vídeo e voz, enquanto o comprimento de onda de 1.310 nm é usado para transportar vídeo on demand.

Três comprimentos de onda são exigidos para trafegar serviços de radiofrequência de vídeo ou DWDM, sendo usado comprimento de onda de 1.510 nm e 1.310 nm no sentido de downstream e de upstream, respectivamente, enquanto comprimento de onda de 1.550 nm é reservado para downstream de vídeo. O vídeo é codificado como MPEG-2 e transportado através de uma modulação de quadratura de amplitude (QAM). Usando esta configuração, o PON proporciona uma distância efetiva de até 18 km para 32 usuários.

A EPON define uma taxa de transmissão de até 1,25 Gbps e pode usar um fator de divisão típico de 1:16. Neste caso, na pior situação (todas as ONUs em uso), a rede consegue garantir uma taxa de aproximadamente 80 Mbps para cada ONU. Na realidade, os receptores dos sistemas EPON são projetados para taxas de 100 Mbps, velocidade de transmissão que é possível garantir em boa parte do tempo, já que a probabilidade de todas as ONUs estarem ativas simultaneamente na rede é pequena.

## 5.4.3.1. GEPON

A arquitetura GEPON (Gigabit Ethernet Passive Optical Network) é baseada no padrão IEEE 802.3ah e totalmente IP. Utiliza interfaces de rede Ethernet, assim como ocorre na arquitetura EPON, permitindo taxas de upstream e downstream até 10 Gbps.

### 5.4.4. GPON

A arquitetura GPON (Gigabit Passive Optical Network), ou Gigabit PON, é a segunda geração de uma série de recomendações ITU-T, publicada em 2003, como G.984. As recomendações G.984.1 e G.984.2 tratam do meio físico e dos requisitos dos serviços, e a recomendação G.984.3 trata da camada para processamento dos quadros Transmission Convergence (GTC), mensagem, método de alcance automático, funcionalidade OAM e segurança.

GPON é baseado no protocolo de quadro genérico (Generic Framing Protocol – GFP) especificado para encapsulamento e transporte de pacotes IP sobre SONET/SDH, podendo ser aplicado diretamente em DWDM. O GFP gera quadros ou células de comprimento variável com até 65.535 bytes por quadro. A unidade GPON Encapsulation Method (GEM) encapsula os pacotes Ethernet e TDM na direção downstream, e realiza a extração dos referidos pacotes na direção upstream.

No sentido downstream a transmissão dos pacotes ocorre em broadcast a partir do OLT, passando pelos splitters da rede de distribuição até cada ONU/ONT, que identifica o tráfego por meio de endereçamento.

No sentido de upstream, o meio de transmissão é compartilhado utilizando a técnica de acesso múltiplo por divisão de tempo (TDMA), que, por alocação de time slots, permite controlar o instante em que cada ONU pode transmitir sua rajada de dados.

A eficiência da rede está em torno de 93% para upstream e 94% para downstream.

Embora a distância física máxima para transmissão seja de 20 km, considera-se um alcance lógico de 60 km, permitindo suporte para novos sistemas de longo alcance de grande largura de banda. Entretanto, o alcance da rede pode ser afetado pela qualidade e capacidade do enlace óptico.

GPON apresenta três fluxos de informação em comprimentos de onda distintos:

- **Sentido de downstream de dados:** comprimento de onda 1.490 nm, taxa de transferência de 2.488 Gbps.

- **Sentido de downstream de vídeo:** comprimento de onda 1.550 nm.

- **Sentido de upstream de dados:** comprimento de onda 1.310 nm, taxa de transferência de 1.244 Gbps.

Os padrões GPON permitem distâncias de até 60 km a partir da central de equipamentos, com um limite de distância de 20 km entre quaisquer dois ONTs, assim como suporte de protocolo para até 128 ONTs por PON. Neste caso, apesar de uma porta óptica GPON suportar, teoricamente, até 128 usuários, é indicada a utilização até 32 ONUs por porta do OLT. Isso se deve à possibilidade de suporte para a sobreposição da transmissão de vídeo por RF Overlay em broadcast num comprimento de

# Redes Ópticas Passivas

onda separado (1.550 nm). Para distâncias de acesso local abaixo de 20 km pode ser estimada uma taxa de divisão de 1:64, lembrando sempre que quanto maior for a taxa de divisão, menor será a capacidade dedicada para cada usuário final.
A Figura 5.19 mostra a arquitetura GPON.

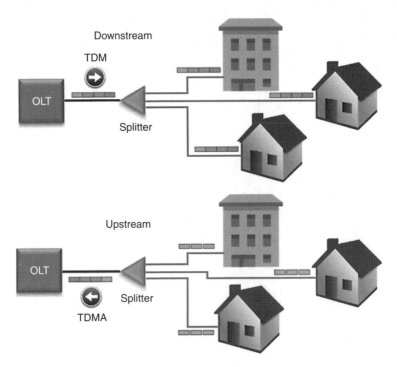

**FIGURA 5.19** Arquitetura GPON.

A Tabela 5.9 apresenta um comparativo com as principais características das arquiteturas APON/BPON, GPON e EPON.

Na EPON, os dados são transmitidos em pacotes de comprimento variável de 64 bytes até 1.518 bytes, e, na GPON, de 53 bytes até 1.518 bytes.

Na APON, os dados são transmitidos em células de comprimento fixo de 53 bytes, sendo 48 bytes de carga útil e 5 bytes de cabeçalho, como especificado pelo protocolo ATM (ATM estabelece uma faixa fixa de células sobre os pacotes de comprimento variável IP e, devido ao tamanho do cabeçalho, há necessidade de transmitir um número maior de bytes que se traduz em perda de eficiência). Por outro lado, na EPON, todas as ONU/ONTs pertencem ao mesmo domínio de colisão, já que todos os pacotes de dados de diferentes unidades ópticas são transmitidos simultaneamente, havendo a possibilidade de colisão (necessita de mecanismos de controle de colisão eficientes). Portanto, a EPON apresenta eficiência mais baixa quando comparada a APON e a GPON.

**TABELA 5.9** Quadro comparativo das arquiteturas APON/BPON, GPON e EPON

| Características | APON/BPON | GPON | EPON |
|---|---|---|---|
| Recomendação | ITU-T G.983 | ITU-T G.984 | IEEE 802.3ah (1 Gbps) IEEE 802.3av (10 Gbps) |
| Tamanho de células do pacote de dados | 53 bytes | Variável de 53 bytes até 1.518 bytes | Variável de 64 bytes até 1.518 bytes |
| Transmissão em downstream | 155, 622 Mbps e 1,2 Gbps | 155, 622 Mbps e 1,2, 2,5Gbps | 1,25 Gbps, 10,3 Gbps |
| Transmissão em upstream | 155, 622 Mbps | 155, 622 Mbps e 1,2, 2,5 Gbps | 1,25 Gbps, 10,3 Gbps |
| Protocolo | ATM | Ethernet over ATM/IP ou TDM | Ethernet e TDM |
| Vídeo | RF em 1.550 nm ou IP em 1.490 nm | RF em 1.550 nm ou IP em 1.490 nm | Vídeo sobre IP |
| Comprimento de onda downstream | 1.490, 1.550 nm | 1.490 nm | 1.490, 1.550 nm |
| Comprimento de onda upstream | 1.310 nm | 1.310 nm | 1.310 nm |
| Alcance | < 20 km | < 20 km (físico) < 60 km (lógico) | < 20 km |
| Taxa de divisão | 1:32 | 1:32; 1:64; 1:128 | 1:16; 1:32 |
| Orçamento de potência | −13 dB (mín) até −28 dB (máx) com 1:32 | −13 dB (mín) até −28 dB (máx) com 1:32 | |
| Largura de banda média por usuário | 20 Mbps | 40 Mbps | 60 Mbps |
| Custo de implantação | Baixo | Médio | Baixo |
| Suporta voz | Sim | Sim | Sim |
| Usuários na PON | 32 | 64 | 16/32 |
| Segurança | Sim | Sim | Sim |
| Eficiência (%) | 72 | 92 | 49 |

Redes Ópticas Passivas

A GPON apresenta maior eficiência quando comparada com as outras tecnologias, devido a um conceito de encapsulamento mais flexível, uma manutenção do suporte TDM original, o que a torna ideal para uso na infraestrutura de redes de transporte ópticas. Notadamente, os benefícios da tecnologia GPON estão na solução para serviços triple-play, que permitem a entrega de internet de banda larga, vídeo on demand, VOIP e serviços de IPTV.

## 5.5. PONS DE PRÓXIMA GERAÇÃO

O rápido crescimento do tráfego da internet, impulsionado principalmente pelos novos serviços multimídia em banda larga, exigem redes de acesso capazes de lidar com maiores taxas de dados e oferecer melhor qualidade nos serviços agregados. Por contarem com essas características, as redes de acesso ópticas passivas estão cada vez mais presentes nas topologias de acesso, permitindo alta capacidade de transmissão, escalabilidade, transparência e novas facilidades de configuração e gerenciamento.

As chamadas PON de próxima geração, ou Next-gen PON, demostram uma tendência para a transmissão com largura de banda agregada em 40 Gbps, ou superior, e incluem serviços de gerenciamento de banda e facilidade no uso múltiplo de banda larga, transporte de informação ao longo da rede com controle da qualidade de serviço (Quality of Service – QoS), sendo que as funções de gerência tramitam junto com a rede, independentes do tráfego de dados. Os diversos serviços podem ser providos aos usuários com total mobilidade, sem qualquer restrição e com a garantia de estarem disponíveis onde necessário.

A utilização da comunicação de dados, voz e vídeo (triple play) em um mesmo canal é um ponto de evolução proposto como conceito para essas novas redes.

Entretanto, uma questão fundamental para o desenvolvimento de PONs de próxima geração capazes de suportar taxas elevadas de divisão está no nível de multiplexação exigido para lidar com todos os fluxos de dados das conexões individuais transportados pelo enlace óptico. Essas redes incluem novos desenvolvimentos, utilizando diferentes técnicas de multiplexação dos sinais ópticos.

A Figura 5.20 apresenta um resumo do desenvolvimento e esforços de padronização das arquiteturas PON de próxima geração.

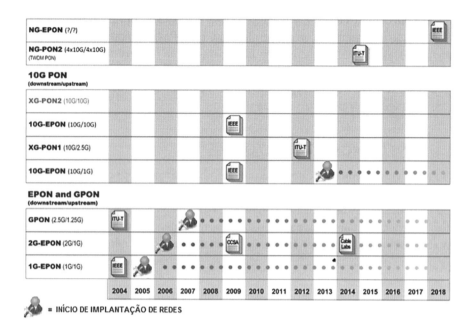

**FIGURA 5.20** Evolução dos padrões Next-gen PON.

## 5.5.1. XG-PON1

A arquitetura XG-PON1, parte integrante das tecnologias definidas como NG-PON1, fornece velocidades assimétricas de 10 Gbps, no sentido de downstream, e 2,5 Gbps, no sentido de upstream, conforme descrito no padrão ITU G.987, ratificado em 2010. Herdou a formatação de quadros e a camada de controle da GPON, disponibilizando novos tipos de serviços com maiores taxas de transmissão e com grau de divisão superior. Isso adicionou maiores funcionalidades e maiores taxas de transmissão para as redes de acesso óptico, sem aumentar a complexidade dos protocolos.

Por exemplo, para que as arquiteturas GPON e XG-PON coexistam na mesma rede, é necessária a adição de um acoplador óptico localizado na estação central. Este componente foi especificado como WDM1r na recomendação ITU G.984.5.

O FSAN selecionou os comprimentos de onda para downstream de 1.575 nm a 1.580 nm e, para upstream, de 1.260 nm a 1.280 nm. Com a adição do combinador WDM1r, uma perda foi adicionada ao orçamento de potência, resultando em valores na ordem de 29 dB. Além disso, XG-PON1 especifica 31 dB, 33 dB e 35 dB como orçamentos de potência óptica opcionais.

Um problema para a adoção de GPON e XG-PON1 na mesma infraestrutura de rede é a existência (ou melhor, a inexistência) de filtros de bloqueio dos comprimentos de onda nos ONTs instalados no usuário. ONTs GPON apresentam um filtro integrado para eliminar a interferência de comprimentos de onda XG-PON1.

# Redes Ópticas Passivas

No entanto, alguns ONTs mais antigos podem não ter este filtro e os provedores necessitarão instalar filtros externos junto aos ONTs para garantir a coexistência das tecnologias.

### 5.5.2. XG-PON2

A arquitetura XG-PON2 visa aumentar a capacidade das PONs para 40 Gbps, no sentido de downstream, e 10 Gbps, no sentido de upstream. Neste caso, múltiplos sistemas de XG-PON1 operam em diferentes comprimentos de onda, em esquema DWDM, para que possam ser "empilhados" na mesma fibra física. A tecnologia é baseada na rede óptica de distribuição (ODN) transparente, a fim de coexistir com GPON e XG-PON1, podendo suportar até 80 Gbps (8 comprimentos de onda) x 10 Gbps (capacidade por comprimento de onda).

A XG-PON2 permite aos provedores de serviços colocarem diferentes tecnologias de redes ópticas passivas na mesma rede de distribuição. A coexistência é assegurada por um elemento passivo, o chamado elemento de coexistência (CE), que combina e/ou divide os diversos comprimentos de onda associados com cada uma das tecnologias (Figura 5.21).

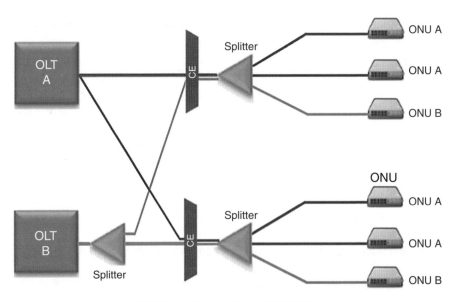

**FIGURA 5.21** Arquitetura XG-PON2.

### 5.5.3. 10 G-GPON

A arquitetura 10 G-GPON faz parte das tecnologias XG-PON1 e teve seu padrão ratificado pelo ITU-T, em junho de 2010. O modelo segue a especificação

ITU-G.987, com taxas de transferência de 2,5 Gbps e 10 Gbps com comprimentos de onda de 1.490 nm e 1.577 nm, no sentido downstream, e 1.310 nm (2,5 Gbps) e 1.270 nm (10 Gbps), no sentido de upstream (Figura 5.22).

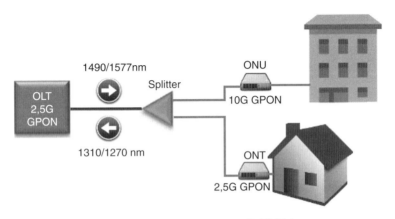

**FIGURA 5.22** Arquitetura 10G-GPON.

### 5.5.4. 10 G-EPON

A arquitetura 10 G-EPON, ratificada em setembro de 2009, segue a especificação IEEE 802.3av. Foi desenvolvida com o objetivo de manter a compatibilidade com o modelo EPON existente.

Para garantir esta compatibilidade, é usado um comprimento de onda de luz no sentido de downstream acima do utilizado para vídeo, de modo que o sinal possa ser recebido pelas ONUs sem que seja necessário substituir os dispositivos dos usuários.

No sentido de upstream, a multiplexação TDM garante a coexistência entre EPON e o modelo 10 G-EPON, ou seja, todas as ONUs se comunicam simultaneamente e o OLT executa a comutação do sinal para o equipamento apropriado. Esse modelo de PON pode ser implementado em modo simétrico (10 Gbps para downstream e upstream), ou assimétrico (10 Gbps para downstream e 1 Gbps para upstream).

O gerenciamento da rede óptica é feito por meio do protocolo MPCP (Figura 5.23).

São características da arquitetura:

- **Sentido de downstream de dados:** comprimento de onda 1.490 nm para curtas distâncias e 1.577 nm para longas distâncias, com taxa de transferência de 10 Gbps.
- **Sentido de upstream de dados:** comprimento de onda de 1.310 nm e taxa de transferência de 1 Gbps ou 10 Gbps.

# Redes Ópticas Passivas

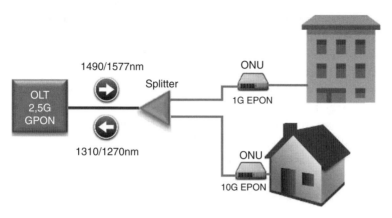

**FIGURA 5.23** Arquitetura 10G-EPON.

## 5.5.5. WDM-PON

Na arquitetura Wavelength Division Multiplexing Passive Optical Network (WDM-PON), padronizada pelas normas G.694.1 (DWDM) e G.694.2 (CWDM) do ITU-T, cada terminal óptico recebe um canal separado com comprimento de onda distinto, por meio de um demultiplexador de comprimento de onda passivo no local de divisão da PON. Essa transmissão paralela da informação em diferentes comprimentos de onda permite uma melhor ocupação das fibras existentes e, neste caso, a capacidade da rede de alimentação da PON é compartilhada com maior segurança por mais usuários.

A técnica WDM permite que vários canais TDM sejam multiplexados em uma única fibra, aumentando a capacidade de transmissão do sistema. A topologia lógica da rede é ponto a ponto e reúne múltiplos comprimentos de onda, tanto no sentido de downstream como no sentido de upstream.

Tecnicamente, o WDM-PON pode ser implementado em duas versões básicas:

- Com a subdivisão de toda a potência óptica, como ocorre na PON tradicional.
- Através da subdivisão pela seleção dos comprimentos de onda individuais.

Isto significa reunir numa mesma fibra vários comprimentos de onda diferentes, cada um gerado por uma fonte distinta. Na primeira versão, a potência óptica é subdividida para todas as ONU/ONTs e cada uma recebe um comprimento de onda específico. Na segunda versão, existe um filtro óptico (chamado Arrayed Waveguide Grating – AWG) na entrada, sendo que a luz é separada pelo seu espectro e novamente reunida em outro estágio.

No transmissor, múltiplos comprimentos de onda de luz são misturados e enviados. No receptor, os sinais são novamente separados e cada ONU possui um comprimento de onda reservado para se comunicar com o OLT. As redes WDM-PON utilizam comprimentos de onda de 1.500 nm, no sentido de downstream, e 1.310 nm, no sentido de upstream. Em cada janela, a separação dos comprimentos de onda se dá por WDM denso (tipicamente, de 100 GHz).

WDM-PON permite que diferentes ONUs possam operar em diferentes taxas de bits. Logo, diferentes serviços podem ser oferecidos numa mesma rede. A arquitetura pode seguir duas estruturas: broadcast ou AWG.

Em broadcast, o OLT transmite todos os comprimentos de onda na fibra óptica e, pelos splitters, todas as ONUs recebem o sinal, mas fazem uma filtragem para processar apenas a frequência destinada a ela. No AWG, um roteador é responsável pelo roteamento do sinal óptico de determinada porta de entrada para uma porta específica na saída, baseado no comprimento de onda do sinal. Uma fonte de múltiplos comprimentos de onda no OLT é usada para transmitir os comprimentos de onda que serão roteados para as diversas ONUs (downstream).

No sentido de upstream, o OLT é equipado com um demultiplexador WDM para receber os comprimentos de onda das ONUs (Figura 5.24).

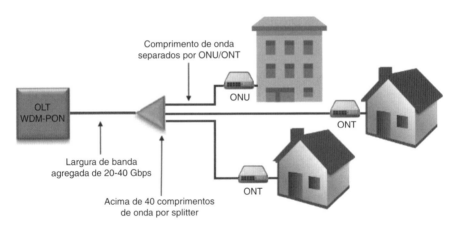

**FIGURA 5.24** Arquitetura WDM-PON.

### 5.5.6. TWDM-PON

A arquitetura Time Wavelength Division Multiplexing Passive Optical Networking (TWDM-PON) segue as recomendações ITU-T G.989. É parte integrante das arquiteturas NG-PON2, combinando a abordagem WDM-PON com o suporte do GPON para vários usuários em cada comprimento de onda. Fornece quatro ou mais comprimentos de onda por fibra, cada uma capaz de entregar taxas de bits simétricos ou assimétricos de 10 Gbps ou 2,5 Gbps. Além disso, permite um crescimento escalar da rede e a convergência fixo-móvel.

A arquitetura poderá ser usada no projeto das novas redes de acesso ópticas e, inclusive, na modernização dos sistemas PON atuais, permitindo o compartilhamento dos recursos das redes FTTx existentes (Figura 5.25).

# Redes Ópticas Passivas

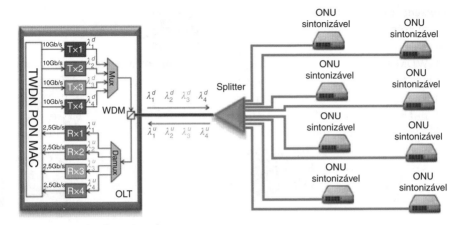

**FIGURA 5.25** Arquitetura TWDM-PON.

## 5.6. REDES ATIVAS *VERSUS* REDES PASSIVAS

Na sua forma mais básica, uma rede com fibras ópticas irá conter elementos ópticos ativos e passivos. Os componentes ativos podem ser localizados no CO, nos pontos terminais nas instalações do usuário e nos repetidores, switches e outros equipamentos localizados no caminho de transmissão entre o CO e o usuário final. Muitos desses dispositivos podem ser configurados localmente ou de forma remota. Eles são usados para funções tais como: acoplamento de luz; redirecionamento do sinal para outro caminho de transmissão; para dividir o sinal em dois ou mais ramos da rede; amplificando a potência do sinal óptico; e no processamento da informação contida no sinal.

As redes ópticas ativas (Active Optical Network – AON) diferem das redes ópticas passivas por precisarem de equipamentos ativos no ponto de distribuição (switches, roteadores etc.), sendo necessária a alimentação e proteção elétrica desses equipamentos. As topologias podem ser ponto a ponto, em que a fibra é dedicada ao usuário final, ou ponto a multiponto, que necessitam de equipamentos ativos no ponto de distribuição (Figura 5.26).

Em contraste com as redes ativas convencionais, uma rede óptica passiva não apresenta componentes ativos entre o CO e as instalações do usuário. Os componentes ópticos são totalmente passivos e colocados no enlace de transmissão entre o CO e o usuário final.

Diversos elementos compõem a rede óptica e incluem conectores, divisores, acopladores, cabos de fibra óptica, cabos drop, cabos de ligação. Os componentes não ópticos incluem pedestais, armários, distribuidores ópticos, ferragens para postes e dutos, patch panels etc.

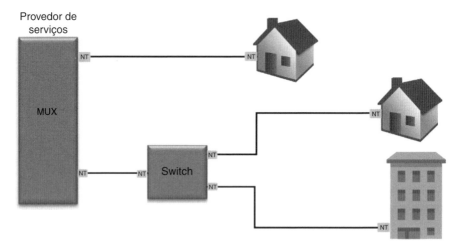

**FIGURA 5.26** Topologia AON.

## 5.7. APLICAÇÕES PON

A principal vantagem das redes ópticas passivas, relativamente às redes ópticas ativas, está no fato de não existirem equipamentos ativos entre a central do provedor de serviços e o equipamento do usuário final, não sendo necessária energia elétrica na rede de distribuição. Por esse motivo, o projeto de redes passivas é mais simples e financeiramente mais atrativo que projetos de redes ativas.

Redes ativas também introduzem latência, comparativamente a PON, uma vez que a informação recebida nos equipamentos ativos não é enviada diretamente para todos os usuários, sendo necessária a conversão eletro-óptica dos sinais e vice-versa.

Dentre as aplicações de redes PON em estruturas tipicamente ativas destacamos:

### 5.7.1. PON em LAN

Um dos grandes desafios dos integradores e demais profissionais envolvidos no projeto de redes é estender a transmissão óptica em rede local de computadores usando soluções que viabilizem, técnica e financeiramente, o projeto da infraestrutura e seguindo as premissas dos padrões de sistemas de cabeamento estruturado. Um projeto como esse deve contemplar no seu escopo o compartilhamento da capacidade de transmissão da fibra óptica entre todos os usuários e a amortização dos custos relacionados com a compra de equipamentos, mediante ganho em escala no atendimento das demandas dos participantes e pela diversificação dos serviços ofertados na rede.

# Redes Ópticas Passivas

Redes locais de computadores (LAN) que utilizam em sua infraestrutura o cabeamento metálico ainda apresentam algumas limitações na sua capacidade de transmissão, bem como nas distâncias que conseguem cobrir. Considerando tais fatores, é possível atender às necessidades atuais e futuras da rede local usando uma solução baseada em redes ópticas passivas.

As redes ópticas passivas para redes locais (Passive Optical LAN – POL) consistem, basicamente, na substituição da solução tradicional em cabos de cobre e switches pela utilização de fibra óptica e splitters. Uma rede óptica passiva sobre LAN é, por natureza, uma rede PON que contempla um misto de topologias de acordo com uma estratégia de cobertura devidamente delineada e com grande flexibilidade na arquitetura, podendo ser adaptada conforme a necessidade de cada projeto. Por exemplo, usando uma topologia ponto a multiponto entre o núcleo da rede e as respectivas áreas de trabalho, teremos apenas elementos ópticos passivos que viabilizam muitas opções de configuração (Figura 5.27).

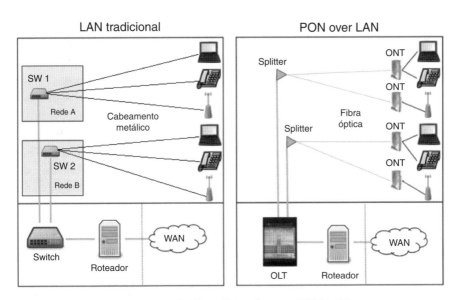

**FIGURA 5.27** LAN tradicional *versus* PON LAN.

Uma estrutura da rede local com menor número de elementos permite que todos os equipamentos ativos fiquem acondicionados nas salas de equipamentos, ou ambientes similares, o que traz diversas vantagens técnicas, econômicas e também "verdes". Entre estas vantagens, podemos citar melhorias quanto a disponibilidade e confiabilidade da rede, apreciável redução no uso de materiais, redução no consumo de energia e menor ocupação de espaços.

Outro ponto relevante é a viabilização de projetos em âmbito metropolitano, com extensões de redes até 20 km sem a necessidade de inserir qualquer tipo de equipamento ativo entre o núcleo da rede e os segmentos atendidos, simplificando bastante a infraestrutura das salas de telecomunicações. Além disso, a estruturação da rede em fibra óptica permite suportar mudanças de tecnologia sem necessidade de alterações na infraestrutura de cabeamento.

Redes PON reduzem significativamente o custo de projeto, instalação e operação, e os equipamentos disponíveis atuais oferecem funcionalidades de gerenciamento que atendem plenamente às necessidades das redes locais de computadores. Toda a informação é transmitida de modo bidirecional numa única fibra. Utilizam-se três comprimentos de onda diferentes: um no sentido de downstream, operando na janela 1.490 nm, outro no sentido de upstream, na janela de 1.310 nm, e um terceiro comprimento de onda, na janela de 1.550 nm, no sentido de downstream, transportando sinal de vídeo aos usuários.

A informação no canal de distribuição (downstream) é transmitida em modo broadcast, isto é, é transmitida para todos os elementos da rede, porém está acessível somente ao usuário destinatário e, para maior privacidade, seu conteúdo é criptografado. No canal de retorno (upstream), a transmissão é realizada utilizando o protocolo de acesso múltiplo TDMA, em que cada elemento da rede tem um período específico para transmitir. Isso permite que um mesmo canal de transmissão (comprimento de onda) seja compartilhado por vários usuários.

### 5.7.2. PON em rodovias

O tráfego de informações em tempo real é um fator de grande relevância para aumento da produtividade, redução de perdas, retrabalho, otimização de recursos e diminuição de horas paradas, em qualquer atividade. Com as rodovias não é diferente e um estado de conservação adequado, com a presença de facilidades de operação e segurança para seus usuários são fundamentais para a economia e o meio ambiente. Rodovias com conservação deficiente aumentam o custo de manutenção da infraestrutura e dos veículos, além do consumo de combustível, lubrificantes etc. Também existem as questões referentes aos "pontos críticos", ou seja, as situações atípicas que ocorrem ao longo da rodovia e que podem trazer riscos à segurança dos usuários, além de custos adicionais de operação, devido à possibilidade de dano aos veículos, aumento do tempo de viagem ou elevação da despesa com combustíveis.

Os sistemas de automação em rodovias geralmente operam por meio de vários equipamentos interligados por uma rede em fibra óptica. Através dessa rede, o CCO (Centro de Controle Operacional) da concessionária pode: monitorar a rodovia, acionar recursos de reparo mecânico, controlar o tráfego, socorrer em caso de acidentes, atender chamadas de emergência, atualizar condições do tempo e de tráfego etc.

Considerando a capacidade de transmissão de informações da fibra óptica, que oferece qualidade e desempenho superior em grandes distâncias e elevadas taxas

Redes Ópticas Passivas

de transmissão, superando o cabeamento metálico, as infraestruturas de redes ópticas implantadas (ou a implantar) nas rodovias podem lançar mão da tecnologia PON, que permite otimizar a ocupação dos cabos ópticos, possibilitando um investimento menor e criando a disponibilidade de fibras para futuros projetos.

O uso de PON permite melhor interoperabilidade entre as diversas aplicações, como integração com os sistemas de monitoramento por câmeras, radares de velocidade, contagem de veículos, painéis de mensagens, rotinas de praças de pedágio, entre outras facilidades. A rede de fibra é igualmente aproveitada em aplicações específicas, como sistemas de atendimento de emergência (sistemas call box), atendimento privativo da polícia rodoviária, entre outras.

Ao se optar pelo uso de PON numa rede óptica existente, pode-se aumentar a disponibilidade da largura de banda sem que a rede de fibra óptica seja alterada. Neste caso, outra possibilidade oferecida por redes ópticas passivas é a negociação da capacidade ociosa junto aos operadores de telecomunicações, a título de tráfego de informações, visando interligação de centrais de telefonia fixa e móvel e também como redundância aos sistemas de comunicação de dados para empresas privadas e ISPs. Por esse motivo, as redes que utilizam a fibra óptica são chamadas de redes à prova do futuro.

### 5.7.3. PON em redes industriais

No caso das redes industriais, muitos sistemas com características de operação diferentes foram desenvolvidos para possibilitar o controle, a supervisão e o gerenciamento do processo industrial, e os meios físicos de transmissão estão relacionados com o cabeamento utilizado para a interconexão dos dispositivos. Como estratégia de evolução tecnológica, o cabo óptico pode se firmar como uma solução de grande potencial para as redes locais.

O acréscimo de serviços numa PON para o ambiente industrial é relativamente simples. A principal vantagem da arquitetura está na redução dos custos de implantação e de manutenção, pela ampliação da largura de banda disponível, sem a necessidade de aumento no número de componentes ativos na rede. Trata-se, pois, de uma solução que permite levar a fibra óptica até a sala de controle, o chão de fábrica ou a estação de trabalho com um custo inferior ao das redes locais tradicionais baseadas em cabeamento metálico.

Como benefícios adicionais do emprego da tecnologia em ambientes industriais, tem-se: manutenção mais simples, custos de operação mais baixos e flexibilidade do gerenciamento quase ilimitada. A proteção do investimento, bem como o desembolso de manutenção, pode ser drasticamente reduzida. A solução de redes ópticas passivas deve possibilitar a redução de investimentos na operação e manutenção de redes locais industriais. Esta redução de investimentos é possível porque se eliminam ativos de rede intermediários, como roteadores e equipamentos de borda, e se diminuem os gastos com energia e pessoal para manutenção e operação, em razão da centralização dos ativos da rede em um único ponto. Além disso, simplifica-se a arquitetura das redes, desde o mapeamento até a lógica e a distribuição, com gerenciamento simples e, ao mesmo tempo, recursos avançados (Figura 5.28).

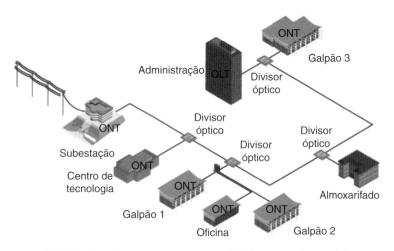

**FIGURA 5.28** Exemplo de aplicação PON em área industrial.

# Capítulo 6

# Redes FTTx

FTTx é o acrônimo para o termo em inglês Fiber to the X, onde "X" é a letra que indica o quão perto do usuário final está a fibra óptica. A tecnologia designa arquiteturas de redes ópticas baseadas em padrões internacionais, capazes de sustentar a evolução das tecnologias que ocorrem na infraestrutura física das redes de comunicação.

FTTx é usada na transmissão de dados com alto desempenho e pode reduzir significativamente o custo de escalabilidade, expansão e gerenciamento de uma rede de comunicação com conectividade em banda larga para residências, prédios e empresas.

## 6.1. CONEXÕES EM REDES FTTx

A tecnologia FTTx envolve a introdução de fibra óptica nas redes de telecomunicações para a distribuição de serviços. A interligação entre o usuário e a rede de distribuição pode ser feita por meio de diferentes configurações físicas. Tais configurações podem ser divididas quanto à conexão em dois tipos básicos:

- **Ponto a ponto:** cada fibra óptica é dedicada exclusivamente entre a central de equipamentos e um usuário específico.
- **Ponto a multiponto:** proporciona o compartilhamento de uma única fibra óptica entre a central de equipamentos e diferentes usuários.

Quanto à forma de conexão entre os elementos constituintes, podemos classificar as redes passivas em três topologias:

- **Topologia em anel** – As ONUs se interligam formando um barramento óptico, no qual as ONUs das extremidades são interligadas ao OLT. Cada ONU funciona como um derivador óptico ativo. A vantagem desta topologia é a redundância da rede no caso de falhas (Figura 6.1).

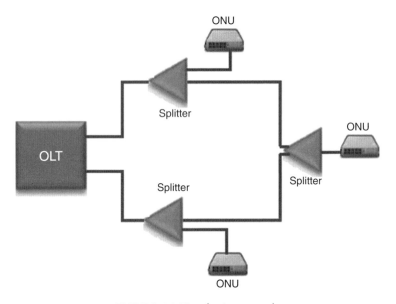

**FIGURA 6.1** Topologia em anel.

- **Topologia em árvore** – As ONUs são conectadas a um OLT por um único derivador e o fator de derivação no derivador cria o número de subsegmentos para cada fibra óptica. Esta topologia é empregada quando as ONUs estão distantes do OLT ou estão agrupadas em uma mesma região (Figura 6.2).

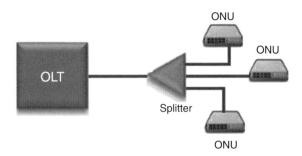

**FIGURA 6.2** Topologia em árvore.

# Redes FTTx

- **Topologia em barramento** – As ONUs são conectadas a um OLT por um segmento de fibra óptica que recebe vários derivadores passivos. A utilização desta topologia se aplica de forma contrária à topologia em árvore, já que entre o OLT e a última ONU existem outras ONUs com distâncias relativamente curtas entre uma e outra. (Figura 6.3).

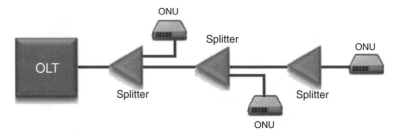

**FIGURA 6.3** Topologia em barramento.

Convém ressaltar que uma rede PON pode utilizar topologias mistas, de acordo com a estratégia de implantação e de flexibilidade do projeto da rede.

## 6.2. ARQUITETURA FTTx TÍPICA

A Figura 6.4 apresenta uma arquitetura típica de rede FTTx. No Central Office (CO), ou central de equipamentos, convergem os serviços da rede pública de telecomunicações e os serviços de internet, que são interligados com a rede óptica por meio do OLT.

No OLT, os comprimentos de onda de downstream (sentido do usuário), de 1.490 nm, e upstream (sentido do CO), de 1.310 nm, são usados para transmitir dados e voz. Serviços de vídeo são convertidos para o formato óptico no comprimento de onda de 1.550 nm e sinais de IPTV, no comprimento de onda de 1.490 nm.

A rede de alimentação transporta os sinais ópticos entre o CO e os divisores ópticos (splitters), passando por pontos de concentração e distribuição de sinais na rede (NAP) que permitem que determinado número de terminais possa ter acesso aos serviços de rede via fibra óptica. Neste caso, um terminal óptico é necessário para cada usuário, fornecendo as conexões necessárias para os diferentes serviços (voz, dados e vídeo).

Em algumas situações, não é possível atender ao usuário diretamente com a fibra óptica. Neste caso, a fibra termina em uma unidade óptica externa (ONU) e, a partir deste ponto, outras mídias que ofereçam largura de banda suficiente para os serviços, em curtas distâncias, são usadas para a conexão final com a rede do usuário (cabo coaxial, par trançado, radiofrequência).

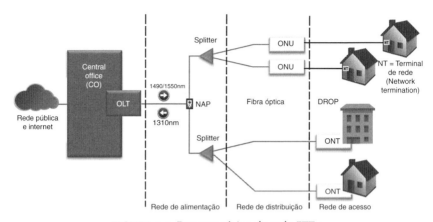

**FIGURA 6.4** Estrutura típica de rede FTTx.

## 6.3. MODALIDADES FTTx

A estratégia das redes ópticas passivas é levar a fibra óptica o mais próximo possível do usuário final e, consequentemente, reduzir a extensão não óptica da rede de acesso. Instalar a fibra óptica até o local onde se encontra o usuário traz inúmeras vantagens, como largura de banda praticamente ilimitada e provimento de serviços que necessitam de altas bandas de transmissão.

O ponto específico no qual a fibra óptica chega (Network Termination – NT) e ocorre a transição para uma rede não óptica determina onde o equipamento óptico (ONT ou ONU) será instalado, e origina algumas variações na topologia FTTx, com o "x" assumindo diferentes designações.

### 6.3.1. FTTCab – Fiber to the Cabinet

Na modalidade de fibra até o armário (Fiber to the Cabinet – FTTCab), temos o equipamento óptico (ONU) localizado em armário de distribuição intermediário externo (Figura 6.5), ou em pedestal junto ao passeio público, que se constitui no NT. Todos os equipamentos instalados devem apresentar uma construção robusta, tendo em vista as grandes variações de temperatura e climáticas às quais estarão sujeitos.

**FIGURA 6.5** Exemplo de armário óptico.

Redes FTTx

**167**

Deste ponto intermediário, uma rede não óptica segue na direção da rede situada no usuário final, em distâncias não superiores a 300 m.

### 6.3.2. FTTC – Fiber to the Curb

Na modalidade de fibra até o meio-fio (Fiber to the Curb – FTTC), a fibra é terminada em armário ou caixa de distribuição intermediária, geralmente responsável pelo atendimento de uma pequena região (rua, conjunto de ruas etc.), na área de um quarteirão. A partir deste ponto, a rede de acesso no sentido do usuário utiliza uma rede não óptica, normalmente tecnologia xDSL ou cabo coaxial.

O FTTC pode ser uma escolha de tecnologia atraente em áreas com instalações residenciais, comerciais ou com pequenas indústrias já existentes. Neste caso, a caixa de distribuição com a unidade óptica (ONU) está situada junto aos postes de telefonia pública ou da concessionária de energia elétrica, e a rede não óptica que atenderá aos usuários tem um alcance nunca superior aos 300 m, normalmente em torno dos 100 m, acompanhando as recomendações para as redes locais de computadores.

O FTTC é uma solução intermediária, de baixo custo para redes de provedores ISP. O atendimento com FTTC pode reduzir o custo de ativação por cliente entre 50% a 60%, em relação ao FTTH. Entretanto, tecnicamente, também pode ocasionar uma redução de desempenho. Considerando-se que numa rede FTTH típica há planos de acesso com velocidades entre 50 Mbps e 200 Mbps, isto não ocorre com redes híbridas com FTTC, nas quais é possível ofertar velocidades até 50 Mbps por usuário.

### 6.3.3. FTTP – Fiber to the Premises

Na modalidade de fibra até as instalações (Fiber to the Premises – FTTP), a unidade óptica (ONT) é instalada no interior do ambiente do usuário, condição em que a rede de acesso está constituída totalmente por fibra óptica até a terminação da rede (NT).

É possível distinguir quatro modalidades distintas para FTTP: a fibra até a residência (Fiber to the Home – FTTH), a fibra até o prédio (Fiber to the Building – FTTB), a fibra até o apartamento (Fiber to the Apartment – FTTA) e a fibra até o escritório (Fiber to the Desk – FTTD).

O que distingue uma modalidade da outra é o ponto de terminação da rede de fibra óptica nas dependências do usuário: em FTTH, FTTA e FTTD, a fibra óptica chega até o usuário final, enquanto no FTTB, a conexão por fibra chega até um ponto intermediário na entrada do prédio, seja ele comercial ou residencial, sendo depois necessária a utilização de outras soluções de conectividade de rede, normalmente em cabeamento estruturado, até a chegada ao usuário final.

## 6.3.4. FTTH – Fiber to the Home

Na modalidade fibra até a residência (Fiber to the Home – FTTH), a fibra óptica é levada ao interior da residência do usuário, substituindo os cabos de cobre ou coaxiais.

A rede óptica de distribuição termina numa caixa de terminação óptica (CTO) com suporte para adaptadores ópticos. Esta caixa é preparada para receber splitters ou conectores do cabo drop óptico que vai para o interior da residência do usuário. Entre o cabo drop e a rede interna do usuário pode ser utilizado um bloqueio óptico interno (Fiber Optic Block – FOB) ou um ponto de terminação óptica de assinante (PTO ou TOA) para realizar a transição do drop óptico para o cabeamento interno no usuário. Essa transição ocorre através de conector óptico e um cordão óptico que estabelece a conexão com o ONT no usuário.

Convém salientar que este tipo de abordagem, normalmente, gera maior custo e consome maior tempo para instalação pelos prestadores de serviços de telecomunicações, uma vez que envolve a instalação de cabeamento e acessórios ópticos nas dependências do usuário. Talvez devido a esse fator a ampliação de serviços FTTH tenha se centralizado em áreas urbanas, com maior concentração de edificações habitáveis do que na área rural, onde há menor demanda e, portanto, os custos de construção da infraestrutura óptica são muito mais altos.

Outro desafio no projeto de redes FTTH diz respeito à distribuição dos splitters, em termos de posicionamento ao longo do enlace óptico e sua razão de divisão, uma vez que a atenuação desses componentes determina significativamente o alcance máximo da rede. Numa PON, quanto maior a razão da divisão óptica, maior o custo de transmissão para cada OLT, custo que é subdivido entre todas as ONU/ONTs da rede.

A razão da divisão de potência afeta diretamente as taxas de transmissão e, no caso de utilização de razões de divisão altas, há a necessidade de transmissores com maior potência e receptores de mais alta sensibilidade. Alguns estudos apontam que a relação ideal de divisão para uma rede FTTx é da ordem de 1:40. Esta relação da divisão está diretamente relacionada com a largura de banda de cada ONU/ONT: quanto maior a taxa de divisão, menor será a largura de banda dedicada para cada usuário final. Atualmente, a potência de transmissão em PON está ligada à limitação das tecnologias laser utilizadas nos projetos e aos requisitos de segurança normatizados pelas autoridades de regulação de cada país.

## 6.3.5. FTTB – Fiber to the Building

A modalidade de fibra até o edifício (Fiber to the Building – FTTB) é ideal para atendimento de edifícios comerciais ou residenciais onde o cabeamento óptico tem origem na central da operadora e a fibra óptica chega até um ponto intermediário,

Redes FTTx

existente na entrada da edificação (armário, shaft, sala de equipamentos etc.), atendendo a um condomínio residencial ou comercial, ou mesmo um prédio individual. A partir deste ponto de terminação, o acesso é individual e realizado, normalmente, por meio de uma rede utilizando tecnologia não óptica, em cabeamento estruturado.

Esta solução permite a implantação de rede ponto a ponto ou ponto a multiponto. No ponto de entrada da rede passiva (NT), pode ser instalado um conversor de mídia conectado a um switch na rede interna, responsável pela conversão óptica/elétrica/óptica dos sinais provenientes da rede externa.

O switch é o equipamento responsável pela distribuição dos sinais através da infraestrutura de cabeamento estruturado nos diversos andares até os terminais de rede destinados para cada usuário.

### 6.3.6. FTTA – Fiber to the Apartment

Na modalidade de fibra até o apartamento (Fiber to the Apartment – FTTA), a rede óptica passiva adentra o edifício comercial ou residencial chegando até uma sala de equipamentos. A partir deste ponto, o sinal passa por divisores ópticos passivos situados no interior da edificação e, posteriormente, é encaminhado por cabos drop, através da prumada do prédio, para cada sala ou apartamento individualmente, ou seja, cada usuário será atendido por uma única e exclusiva fibra óptica.

### 6.3.7. FTTAnt – Fiber to the Antenna

Na modalidade de fibra até a antena (Fiber to the Antenna – FTTAnt), a fibra óptica é usada na comunicação de equipamentos situados em torres para telecomunicações. Isto é especialmente interessante para as novas tecnologias em redes celulares e sistemas de rádios micro-ondas que utilizam conexões em fibra óptica, além de cabos metálicos.

### 6.3.8. FTTD – Fiber to the Desk

Na modalidade de fibra até o escritório (Fiber to the Desk – FTTD), a rede óptica passiva é utilizada onde a demanda por banda de transmissão em aplicações de videoconferência, e mesmo de internet, exige uma capacidade adicional para as redes de comunicação. Trata-se de uma arquitetura usada, principalmente, nas redes locais de computadores (LAN) e que permite o uso da banda larga para a transmissão de dados, voz e imagem (triple play).

Em julho de 2009, foi reformulada a norma ANSI/TIA-568 para a versão 568-C. Essa reformulação surgiu da necessidade de uma norma comum de referência para projetos de cabeamento que não se enquadram na categoria de edifício comercial típico, residencial, industrial ou data center. Uma das propostas da nova norma ANSI/EIA/TIA-568-C é auxiliar no planejamento de um sistema de cabeamento FTTD utilizando uma distribuição centralizada dos equipamentos. Essa arquitetura de implementação de cabos pode reduzir significativamente o custo de escalabilidade, expansão e gerenciamento da rede local utilizando fibras ópticas, pois implementa uma estrutura onde os componentes ativos são centralizados.

Aplicações FTTD podem necessitar de extensão do sistema de cabeamento primário a partir da fibra secundária. Nestes casos, o número de fibras no sistema primário deve ser compatível com o número total de fibras do sistema secundário. Em algumas situações, as fibras do sistema secundário podem ser estendidas através dos caminhos normalmente destinados ao sistema primário. Essa possibilidade pode não estar disponível nos casos em que o cabeamento secundário necessite de classificação para uso em subidas ou porque ocupam espaço demasiado nos caminhos primários. Para eles, uma solução alternativa envolve uma conexão cruzada ou a emenda em um cabo com maior número de fibras.

### 6.3.9. FTTF – Fiber to the Feeder

Arquitetura de projeto e implantação de rede HFC (híbrida fibra/coaxial) que considera em sua concepção a rede de fibra óptica levada até um ponto predefinido, agregando ainda uma rede de cabos coaxiais para conectar amplificadores e suportar o canal de retorno para atendimento aos usuários. Aplica-se a mesma filosofia da modalidade FTTN.

### 6.3.10. FTTN – Fiber to the Neighborhood

Na modalidade de fibra até a vizinhança (Fiber to the Neighborhood – FTTN), a rede óptica passiva que sai da central da operadora é conectada diretamente ao equipamento óptico (ONU) em armário externo intermediário, normalmente atendendo a um bairro e situado em distância superior a 300 m dos usuários finais. O sinal, a partir deste ponto, pode ser disponibilizado por meio de cabos coaxiais, cabos metálicos ou outros meios não ópticos.

A Figura 6.6 apresenta um resumo quanto ao ponto transição (PT) entre o cabeamento óptico e a rede não óptica, desde o Central Office até o usuário final.

# Redes FTTx

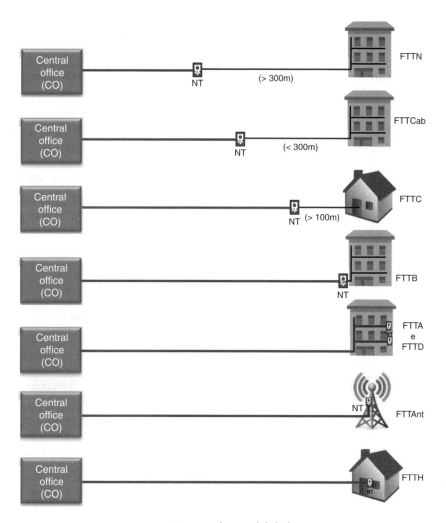

**FIGURA 6.6** Resumo das modalidades FTTx.

## 6.4. MONITORAMENTO DE DESEMPENHO PON

Para oferecer serviços com um alto grau de confiabilidade, os provedores de serviços de telecomunicações necessitam monitorar, de forma contínua, o desempenho e o *status* de todas as partes que compõem a rede. O desempenho da rede é avaliado, basicamente, pela medição continua do BER. As informações obtidas são usadas para garantir que a Qualidade do Serviço (QoS) seja satisfatória e que a rede esteja disponível para uso.

Um importante aspecto das redes em banda larga é sua disponibilidade. Arquiteturas PON são caracterizadas por uma rede de alimentação relativamente longa, cujas ligações com as redes de distribuição e redes de acesso são em estrutura ponto a multiponto, predominantemente. Assumindo-se que a probabilidade da falha em um cabo é proporcional ao seu comprimento, a rede de alimentação é, obviamente, um ponto muito vulnerável. Uma solução para o problema seria uma arquitetura em anel com dupla abordagem. Neste caso, os splitters devem ser ajustáveis para que tanto a fibra em uso como a fibra reserva recebam a potência óptica adequada quando estiverem em funcionamento. No momento em que ocorre a falha no cabo e a fibra principal é desligada, dá-se a comutação da rede e, então, a fibra reserva assume. Considerando que este tipo de comutação de proteção também afeta os comprimentos de enlace entre OLT e as ONUs, questões de controle de potência e atraso de tempo de tráfego nas portas devem ser tratados com protocolos apropriados.

Essa solução acaba se tornando complexa e cara para o que se propõe uma rede passiva. A alternativa pode ser um sistema automático de monitoramento visando reduzir os problemas de manutenção e o tempo de parada da rede óptica, possibilitando a detecção e a solução de problemas como rompimentos e degradação de pontos de emenda com maior rapidez.

Um sistema de monitoramento de desempenho óptico permite a execução de testes de forma automatizada, sob demanda, estando as fibras ópticas em serviço ou não. Permite o gerenciamento e o monitoramento de rede de cabos e fibras ópticas, bem como a localização da falha ou degradação da rede óptica, reduzindo o tempo de indisponibilidade do sistema, seja para reparos corretivos, seja para manobras, reformas ou melhorias na rede óptica. Dessa forma, é possível o gerenciamento de toda a rede óptica, de forma distribuída ou centralizada.

Dependendo da complexidade desejada para o controle da rede e das restrições de projeto, um sistema de monitoramento pode incluir um simples verificador de nível de potência óptica até um sistema mais sofisticado capaz de avaliar dinamicamente as deficiências do sinal sobre o desempenho da rede.

A utilização de dispositivos multiplexadores e isoladores ópticos possibilitam a supervisão das fibras ópticas com tráfego. Através de uma arquitetura cliente-servidor, pontos de supervisão óptica (clientes) supervisionam a rede e um centro de supervisão (servidor) gerencia esses pontos por meio de módulos para supervisão de redes ópticas (backbone e acesso) e de redes com sistemas DWDM.

Um sistema básico é constituído por um OTDR e uma chave óptica, os quais são monitorados por uma unidade controladora que estabelece a comunicação com o centro de supervisão e notifica, via relatórios de alarmes, sobre o *status* da rede que está sendo monitorada. Os perfis de atenuação são levantados pelo OTDR e uma chave óptica proporciona a varredura de várias fibras pelo OTDR de forma sequencial ou não. Como o sistema pode realizar a multiplexação óptica em diferentes comprimentos de onda, a supervisão do sistema óptico poderá usar uma frequência distinta para monitoração, funcionando de forma transparente, ou seja, o tráfego de dados, voz e imagem se dá simultaneamente com os sinais de supervisão, porém sem interferência entre eles.

# Redes FTTx

O sistema de monitoramento deverá usar um maior comprimento de onda para o sinal de supervisão do que o maior comprimento de onda de sinal transmitido. Para melhor desempenho do sistema de monitoramento, geralmente utiliza-se um comprimento de onda na janela óptica imediatamente acima do comprimento de onda do sinal de transmissão, uma vez que os valores de atenuação são mais próximos. Uma opção é o comprimento de onda de 1.625 nm, comprimento de onda designado para a supervisão de redes ópticas (Figura 6.7).

Os dados de um enlace óptico são inseridos num banco de dados quando da conclusão do projeto de construção da rede óptica. As curvas de atenuação levantadas durante a implantação do cabo óptico são memorizadas, acrescentando-se ainda os diversos eventos (reflexivos e não reflexivos) registrados pelo OTDR.

O processo de avaliação da qualidade da fibra óptica é realizado mediante aceitação da rota óptica, através de uma medição de referência. Após esta medição, o usuário cadastra graficamente os pontos de referência ao longo da rota para a rápida localização do ponto de falha ou degradação. Esta referência será então utilizada como comparação para as próximas medições, programadas ou interativas. Caso uma próxima medição ultrapasse os limites determinados por uma "banda de guarda" predeterminada pelo usuário, um alarme é exibido e mostra ao usuário o exato ponto da falha, direcionando-o pelos pontos de referência cadastrados.

Principais características do sistema de monitoramento:

- Reconhecimento automático de alarme e sua visualização
- Identificação da gravidade da falha
- Relatórios personalizados da planta óptica da empresa
- Acompanhamento da degradação na transmissão do sinal
- Diagramas de rotas de transmissão e terminação nas estações
- Histórico de cada cabo com informações das ocorrências verificadas

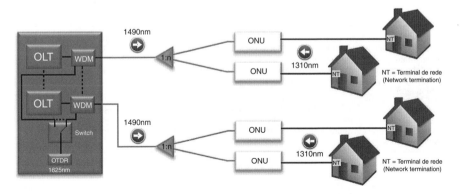

**FIGURA 6.7** Sistema de monitoramento PON.

## 6.5. FIBRAS ÓPTICAS EM FTTx

Existem no mercado diferentes tipos de fibras ópticas monomodo para aplicações em redes de acesso FTTx. Além da fibra monomodo convencional, que segue a recomendação ITU-T G.652.D, existem fibras desenvolvidas especialmente para ambientes que requerem instalação com baixas perdas e com pequenas curvaturas (Bending Loss Insensitive – BLI).

A recomendação ITU-T G.657 define dois tipos básicos de fibras BLI:

- **Tipo A (A1 e A2)** – Apresentam os mesmos parâmetros de transmissão das fibras monomodo convencionais (G.652.D) e são recomendadas para qualquer aplicação de acesso.

- **Tipo B (B2 e B3)** – Recomendadas somente para instalações de curta distância, como instalações internas em edifícios.

Dois parâmetros devem ser considerados: o raio mínimo de curvatura da fibra e a compatibilidade com a fibra monomodo utilizada na rede externa. A Tabela 6.1 apresenta uma comparação de raio mínimo de curvatura e aplicação típica entre fibras monomodo convencionais e os quatro tipos de fibras BLI.

**TABELA 6.1** Comparação entre fibras convencionais e BLI

| Norma ITU-T | Raio mínimo de curvatura (mm)[1] | Aplicação típica[2] |
|:---:|:---:|:---:|
| G.652.D | 30 | Uso geral |
| G.657.A1 | 10 | Rede externa de acesso |
| G.657.A2 e G.657.B2 | 7,5 | Cordões ópticos e ambientes internos |
| G.657.B.3 | 5 | Cabos de acesso interno, de pequeno comprimento, sujeitos a manuseio pelo usuário |

(1) A regra do raio mínimo de curvatura da fibra pode ser aplicada em caixas de emenda e pontos de terminação ópticos onde as fibras serão curvadas "nuas" ou então isoladas, somente. O raio mínimo de curvatura de cabos não acompanha, necessariamente, o raio de curvatura da fibra nua. Por exemplo, um cabo com construção loose, é preciso respeitar um raio mínimo de curvatura até 15 vezes seu diâmetro externo. Se o cabo for submetido a um raio de curvatura menor, pode ocorrer rompimento das fibras no seu interior.

(2) Fibras BLI não são recomendadas para instalações externas além das redes de acesso FTTx, porque, devido à alteração no índice de refração do vidro, visando suportar valores menores de atenuação para pequenos raios de curvatura, acentua-se a interferência de múltiplos caminhos (Multipath Interference – MPI) em redes de longo alcance.

Redes FTTx

## 6.6. CONEXÕES EM REDES FTTx

O projeto de redes ópticas passivas tem como objetivo principal obter um sistema confiável e com uma infraestrutura flexível. Por outro lado, o projeto das redes FTTx atuais tem como desafio adicional desenvolver tecnologias e dispositivos que permitam reduzir o custo operacional das instalações e o tempo gasto para a ativação dos usuários na rede.

Para determinar a melhor estratégia a fim de atingir esses objetivos, os provedores de serviços de telecomunicações devem tomar algumas decisões técnicas que influenciarão os aspectos de instalação, operação e manutenção da rede. A distribuição das conexões através da rede de alimentação, da rede de distribuição e da rede de acesso é uma delas e envolve a decisão por utilizar processos de emendas por fusão ou pelo uso de conectores.

O processo de emenda de fibra por fusão, que utiliza máquina de fusão e acessórios específicos, apresenta uma atenuação do sinal óptico em valores até 0,1 dB, tipicamente. Já no processo de conectorização, em que são utilizados conectores de diferentes tipos, a atenuação do sinal óptico é da ordem de 0,75 dB por par de conectores. Nesse primeiro comparativo, é possível observar que o processo por fusão é mais eficiente, pois a perda de potência óptica no sistema, que é um fator importante na rede FTTx, é quase quatro vezes menor do que para o processo por conectores, considerando os valores mencionados.

Atualmente, as redes FTTx que utilizam o processo por fusão óptica são mais comuns do que as redes que utilizam conectores. Entretanto, redes FTTx podem apresentar dificuldades operacionais por utilizar cada um desses métodos de conexão na rede óptica. O processo por conectorização apresenta vantagens por permitir melhor organização, flexibilidade nos casos de mudanças e maior agilidade para ativação do usuário, mas desvantagens em relação à perda de potência óptica na comparação com o processo por fusão.

Como mencionado, o processo por conectorização apresenta como vantagem a flexibilidade das conexões, permitindo remanejamento e expansões do cabeamento com maior facilidade, uma vez que na topologia FTTx não é difícil ocorrerem mudanças pela própria expansão da rede. A utilização de uma caixa terminal óptica (CTO) conectorizada ou armários de terminação pré-conectorizados permite alterar o fator de divisão da rede pela simples troca dos splitters conectorizados. No processo por fusão óptica, seria necessária a quebra das fibras para inserir novos splitters ópticos (Figura 6.8).

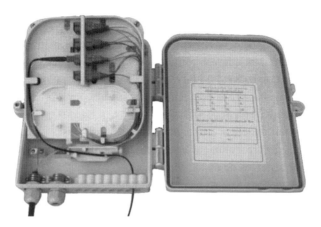

**FIGURA 6.8** Modelo de CTO para redes FTTx.

Outro fator para a escolha por um processo ou outro é a separação entre a rede de distribuição primária e a rede secundária. Uma caixa terminal óptica conectorizada permite que o primeiro nível de splitters seja separado do segundo nível. A grande vantagem é que as equipes técnicas responsáveis pela rede de distribuição e pela rede de acesso podem trabalhar com mais eficiência, sem o risco de interferência numa ou outra rede. No cenário onde a rede FTTx utiliza o processo por fusão óptica, os splitters são normalmente organizados juntos, na mesma caixa terminal óptica. Este fator possibilita que, no momento da ativação de um novo usuário, possa ocorrer a quebra da fibra da rede primária, ocasionando a paralisação de todos os usuários daquele segmento, ou a quebra de outra fibra da rede secundária que atende outro usuário já em operação, na mesma região. Do exposto, a utilização de CTO conectorizada no ponto de transição entre a rede de distribuição e a rede de acesso pode reduzir problemas de manutenção e operação. Por outro lado, é importante manter um controle eficiente dos valores de atenuação, uma vez que os conectores necessitam de cuidados na sua instalação e manuseio, tendo em vista os valores de perdas que introduzem no enlace óptico.

Uma alternativa é a utilização dos dois processos em pontos diferentes da rede FTTx. Na rede primária de distribuição, que apresenta normalmente um número de intervenções bem menor do que na rede secundária, é possível a opção pelo processo de fusão utilizando caixas de emenda convencionais para a acomodação das emendas ópticas, separando-as da rede de distribuição secundária conectorizada. Na rede secundária, seriam utilizadas caixas de emenda conectorizadas visando reduzir os tempos de ativação e os problemas de quebras acidentais de fibras, diminuindo, por consequência, os custos operacionais para a ativação do usuário final.

$$\overbrace{\phantom{aaaaaaaaaaaaaaaaaaaaaaaaaaa}}\quad\boxed{\text{Capítulo 7}}$$

# Testes e Certificação para Redes Ópticas

Considerando que a rede óptica esteja devidamente instalada, desde os cabos até todos os acessórios necessários, o passo seguinte consiste no teste e na certificação da infraestrutura. Como os sinais ópticos passam através de várias partes de um enlace óptico, eles precisam ser caracterizados em função de três grandezas fundamentais: potência óptica, polarização e conteúdo espectral. Essa caracterização irá demonstrar se a rede está disponível para o uso, e, se não estiver, irá apontar as falhas que devem ser corrigidas.

Vale ressaltar que os testes e a certificação devem ser feitos sempre depois que toda a instalação foi completada e antes da rede ser disponibilizada para utilização. É imprescindível que esse procedimento seja respeitado, pois, no caso de o sistema ser ativado antes dos testes e, eventualmente, surgir uma falha, sua localização – bem como seu diagnóstico – pode levar muito tempo, causando transtornos como desativação e paralisação da rede. Dessa forma, é de importância fundamental que a rede seja testada e certificada antes de ser colocada em uso.

Os instrumentos básicos para a realização de testes e certificação em redes ópticas incluem medidores de potência óptica, fontes de luz sintonizáveis, atenuadores, analisadores de espectro e reflectômetros ópticos no domínio do tempo. Instrumentos mais sofisticados, como analisadores de polarização e de comunicação óptica, normalmente são usados em laboratório para a medição e análise da dispersão modal de polarização (PMD), diagramas de olho e formas de onda de pulso.

A Tabela 7.1 apresenta alguns instrumentos de testes e suas funções essenciais para instalação e ativação de redes ópticas.

Devem-se realizar continuamente os testes de verificação de fibras, incluindo inspeção e limpeza das terminações, como um procedimento operacional regular. Durante todo o processo de instalação de cabos, e antes da certificação, a perda nos segmentos de cabeamento deve ser medida, para garantir a qualidade do trabalho de instalação.

**TABELA 7.1** Alguns instrumentos de testes largamente utilizados em redes ópticas

| Instrumento | Função |
| --- | --- |
| Fonte laser sintonizável | Auxilia em testes que medem a resposta do comprimento de onda em relação ao enlace óptico |
| Analisador de espectro óptico | Mede a potência óptica em função do comprimento de onda |
| Atenuador óptico variável | Regula o nível de potência óptica para prevenir danos ao instrumento de medição ou para evitar distorção por sobrecarga nas medidas |
| Indicador visual de falha | Usa luz visível para fornecer uma indicação rápida de ruptura ou para identificar as extremidades de um cabo óptico |
| Medidor de potência óptica | Mede a potência óptica em uma banda de comprimentos de onda selecionada |
| Reflectômetro óptico no domínio do tempo – OTDR | Mede atenuação, comprimento, perdas nas conexões/emendas, níveis de reflectância e localiza pontos de rompimento na rede óptica |
| Identificador de fibras ativas | Identifica rapidamente a presença de sinal óptico na fibra sem interromper o tráfego na rede óptica |

*A priori*, as fibras, os cabos ópticos e os acessórios são previamente testados em fábrica, a partir de uma série de parâmetros relacionados com seus dados construtivos e, principalmente, com os respectivos parâmetros de desempenho. Para a caracterização do estado da rede óptica, são efetuados testes que verificam as características físicas e de transmissão das fibras. Basicamente, os parâmetros medidos compreendem testes no fabricante e testes em campo.

## 7.1. TESTES NO FABRICANTE

A maioria dos fabricantes realiza um regime de testes de cabos de fibra óptica antes do envio aos compradores. Estes testes são feitos para assegurar o desempenho do cabo conforme estabelecido nas normas e padrões de fabricação. Os principais testes no fabricante compreendem:

### 7.1.1. Teste da largura de banda

É a medida da capacidade de transporte de informação do cabeamento. Varia inversamente com o comprimento dos cabos, ou seja, comprimentos maiores oferecem larguras de banda menores.

Testes e Certificação para Redes Ópticas

**179**

O teste de largura de banda determina a máxima velocidade de transmissão de sinais que uma fibra óptica pode apresentar, isto é, mede a capacidade de resposta da fibra óptica. O teste é realizado com o objetivo de saber se a fibra óptica tem condições de operar com a taxa de transmissão especificada para o sistema.

### 7.1.2. Teste de perfil de índice de refração

Este teste tem maior importância na fase de fabricação de fibras ópticas. Considera-se que o valor do índice de refração em determinado ponto será proporcional à distribuição de luz do campo próximo.

### 7.1.3. Teste de diâmetro do campo modal

A abertura numérica (NA) é um número que define a capacidade de captação luminosa da fibra óptica. É uma grandeza intrínseca à própria fibra e definida na sua fabricação. Por exemplo, o valor típico para abertura numérica nas fibras multimodo 50/125 μm é 0,2. Como a abertura numérica é equivalente à distribuição de luz do campo distante, o teste mede a intensidade de luz desse campo.

### 7.1.4. Teste de atenuação espectral

Este tipo de teste mede a atenuação da fibra óptica numa faixa de comprimentos de onda contendo o comprimento de onda em que a fibra operará. É um teste efetuado em laboratório devido à complexidade e à precisão e fornece dados sobre a contaminação que pode ter ocorrido na fabricação da pré-forma e puxamento.

## 7.2. TESTES DE CAMPO

É necessário realizar testes de campo após a instalação ter sido executada. Esta providência tem a finalidade de verificar se, na ocasião da instalação dos cabos e acessórios, as características destes não foram afetadas a ponto de prejudicar o desempenho da rede instalada. Os testes de campo envolvem o uso de equipamentos portáteis para certificar a instalação da rede óptica.

### 7.2.1. Teste de comprimento do enlace

O comprimento de um enlace óptico deve ser medido para garantir os requisitos do sistema. O comprimento pode ser medido via "propagation delay" se o índice de refração gradual da fibra for conhecido, ou medido com um OTDR. No caso de medida com o OTDR, é necessário saber o índice de refração da fibra em teste (informado pelo fabricante).

## 7.2.2. Teste de atenuação

A atenuação representa a perda de potência óptica medida em decibéis (dB). É o fator limitante na maioria dos sistemas ópticos. As propriedades das emendas em fibra, conectores e adaptadores utilizados, além dos próprios equipamentos ativos da rede, contribuem para a atenuação total do sistema. Outras perdas adicionais (curvaturas, tração excessiva na instalação etc.) podem contribuir para aumentar o valor da atenuação.

A atenuação de um sistema em dado comprimento de onda não está necessariamente relacionada com a atenuação em outro comprimento de onda, exceto para enlaces curtos como os que temos no sistema de cabeamento estruturado secundário. Em geral, a atenuação ponta a ponta deve ser medida nos comprimentos de onda de 850 nm e 1.300 nm, para enlaces primários com fibra óptica multimodo, e em um dos dois comprimentos, para os enlaces secundários também com fibra multimodo. Para fibras monomodo, valem os mesmos procedimentos de medição, com exceção do uso dos comprimentos de onda, que devem ser 1.310 nm e 1.550 nm.

Com a finalidade de determinar a atenuação de um enlace, deve-se ter em mãos o projeto do local por onde percorrerão os cabos e informações adicionais, como tipos de cabos, tipos de conectores, localização das emendas e/ou derivações e tipos de equipamentos.

O teste de atenuação ponta a ponta é executado utilizando um conjunto de instrumentos de medição formado por um Medidor de Potência Óptica (Optical Power Meter – OPM) e uma Fonte Emissora de Luz (Optical Light Source – OLS). Outros acessórios são necessários, tais como cordões de manobra monofibra (ou jumpers) com conectores em ambas as extremidades e acopladores ópticos. Os cordões de manobra devem ser do mesmo tipo da fibra e mesmo tipo de conector/adaptador do cabo do sistema. Todos os conectores e adaptadores dos cordões ópticos devem ser limpos antes de se executar as medidas.

Observar que a atenuação deve ser medida e documentada apenas em uma direção do enlace óptico e que para os testes deve-se proceder, inicialmente, à calibragem dos instrumentos e, em seguida, à medição, conforme as etapas descritas a seguir:

1. Ligar o medidor de potência óptica e a fonte de luz sintonizável e aguardar que se estabilizem para prosseguir.

2. Selecionar o comprimento de onda adequado para o enlace a ser testado. Os instrumentos devem ser ajustados para o mesmo comprimento de onda (Figura 7.1).

3. Conectar o OPM e o OLS por meio de um cordão óptico. Anotar o valor obtido no display do OPM. Este valor é a potência de saída da fonte óptica e servirá como potência de referência para os testes.

# Testes e Certificação para Redes Ópticas

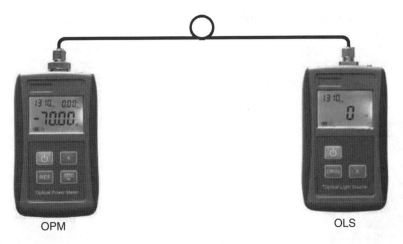

**FIGURA 7.1** Calibração dos instrumentos.

4. Conectar o cordão para medição (jumper de transmissão) na OLS e outro cordão (jumper de recepção) no OPM. Os dois cordões devem ter as mesmas características. Alinhar as pontas livres dos cordões utilizando um acoplador adequado (Figura 7.2).

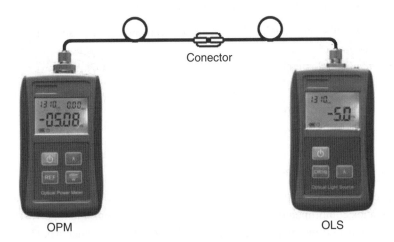

**FIGURA 7.2** Alinhamento com adaptador óptico.

5. Anotar o valor obtido no display do OPM. A atenuação adicionada nesse conjunto deve ser menor ou igual a 0,75 dB, valor especificado nas normas de cabeamento estruturado para redes ópticas (Figura 7.3).
6. Desconectar os cordões e transportar os equipamentos aos extremos do segmento de cabo óptico em teste.

7. Conectar as pontas dos cordões de emissão e recepção em cada terminação do lance de fibra a ser testada, acrescentando o acoplador adequado.

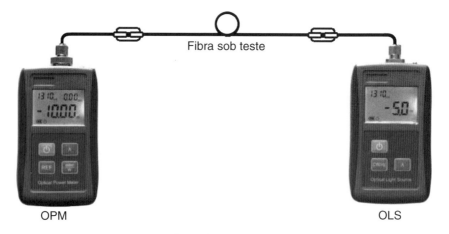

**FIGURA 7.3** Medição de atenuação de enlace óptico.

**Observações**

- A diferença obtida entre a primeira medição e a segunda medição será a perda (atenuação) dada em dB do lance de fibra.

- Um OPM convencional (com uma porta óptica) deve ser ajustado para medir o nível de potência óptica no comprimento de onda de 1.490 nm para medição do nível de transmissão do OLT (canal de downstream).

- Um OPM PON (com duas portas ópticas) pode medir simultaneamente o sinal óptico proveniente do OLT em 1.490 nm (downstream) e ONU em 1.310 nm (upstream).

### 7.2.3. Teste da atenuação absoluta

Este teste é o mais indicado para medir a atenuação dos enlaces ópticos em determinados comprimentos de onda (850 nm, para fibras multimodo, e 1.310 nm e 1.550 nm, para fibras monomodo), cujo objetivo é determinar quanta potência óptica é perdida em determinado lance de fibra. O teste utiliza dois instrumentos: o medidor de potência óptica (OPM) e a fonte de luz (OLS). O OLS injeta luz em uma extremidade do enlace óptico e na outra extremidade é medida pelo OPM.

O método, denominado "inserção", é comumente utilizado para medições de redes estruturadas. Com relação às redes, as normas EIA/TIA especificam, além das características físicas, os desempenhos de transmissão dos cabos e os acessórios ópticos.

Testes e Certificação para Redes Ópticas

Na Tabela 7.2, estão os valores de atenuação máxima e largura de banda para fibras ópticas nos comprimentos de onda de 850 nm (fibras multimodo) e 1.300 nm (fibras monomodo).

**TABELA 7.2** Características de cabos ópticos para uso em redes

| Comprimento de onda (nm) | Atenuação máxima (db/km) | Largura de banda mínima (mhz.km) |
|---|---|---|
| 850 | 3,75 | 160 |
| 1.300 | 1,50 | 500 |

## 7.2.4. Teste de retroespalhamento

Este teste é realizado com um OTDR. O instrumento faz uso do fenômeno do espalhamento de Rayleigh para medir comprimento da fibra, atenuação das emendas, atenuação nos conectores e localizar defeitos, entre outros.

## 7.3. TESTES EM AMBIENTES PREDIAIS

Os sistemas de cabos em ambientes prediais são divididos em três segmentos básicos: sistema primário interedifícios, sistema primário intraedifícios e sistema de cabeamento secundário e centralizado. Cada um dos segmentos difere, um do outro, no comprimento médio do cabeamento e no número de cabos presente em cada nível.

## 7.3.1. Sistema primário interedifícios

No sistema primário interedifícios, encontra-se um número menor de cabos, porém o cabeamento contém um número maior de fibras e uma rota mais longa do que qualquer outro segmento. Recomenda-se proceder aos testes de atenuação de ponta a ponta para todas as fibras conectorizadas nos comprimentos de onda de 850 nm e 1.300 nm (fibras multimodo) ou 1.310 nm e 1.550 nm (fibras monomodo) para assegurar o desempenho previsto do sistema e para efeito de documentação.

## 7.3.2. Sistema primário intraedifícios

No sistema primário intraedifícios, os segmentos consistem em cabos com média quantidade de fibras conectando os distribuidores intermediários (utilizando conduítes, bandejas e outros meios de encaminhamento) até as salas de telecomunicações, em distâncias entre 30 m e 300 m ou mais. Recomenda-se proceder ao mesmo teste de atenuação ponta a ponta para as fibras do sistema primário interedifícios para assegurar o desempenho do sistema e para efeito de documentação.

## 7.3.3. Sistema secundário e centralizado

Para o sistema secundário e centralizado, temos a concentração de um grande número de cabos ópticos com poucas fibras partindo dos pontos de telecomunicações, com lances menores do que 90 m e seguindo rotas através de vários tipos e hardware de instalação. Recomenda-se a realização de testes de atenuação ponta a ponta em 850 nm e 1.300 nm (fibras multimodo) ou 1.310 nm e 1.550 nm (fibras monomodo) para assegurar o desempenho do sistema.

Para mais detalhes, verificar o resumo de testes por segmento na Tabela 7.3.

**TABELA 7.3** Testes por segmentos de rede

| Teste | Sistema primário interedifícios | Sistema primário intraedifício | Cabeamento secundário e centralizado | Equipamento necessário |
|---|---|---|---|---|
| Atenuação ponta a ponta | MM – 850 nm e 1.300 nm<br>SM – 1.310 nm e 1.550 nm | MM – 850 nm e 1.300 nm<br>SM – 1.310 nm e 1.550 nm | 850 nm ou 1.300 nm | Optical Power Meter (OPM) e fonte de luz |
| Perda no conector | MM – 850 nm ou 1.300 nm<br>SM – 1.310 nm ou 1.550 nm | MM – 850 nm ou 1.300 nm<br>SM – 1.310 nm ou 1.550 nm | Não é necessário | OTDR |
| Perda na emenda | MM – 850 nm ou 1.300 nm<br>SM – 1.310 nm ou 1.550 nm | MM – 850 nm ou 1.300 nm<br>SM – 1.310 nm ou 1.550 nm | Não aplicável | OTDR |
| Reflectância | MM – 850 nm ou 1.300 nm<br>SM – 1.310 nm ou 1.550 nm | MM – 850nm ou 1.300 nm<br>SM – 1.310 nm ou 1.550 nm | Não é necessário | OTDR |

## 7.4. INSTRUMENTAÇÃO PARA REDE ÓPTICA

Diferentes instrumentos são utilizados nos testes de redes ópticas, bem como nos processos de fusão das fibras. Dentre eles se destacam:

### 7.4.1. Medidor de potência óptica

O conhecimento da potência óptica é uma das informações mais importantes nas medições de redes ópticas. O medidor de potência óptica (OPM) é o equipamento

# Testes e Certificação para Redes Ópticas

utilizado para certificação do enlace óptico. Existem diferentes modelos, escolhidos pelo tipo de fibra (multimodo/monomodo), tipo de aplicação (redes ativas, redes passivas) e pela interface mecânica (diferentes tipos de conectores).

O funcionamento do OPM consiste, basicamente, na medição da diferença da potência transmitida em relação à potência recebida. Os medidores oferecem portabilidade e estão disponíveis em vários modelos para uso com sensibilidade de recepção nas janelas ópticas entre 850 nm até 1.625 nm, com níveis de potência de medição desde -100 dBm até valores em torno de +20 dBm. A maioria dos OPM medem a potência em dBm. Alguns modelos medem a perda óptica também em dB e oferecem ainda a possibilidade de fixar uma referência ou de "passar automaticamente a zero" a leitura. Além disso, podem medir a potência em microwatts ($\mu$W) e guardar os resultados dos testes em memória para exportação para um computador ou diretamente para uma impressora (Figura 7.4).

**FIGURA 7.4** Modelo de OPM.

## 7.4.2. Fonte laser sintonizável

Uma fonte laser sintonizável ou gerador de potência óptica (OLS) é o equipamento utilizado para fornecer um sinal óptico de nível ajustável na sua saída. São empregados nos procedimentos de levantamento das características de linearidade nos sistemas ópticos e para determinar o valor mínimo de sensibilidade necessário para garantir uma taxa de erros (BER) dentro dos parâmetros especificados para o sistema.

Os OLS foram projetados para ser utilizados em conjunto com os OPM em testes de continuidade e medição de perdas em fibras ópticas, tanto fibras multimodo quanto fibras monomodo. Existem diversos modelos, com potências de saída ajustáveis em diferentes níveis. Tipicamente, fontes que usam LED fornecem potências entre –50 dBm e –5 dBm, enquanto fontes laser entregam níveis de saída entre –10 dBm e +5 dBm.

Os modelos com fontes LED de baixo custo são destinados a testar perdas em fibras multimodo, comumente na janela de 850 nm. Já os modelos de fontes laser destinam-se a efetuar medições a 1.310 nm, a 1.550 nm e a duplo comprimento de onda (1.310 nm e 1.550 nm). Normalmente, os modelos de fontes de luz funcionam tanto no modo de onda contínua (CW) como no de modulação a 2 KHz para identificação de fibras, quando utilizados conjuntamente com um identificador de fibra óptica (Figura 7.5).

**FIGURA 7.5** Modelo de OLS.

### 7.4.3. Máquina de fusão

A máquina de fusão (Fusion Splicer) é o equipamento capaz de emendar fibras ópticas monomodo ou multimodo, praticamente sem perdas, no ponto de fusão. Ela é indicada para trabalhos em instalação e manutenção de redes ópticas internas e externas, pois oferece grande precisão e baixo custo de operação e manutenção (Figura 7.6).

# Testes e Certificação para Redes Ópticas

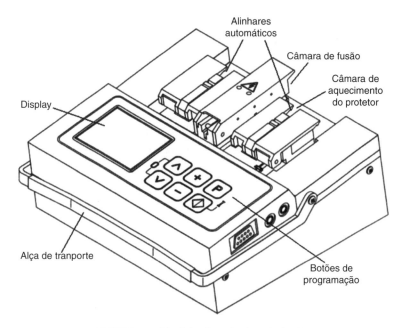

**FIGURA 7.6** Modelo de máquina de fusão.

As máquinas de fusão trabalham com dois tipos básicos de sistemas de emenda:

- **Alinhamento pelo núcleo** – Apresenta maior precisão no momento da fusão da fibra e uma perda menor que 0,05 dB em fusões de fibras de mesma construção. Porém, se as fibras apresentarem núcleos de tamanhos diferentes (fibra monomodo com fibra multimodo, por exemplo) ou núcleos excêntricos, a máquina poderá não executar a fusão e emitir um aviso acusando falha (Figura 7.7).

**FIGURA 7.7** Detalhe do alinhamento pelo núcleo.

- **Alinhamento pela casca** – Permite a fusão de fibras com núcleos diferentes; todavia, ocorrerão perdas de sinal óptico e atenuação no ponto de fusão por conta da não uniformidade do núcleo das fibras.

Construtivamente, a máquina de emenda por alinhamento pela casca, em geral, não possui um sistema de avaliação da fibra óptica além da lupa ou monitor de inspeção, e depende do operador a avaliação da qualidade da clivagem, a limpeza e o posicionamento da fibra na câmara de fusão, de forma a deixá-la em condições apropriadas para emenda. Em função dessa limitação, o nível de qualidade e a confiabilidade das emendas dependem muito da habilidade do profissional que opera o equipamento.

A máquina de emenda com alinhamento pelo núcleo realiza o processo de fusão tanto pelo núcleo como pela casca da fibra. Através de um display é possível acompanhar todo o processo de fusão e o sistema informa ainda a perda estimada da emenda, faz testes de tensão automaticamente, se necessário, e possui um forno embutido para acomodar e derreter o protetor de emenda termocontrátil que fará a proteção mecânica da emenda.

No processo de fusão, as fibras são submetidas a um arco voltaico que eleva a temperatura nas faces, provocando seu derretimento e, assim, permitindo que sejam fundidas uma à outra (Figura 7.8).

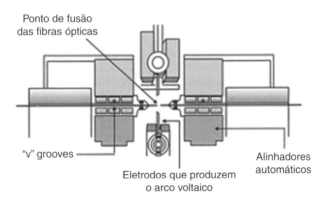

**FIGURA 7.8** Detalhe dos eletrodos da máquina de fusão.

Uma desvantagem no processo por fusão está relacionada com o tempo gasto na execução da atividade. Este tempo é relativamente alto, devido à complexidade da instalação. Entre a preparação do cabo (desde a abertura do cabo, decapagem, limpeza, clivagem) e a fusão da primeira fibra, podem transcorrer de 15 a 30 minutos. Tal intervalo irá depender das condições para execução do serviço e da habilidade do profissional responsável pelas fusões.

### 7.4.3.1. Manuseio da máquina de fusão

Todo o processo de preparação e fusão de fibras ópticas, bem como a utilização dos acessórios e insumos, deve ser executado por pessoal técnico qualificado e

Testes e Certificação para Redes Ópticas

treinado. Quando essas premissas não são seguidas, alguns erros ocorrem durante o manuseio e na manutenção de redes ópticas. Dentre eles, destacam-se:

- **Modos de alinhamento:** na compra de uma máquina de fusão, deve-se atentar ao modo de alinhamento, que pode ser pelo núcleo ou pela casca. O alinhamento pelo núcleo possui uma maior precisão no momento de se executar a fusão. Porém, se as fibras tiverem núcleos de tamanhos diferentes, a máquina pode recusar o procedimento. O alinhamento pela casca permite a fusão de fibras com núcleos diferentes, mas acarreta uma perda maior de sinal por conta da emenda não uniforme.
- **Decapagem, limpeza e clivagem:** a fibra deve passar pelos procedimentos de preparação antes de ser colocada na máquina de fusão. Caso não sejam feitos adequadamente, o sistema da máquina de fusão irá verificar que a fibra não está dentro dos padrões e não executará a fusão, gerando um alerta de falha.
- **Colocação das fibras:** após a preparação da fibra, deve-se tomar cuidado para não bater sua ponta, o que pode danificar seu acabamento. Neste caso, a máquina também poderá negar a fusão ou ainda fazê-la com má qualidade.
- **Posicionamento das fibras:** ao colocar as fibras na máquina de fusão, deve-se tomar cuidado para que não ultrapassem os eletrodos. Elas devem ficar próximas aos eletrodos, sem tocá-los. A aproximação necessária das fibras para fazer a fusão é feita por servomotores e varia de uma máquina para outra.
- **Limpeza e manutenção preventiva:** ao verificar que o valor da atenuação na fusão está superior ao normal, pode-se fazer uma limpeza nos eletrodos para retirada de impurezas. Para isso, a máquina de fusão deve suportar essa função, gerando um arco voltaico que irá limpar os eletrodos.
- **Troca de eletrodos:** caso a limpeza dos eletrodos não resolva o problema de atenuação, ou a vida útil dos eletrodos tenha chegado ao fim, é hora de trocá-los. Para isso, deve-se ativar a opção "troca de eletrodos" da máquina, esperar que ela desligue e, aí sim, realizar o procedimento.

Depois de concluído o processo de fusão, a região da emenda deve ser protegida por protetores conhecidos como tubetes, que propiciam resistência mecânica ao ponto de fusão.

## 7.4.3.2. Protetor de emenda

O protetor de emenda, ou tubete, é fabricado em material plástico termocontrátil, tendo em seu interior uma haste de aço inoxidável para sustentação mecânica do conjunto (Figura 7.9).

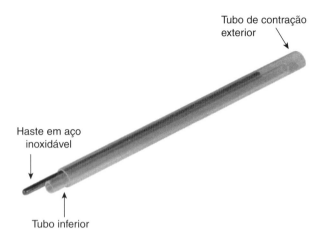

**FIGURA 7.9** Protetor de emenda.

É usado para proteção e acomodação das fibras ópticas em caixas de emenda, bastidores e terminadores ópticos, apresentando diferentes dimensões, conforme mostrado na Tabela 7.4.

**TABELA 7.4** Dimensões e aplicações de protetores de emenda comerciais

| Dimensões (mm) | Aplicação |
|---|---|
| 35 × 3,5 | Aplicações especiais |
| 40 × 3,5 | |
| 45 × 4,5 | Terminadores ópticos de pequena densidade |
| 45 × 3,5 | Caixa de emenda de alta capacidade de fibras |
| 50 × 3,5 | Aplicações especiais fora de padrão |
| 62 × 3,5 | Bastidor de Emenda Óptica (BEO) |
| 62 × 4,1 | Exclusivo para caixa de emenda do fabricante PLP |
| 62 × 4,5 | Caixas de emenda padrão e bastidores ópticos |

### 7.4.4. Analisador de espectro óptico

O analisador de espectro óptico é empregado para levantar o comprimento de onda e a largura espectral de uma fonte de luz. Pode ser empregado também para conhecer a atenuação espectral da fibra óptica, informando a variação da perda com o comprimento de onda (Figura 7.10).

# Testes e Certificação para Redes Ópticas

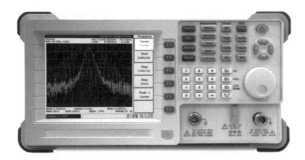

**FIGURA 7.10** Modelo de analisador de espectro.

## 7.4.5. Impressora de etiquetas

São impressoras portáteis usadas para identificar os elementos constituintes da rede óptica. Elas funcionam com baterias e imprimem etiquetas especiais para fixação em cabos, tubos de transporte, cordões ópticos, bandejas, caixas de emenda etc. (Figura 7.11).

**FIGURA 7.11** Modelo de impressora de etiquetas.

## 7.4.6. Comunicadores ópticos

Os comunicadores ópticos (Optical Talk Set) são usados aos pares, sendo concebidos para a comunicação de voz através de fibras ópticas, com funcionamento bidirecional em fibras monomodo ou multimodo. Também podem ser utilizados como fonte de luz estabilizada para testes de perdas em enlaces ópticos e para gerar tons de 2 KHz para identificação de fibras, quando utilizado em conjunto com um identificador de fibra óptica.

Os comunicadores permitem a comunicação entre técnicos de campo durante a instalação e testes de redes de fibra óptica, principalmente em locais onde a comunicação por rádios ou celulares é muito precária. Os instrumentos podem ser configurados para operação com fibra multimodo, em 850 nm, ou monomodo, em 1.550 nm e 1.310 nm, com laser ou LED de alto desempenho. Em redes ópticas com fibra monomodo padrão, oferecem alcances para funcionamento em longa distância, tipicamente, até 160 km a 180 km (Figura 7.12).

**FIGURA 7.12** Modelos de comunicadores ópticos.

### 7.4.7. Microscópio para inspeção de fibras

Os microscópios para inspeção de fibras são utilizados para verificar conectores de fibra óptica, para localizar riscos, sujeira ou outros problemas normalmente associados a um desempenho de sistema de transmissão degradado.

Mediante adaptadores apropriados, os microscópios inspecionam a fibra e o receptáculo (ferrolho) de praticamente todos os tipos de conectores comerciais (Figura 7.13).

**FIGURA 7.13** Microscópio para inspeção de fibras.

### 7.4.8. Atenuador óptico variável

Os atenuadores ópticos variáveis podem verificar as margens de operação de seções da rede óptica instalada. Além disso, os atenuadores ópticos variáveis podem ser utilizados como simuladores de rede em aplicações de pesquisa e controle de

Testes e Certificação para Redes Ópticas      193

qualidade, para verificar o alcance operacional de equipamento de rede antes de sua instalação. Existem modelos disponíveis tanto para fibras monomodo quanto para fibras multimodo, que proporcionam perdas por inserção e refletividade baixas em ambas as direções da transmissão (Figura 7.14).

**FIGURA 7.14** Atenuador óptico variável.

### 7.4.9. Identificador visual de falhas

Frequentemente, é necessário executar procedimentos de manutenção em redes ópticas para avaliar suas características em busca de algum tipo de falha ou deterioração do material. Um identificador de falhas (ou caneta óptica, como também é conhecido), pode ser usado na localização de problemas em bandejas de emendas, painéis de conexões, pontos de emenda de cabos e para rastrear defeitos na fibra.

Durante os trabalhos de manutenção, instalações, mudanças ou reparos são necessários para isolar determinada fibra sem interromper o serviço. Quando existe na fibra uma quebrada ou uma dobra com um ângulo acentuado, o identificador visual de falhas indica o ponto exato com problema (Figura 7.15).

**FIGURA 7.15** Identificador visual de falhas.

## 7.4.10. Identificador de fibras ativas

Permite identificar rapidamente a presença de sinal na fibra do cabo ou do cordão óptico, indicando a direção do sinal sem quaisquer danos à fibra e sem interromper o tráfego na rede. Alguns modelos emitem um aviso sonoro intermitente quando existe tráfego na fibra (Figura 7.16).

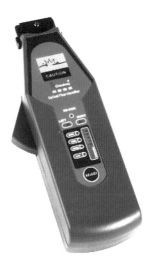

FIGURA 7.16 Identificador de fibra ativa.

## 7.4.11. Reflectômetro óptico no domínio do tempo – OTDR

O reflectômetro óptico no domínio do tempo – ou simplesmente OTDR – é um instrumento utilizado para avaliar as características de um enlace óptico. Além da identificação e localização de defeitos ou anomalias no enlace, o instrumento é capaz de determinar os valores de atenuação da fibra, comprimento, perdas nos conectores e emendas e níveis de reflectância de luz (Figura 7.17).

FIGURA 7.17 Exemplo de modelo de OTDR.

# Testes e Certificação para Redes Ópticas

O OTDR é, basicamente, um radar óptico e seu funcionamento está baseado no retroespalhamento da luz que ocorre ao longo da fibra. Medindo um pulso de luz refletido (pulso de Fresnel) ao longo de uma fibra óptica, é possível avaliar a distância que ele se encontra da fonte de luz (Figura 7.18).

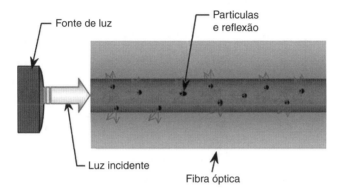

**FIGURA 7.18** Reflexão de Fresnel.

O OTDR permite obter uma representação gráfica do desempenho do sinal óptico, chamado de traçado ou traço, ao longo da extensão da fibra, desde o ponto de conexão do equipamento até a extremidade oposta do enlace. São aplicações do OTDR:

- Visualização gráfica detalhada do cabeamento, mapeamento da rede e registro da qualidade das terminações.

- Localização de falhas na fibra (dobras, trincas quebra).

- Diagnóstico avançado para isolar um ponto de falha que pode impedir o desempenho adequado da rede.

- Permitir a descoberta de problemas na extensão do comprimento do cabo que podem afetar a confiabilidade no longo prazo.

- Caraterizar recursos como a uniformidade e a taxa de atenuação da fibra, o comprimento dos segmentos, as perdas de conectores e emendas, entre outros.

O equipamento proporciona condições para diagnosticar eventuais defeitos devidos a atenuações localizadas, atenuação do cabo óptico, conectores com defeito ou com elevada atenuação e rompimento de fibras (Figura 7.19).

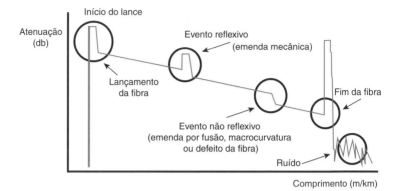

**FIGURA 7.19** Curva característica do OTDR.

O funcionamento do OTDR baseia-se na emissão de pulsos de luz de curta duração com comprimentos de onda determinados (850 nm, 1.300 nm, 1.310 nm, 1.330 nm e 1.550 nm). Basicamente, o OTDR proporciona uma curva atenuação x comprimento do enlace, sendo os pulsos de luz gerados por um laser controlado por um gerador de pulsos e o sinal refletido captado por um fotodetector que o transmite a um estágio que se encarregará de realizar sua análise (Figura 7.20).

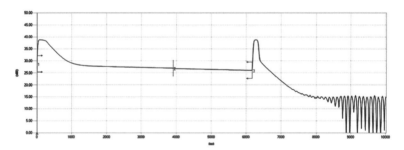

**FIGURA 7.20** Representação de tela do OTDR.

O sinal refletido fornece várias informações a respeito do estado do enlace óptico, além de indicar seu comprimento por meio da medida do tempo de propagação do pulso.

### 7.4.12. Bobina de lançamento

A bobina (ou fibra) de lançamento é utilizada para auxiliar as medições com reflectômetro óptico (OTDR), eliminando o efeito da "zona morta" presente nas medidas com esse tipo de equipamento. Comercialmente, são fornecidas com fibras monomodo ou multimodo e comprimentos entre 1 km e 2 km (Figura 7.21).

Testes e Certificação para Redes Ópticas 197

**FIGURA 7.21** Bobina de lançamento.

### 7.4.12.1. Bobina de lançamento em conjunto com OTDR

Como a potência óptica que retorna ao OTDR (e que serve como referência para os cálculos do enlace óptico) apresenta um baixo valor, o receptor desses equipamentos deve possuir uma sensibilidade alta. Isso significa que reflexões com um nível mais elevado de potência, algo em torno de 1% da potência óptica enviada pelo transmissor, podem acarretar um sobrecarga no receptor do OTDR. O próprio conector utilizado no instrumento pode causar reflexões, que também sobrecarregam o receptor. Nestes casos, é necessário um tempo para recuperação do receptor e consequente indicação no traço do OTDR. Assim, apesar de o pulso óptico ser veloz e os circuitos eletrônicos responderem rapidamente, o sinal recebido do trecho da fibra próxima ao instrumento não é útil. Esse trecho é chamado "zona morta". Por essa razão, a maioria dos fabricantes recomenda a utilização de uma fibra supressora de pulso, ou fibra de lançamento, normalmente fornecida em uma bobina especial que utiliza conectores de teste com baixo índice de reflexão (Figura 7.22).

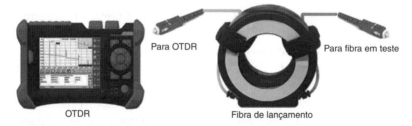

**FIGURA 7.22** Utilização de bobina de lançamento em conjunto com OTDR.

### 7.4.13. Optical Fiber Ranger

O Optical Fiber Ranger (OFR) é um instrumento que utiliza o mesmo princípio do OTDR, integrado com um software de análise para executar testes na rede. É usado para medir a distância de um enlace de fibra óptica e localizar quaisquer perdas reflexivas e não reflexivas. É possível localizar com precisão pontos de curvaturas, rompimentos, emendas e/ou conectores que apresentem perdas elevadas (Figura 7.23).

**FIGURA 7.23** Modelo de OFR.

## 7.5. LOCALIZAÇÃO DE DEFEITOS E MANUTENÇÃO

A inexperiência da equipe técnica pode afetar o funcionamento da rede. Se a equipe desconhecer as características da rede óptica, ela pode não conseguir identificar que algumas pequenas modificações podem acarretar um grande problema posterior. Em alguns casos, esses problemas não se manifestam de forma imediata, mas no decorrer do tempo. Algumas possíveis fontes de problemas no projeto da rede são:

- Realizar as fusões/emendas de fibras sem seguir o projeto. Isto acarreta, no momento de uma nova instalação ou manutenção, que não se tenha um diagrama correto de todas as fusões/emendas.
- Ancoragens instaladas de maneira incorreta, que podem ocasionar o estrangulamento dos cabos ópticos, ao longo do tempo.
- Não fechar corretamente as caixas ou armários contendo os dispositivos ativos e/ou passivos, o que pode gerar a rápida depreciação pela exposição à umidade/calor do ambiente.
- Mudanças não autorizadas nos tipos de splitters, que irão alterar o valor das perdas na rede diferentes das calculadas, afetando o funcionamento de equipamentos já em operação.

Quando instalado e testado de forma correta, o cabeamento óptico requer procedimentos básicos de manutenção. Nos casos de atualização de tecnologia, novos pontos de acesso, adições/mudanças e alterações nos componentes ou manutenção da rede, os procedimentos envolvidos são mostrados na Figura 7.24.

# Testes e Certificação para Redes Ópticas

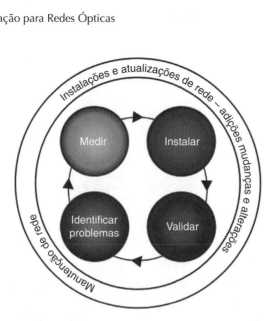

**FIGURA 7.24** Ciclo para manutenção da rede óptica.

No caso da ocorrência de uma falha, a localização do defeito e a restauração do sistema podem ser feitas rápida e facilmente mediante um plano de localização de defeitos, observando os passos listados a seguir.

- **Nível de sinais** – Medir o nível do sinal recebido e comparar com as especificações de projeto. Medir a potência de saída do transmissor e comparar com as especificações do fabricante. Se o sinal apresenta um nível aceitável, testar o receptor; caso contrário, testar o cordão do painel de manobras.
- **Hardware** – Verificar o nível de potência do transmissor ou a sensibilidade do receptor nos equipamentos ativos. Os resultados podem mostrar algum problema com o transmissor ou com receptor. Uma baixa potência de saída pode indicar problemas na interface de saída do equipamento ou problemas com o cordão óptico. No caso do hardware, seguir os procedimentos recomendados pelo fabricante para substituição. Caso a potência de saída do hardware esteja em níveis aceitáveis, a perda de sinal pode estar relacionada com a instalação do cabeamento; neste caso, usar o OTDR para inspecionar a rede.
- **Cordões de manobra** – Testar os cordões ópticos dos painéis de manobras com o OPM e um cordão de teste. Se a leitura de potência apresentar alguma variação significativa entre ambos, substituir o cordão do painel.

A Figura 7.25 apresenta um fluxo para a resolução de problemas de conexão em redes PON.

A Tabela 7.5 lista uma relação de possíveis problemas, suas possíveis causas e os procedimentos para resolução.

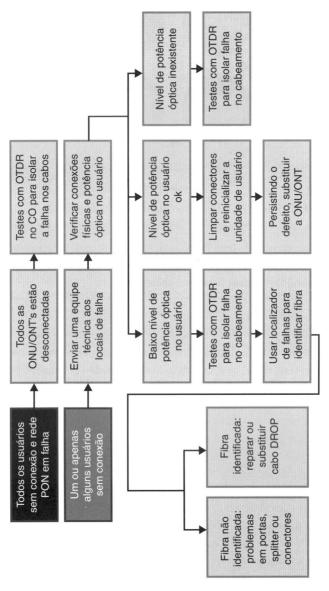

**FIGURA 7.25** Fluxo de resolução de problemas em PON.

**TABELA 7.5** Resolução de problemas em redes PON

| Problema | Causas possíveis | Passos para resolução |
|---|---|---|
| • Uma única ONT/ONU com mau funcionamento<br>• Nível de potência óptica no ONT/ONU baixo ou inexistente | • Sujeira no conector ou conector danificado<br>• Curvas excessivas no cabeamento após o último splitter | • Medição da potência óptica no usuário final<br>• Inspeção de conectores e pontos de fusão na rede de acesso<br>• Inspeção das conexões no splitter de distribuição<br>• Inspeção dos conectores/fusões nas caixas de emenda |
| • Apenas um ONT/ONU fora de serviço ou sem potência óptica | • Fibra interrompida antes do último splitter<br>• ONT/ONU com defeito | • Medir a potência óptica na conexão com ONT/ONU<br>• Medir a potência óptica no ponto de derivação da rede<br>• Inspeção de conectores e pontos de fusão no splitter que atende o usuário<br>• Inspeção das conexões no splitter de distribuição<br>• Inspeção dos conectores/fusões nas caixas de emenda |
| • Apenas um ONT/ONU com funcionamento intermitente<br>• Nível de potência óptica ok | • ONT/ONU com defeito | • Substituir ONT/ONU e verificar com fornecedor possíveis causas |
| • Alguns ou todos ONT/ONUs conectados ao mesmo splitter com funcionamento intermitente<br>• Nível de potência óptica no ONT/ONU baixo ou inexistente | • Sujeira no conector ou conector danificado<br>• Curvas excessivas no cabeamento após o último splitter | • Medição da potência óptica no usuário final<br>• Inspeção de conectores e pontos de fusão na rede de acesso<br>• Inspeção das conexões no splitter de distribuição<br>• Inspeção dos conectores/fusões nas caixas de emenda |

*Continua*

**TABELA 7.5** Resolução de problemas em redes PON   *Continuação*

| Problema | Causas possíveis | Passos para resolução |
|---|---|---|
| • Todos os ONT/ONUs conectados ao mesmo splitter fora de serviço<br>• Potência óptica ausente | • Fibra interrompida antes do último splitter | • Testar fibra de conexão ao splitter com OTDR a partir da rede interna<br>• Inspeção das conexões no splitter de distribuição<br>• Inspeção dos conectores/fusões nas caixas de emenda |
| • Todos ONT/ONU fora de serviço<br>• Potência óptica ausente | • Fibra da rede de alimentação interrompida<br>• Problema de conexão no CO | • Testar a fibra de alimentação com OTDR a partir da terminação primária<br>• Medir potência de saída da porta do OLT<br>• Medir potência de saída no DGO<br>• Verificar conexões entre rede de alimentação e CO |
| • Aumento ou variações na taxa de erros de bit (BER) | • Potência óptica insuficiente no ONT/ONU ou hardware com defeito | • Medição da potência óptica no usuário final<br>• Inspeção de conectores e pontos de fusão na rede de acesso<br>• Inspeção das conexões no splitter de distribuição<br>• Inspeção dos conectores/fusões nas caixas de emenda |
| • Falhas intermitentes no usuário final | • ONT/ONU com defeito | • Substituir ONT/ONU e verificar com fornecedor possíveis causas |

# Testes e Certificação para Redes Ópticas

## 7.6. CERTIFICAÇÃO E ACEITAÇÃO DO CABEAMENTO ÓPTICO

O estado da rede óptica depende da qualidade da infraestrutura. Esta qualidade começa com a certificação completa, garantia de que a infraestrutura de cabeamento de fibra óptica foi instalada corretamente. Após a terminação dos cabos (conectorização), o meio de transmissão deve ser certificado, isto é, será emitido um relatório, contendo uma sequência padronizada de testes, que garanta o desempenho do sistema para transmissão em determinadas condições.

O conjunto de testes necessários para a certificação do cabeamento e seus acessórios (painéis, tomadas, cordões etc.) deve ser feito por equipamentos de testes específicos, demandando o conhecimento detalhado de padrões da instalação e a habilidade para documentar os resultados da análise. Os parâmetros coletados são processados e permitem aferir a qualidade da instalação e o desempenho assegurado, mantendo um registro da situação inicial do meio de transmissão.

Um enlace (ou link) óptico é definido como um conjunto de componentes passivos entre dois painéis de conexão, sendo composto por cabo óptico, conectores e, eventualmente, emendas ópticas. O principal parâmetro a ser medido no teste do enlace óptico é a atenuação. Outros parâmetros relevantes são: descontinuidade das fibras, distâncias, pontos de emenda, perdas individuais e curva de atenuação, e devem ser obtidos por meio de um OTDR.

## 7.6.1. Certificação básica

A certificação básica, também conhecida como Certificação de Nível 1, é necessária para todos os segmentos do cabeamento óptico. Os testes relacionados com este nível são: atenuação (perda de inserção), comprimento e polarização. Cada conexão de fibra é medida quanto à atenuação e os resultados são registrados em planilhas apropriadas. Este teste verifica se a conexão da fibra apresenta valores dentro da faixa permitida por norma.

## 7.6.2. Certificação estendida

A certificação estendida, ou Certificação de Nível 2, complementa a de nível 1 com a adição dos testes realizados com o OTDR. A partir do exame das características de uniformidade (ou não) da fibra apontadas no traço do ODTR (traço é uma assinatura gráfica da atenuação da fibra ao longo de seu comprimento), é possível visualizar o desempenho dos componentes passivos do enlace óptico (cabos, conectores e emendas), bem como a qualidade da instalação. Esse teste da fibra certifica que tanto a mão de obra quanto a qualidade da instalação seguiram as premissas de qualidade do projeto.

Para cada tecnologia e método de acesso existe um valor máximo de perda óptica que deverá ser respeitado e previsto no projeto inicial. Os testes servem para certificar as condições iniciais do segmento após a instalação. Se um segmento é composto pela concatenação de dois ou mais segmentos, a atenuação resultante será a soma das atenuações que fazem parte dos segmentos individuais.

Para as distâncias superiores que 100 m, a atenuação do segmento óptico não é a mesma em determinado comprimento de onda. O sentido de medição também pode alterar o valor da atenuação. Devido às distâncias envolvidas, a atenuação ponto a ponto será medida e documentada em um sentido apenas, mas nos seguintes comprimentos de onda, de acordo com o tipo de fibra e distância:

- Fibra multimodo em cabeamento horizontal, nos comprimentos de onda de 850 nm e 1.300 nm.
- Fibra multimodo em cabeamento tronco, nos dois comprimentos de onda de 850 nm e 1.300 nm.
- Fibra monomodo nos comprimentos de onda de 1.310 nm e 1.550 nm.

A medição é executada utilizando-se o OLS e o OPM. Além dos aparelhos, são necessários dois cordões de manobra monofibra, contendo fibra óptica de mesma característica da fibra a ser medida, com dois conectores instalados nas pontas, do mesmo tipo utilizado no segmento a ser medido, e dois acopladores ópticos, do mesmo tipo do conector utilizado no segmento a ser medido e nos cordões.

É muito importante que todos os pontos da rede sejam testados e certificados na fase de instalação. Todos os resultados devem ser registrados na documentação do projeto, conhecida como *As Built*, pois serão de grande valia quando possíveis problemas de degradação da rede vierem a ocorrer.

### 7.6.3. Aceitação de cabeamento óptico

A norma ANSI/EIA/TIA-568 estabelece os valores para aceitação para enlaces multimodo e monomodo para sistemas de cabeamento primário e secundário. Os valores são baseados na atenuação máxima para cabos, par de conectores e comprimento do lance de fibra.

### 7.6.3.1. Sistema primário

Devido ao comprimento do sistema primário, e considerando que o número de emendas pode variar dependendo das condições de instalação da rede óptica, é possível determinar os valores para atenuação baseado nos requisitos dos componentes da atenuação da rede passiva (cabos, conectores e emendas).

### 7.6.3.2. Sistema secundário

A atenuação máxima permitida para o enlace secundário utilizando fibra multimodo é de 2,0 dB. Este valor é baseado nas perdas dos conectores/adaptadores (um

# Testes e Certificação para Redes Ópticas

par no ponto de telecomunicações – na área de trabalho – e outro par na sala de telecomunicações), mais 90 m de lance de fibra óptica.

### 7.6.3.3. Sistema centralizado

A norma estabelece valores de atenuação específicos para o cabeamento centralizado. Com base em um enlace de 300 m de comprimento e dois pares de conectores, um sistema centralizado utilizando uma emenda na sala de telecomunicações deve ter sua atenuação menor ou igual a 2,8 dB. Se utilizar uma interconexão na sala de telecomunicações, deve apresentar uma atenuação menor ou igual a 3,3 dB.

# Capítulo 8

# Considerações para Projetos de Redes Ópticas Passivas

Para que uma rede óptica seja eficaz e atenda às necessidades dos usuários, ela deve ser construída de acordo com as normas técnicas vigentes e segundo uma série sistemática de etapas planejadas independentemente do tamanho e do seu grau de complexidade.

O objetivo básico de uma rede de comunicação sempre será garantir que todos os recursos sejam compartilhados rapidamente, com segurança e de forma confiável. Para tanto, a rede deve possuir regras básicas e mecanismos capazes de garantir o transporte eficiente e seguro das informações entre seus elementos constituintes. Dentre os possíveis serviços ofertados numa rede óptica destacam-se: dados, telefonia IP, telefonia convencional, TV por assinatura, circuito fechado de TV, sistemas de automação e controle etc.

A implantação de um tipo particular de topologia de rede para dar suporte a um conjunto de aplicações também não é uma tarefa muito simples. Cada arquitetura possui características que afetam sua adequação a uma aplicação em particular. Por exemplo, para atender a comunicação a grandes distâncias, um projeto pode incluir diferentes topologias e diferentes meios de transmissão para suportar as exigências de desempenho dos múltiplos sistemas.

Outros fatores que devem ser considerados no projeto são os efeitos causados pelos diversos ambientes em que os equipamentos serão instalados, como: extremos de temperaturas, disponibilidade de fontes de energia compatíveis e espaço para organização adequada. Um bom projeto e a utilização de produtos homologados garantem qualidade da rede, alta disponibilidade do sinal e grande satisfação dos usuários, além de um ciclo de vida útil prolongado e com suporte a diversas tecnologias (Figura 8.1).

**FIGURA 8.1** Ciclo de vida da rede de telecomunicações.

## 8.1. METODOLOGIA DE PROJETO

Idealmente, um projeto pode ser avaliado em várias categorias, seguindo-se uma metodologia. Esta metodologia deve ser detalhada, rigorosa e exata, tanto quanto toda ação desenvolvida.

O projeto deve seguir um processo sistemático, que tem seu foco na aplicação, nas metas técnicas e no modelo de negócio da empresa. É a metodologia que ajuda a desenvolver uma visão lógica da rede antes de desenvolver uma ação física. A ênfase está no planejamento antes da execução, como mostra o fluxo representado na Figura 8.2.

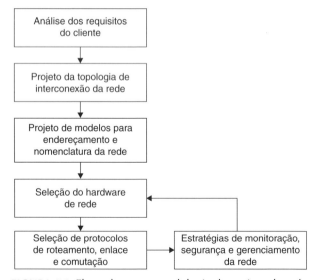

**FIGURA 8.2** Fluxo de uma metodologia de projeto de rede.

# Considerações para Projetos de Redes Ópticas Passivas

Um projeto PON implica a aplicação da metodologia, o conhecimento das técnicas de manuseio, instalação, conexão e manutenção dos cabos ópticos, bem como o conhecimento detalhado dos diversos componentes ativos e passivos da rede, suas especificidades de construção, instalação e comissionamento.

Aspectos quantitativos, tais como os técnicos e financeiros, e os qualitativos, envolvendo a avaliação quantitativa com os fatores que influenciam os objetivos de prazos mais longos, também devem ser avaliados. O projeto deve satisfazer metas de curto prazo, tais como o investimento inicial mínimo e o retorno sobre o investimento e, por caracterizar um investimento de longo prazo, também deve ser à prova de futuro com relação a mudanças nas tecnologias e necessidades de ampliação da rede.

Um projeto otimizado é aquele que minimiza os custos e maximiza o lucro. Neste prisma, os elementos considerados para a análise quantitativa incluem:

- **Investimento inicial** – Representado pelo custo dos componentes da rede de alimentação e rede de distribuição, que possibilitam a conexão dos usuários e a geração de receita.
- **Custo de conexão do usuário** – É o custo para conectar o usuário final no momento em que este solicita o serviço.
- **Custo total do projeto** – Inclui o investimento total nos materiais e na mão de obra para a construção da rede e conexão dos usuários finais.
- **Proporção de investimento** – Para alinhar o custo à geração de receita, é conveniente retardar ao máximo a fase de conexão do usuário, minimizando o custo inicial do investimento. Neste caso, o objetivo é não acrescentar o custo significativamente maior de atividades futuras às atividades presentes.
- **Tempo de implantação** – Uma instalação inicial mais rápida aumenta o potencial de conexão de usuários e a geração de receita. Entretanto, o provedor deve ser capaz de atender à demanda para não causar a insatisfação ao usuário pela demora no atendimento, o que pode vir a prejudicar a receita esperada.
- **Custos de financiamento** – Há uma taxa de retorno esperada pela entidade responsável pelo fornecimento de capital, seja ela interna ou externa. Usando-se um modelo de amortização do empréstimo, é possível considerar o custo real na análise de decisões sobre o projeto.
- **Fluxo de caixa** – Todos os custos de financiamento e demais decisões sobre o projeto terão influência sobre o fluxo de caixa, determinando quando se chega ao ponto de equilíbrio ou "break-even".
- **Fatores externos** – Fatores que não estão sob o controle da equipe de projeto, mas que têm impacto direto sobre os custos de implantação e o fluxo de caixa, como o tamanho da área de cobertura e a taxa de adesão dos usuários.

Já os elementos para a análise qualitativa incluem:

- **Arquitetura da rede** – Determina como os diversos elementos ativos e passivos da rede se relacionam de forma lógica.
- **Taxa de divisão** – Representa a menor proporção de divisão para a qual há fibras em número suficiente para atendimento dos usuários.
- **Topologia da rede** – Estratégia adotada para levar a fibra óptica o mais próximo possível do usuário final e, consequentemente, reduzir a extensão não óptica da rede de acesso.
- **Compatibilidade com triple play** – Considera os parâmetros escolhidos para a construção da rede, como tipo de fibra, taxas de divisão, distância, atenuação, comprimentos de onda e reflectância, visando oferecer serviços de voz, dados e vídeo.
- **Compatibilidade com os padrões** – Os padrões propostos pela ITU-T (FSAN) e IEEE (Ethernet) oferecem níveis mínimos de desempenho, visando garantir a compatibilidade com novas tecnologias. Projetos que não seguem esses padrões podem apresentar problemas de atualização tecnológica no futuro.
- **Tecnologia transparente** – Considera-se que tanto a parte passiva da rede como os equipamentos ativos podem oferecer uma qualidade de serviço aceitável.
- **Facilidade de manutenção e robustez ambiental** – Representa a medida da facilidade da rede nos casos de manutenção e reparos e também na sua capacidade de suportar danos originados por ações humanas ou climáticas.
- **Atratividade de revenda** – O projeto deve prever a possibilidade de integração com redes maiores, melhorando sua atratividade em caso de venda. Atenção com a taxa de divisão, escolha da arquitetura da rede e com os padrões, além da documentação completa melhoram o valor da rede.

Toda decisão a respeito do projeto tem impacto sobre o custo, sobre o tempo para implantação ou ambos. É necessário um estudo cuidadoso para que o custo da rede não fique oneroso e inviabilize sua implantação por questões financeiras. A compreensão de como cada etapa impacta sobre os custos de materiais e da mão de obra, o tempo para instalação e os custos financeiros permite aos gestores obter o melhor desempenho do projeto.

Vários parâmetros podem reduzir significativamente o custo do projeto e, em muitos casos, uma opção acaba por gerar um efeito cascata. Entre eles, o dimensionamento do número de portas terminais e o método de instalação (aéreo, subterrâneo, misto etc.). Por exemplo, o uso de certo número de portas ópticas no ponto de transição entre a rede de distribuição e a rede de acesso resulta em um número proporcional de cabos drop que poderão ser mais longos e irão requerer diferentes técnicas de instalação até o usuário final.

Considerações para Projetos de Redes Ópticas Passivas

## 8.2. MODELO DE NEGÓCIO

O projeto PON é uma combinação de tecnologia, negócios e regulamentação. A operação bem-sucedida, em temos comerciais e técnicos, depende da forma como se maximizam a taxa de penetração, o modelo de negócio de médio e longo prazo, a seleção apropriada dos elementos ativos e passivos e a criação de equipes de trabalho com diferentes arranjos de pessoal e de experiências, visando otimização dos recursos e redução dos custos operacionais.

Os principais custos envolvidos no projeto de uma rede óptica passiva são bem compreendidos, embora variem conforme a região de operação e de rede para rede. Aqueles que devem ser considerados no projeto são:

- Obras civis e licenciamento junto aos órgãos competentes
- Elaboração do projeto de ocupação da rede
- Aquisição dos elementos da rede passiva
- Aquisição dos equipamentos ativos
- Gerência de planejamento e de projeto

A vida útil de uma PON deve exceder 20 anos e permitir a substituição de cabos de distribuição, ou drop, sem maiores impactos, se for planejada adequadamente. A topologia da rede deve possibilitar uma ampla variedade de velocidades de acesso e permitir esquemas de manutenção com baixo custo operacional.

Os custos da rede de acesso podem ser agrupados em duas categorias: os custos de construção da rede antes que os serviços sejam disponibilizados (Homes Passed – HP) e os custos de construção das conexões para os usuários efetivos da rede (Homes Connected – HC), assim distribuídos:

- **Custos de HP** – Compreendem a etapa de comutação da rede e os demais dispositivos ativos da central de equipamentos, cabos de alimentação e cabos de distribuição, splitters e serviços de construção civil.
- **Custos de HC** – Compreendem os custos de cabos drop, ONT/ONUs, parte do OLT e obras civis nos usuários.

### 8.2.1. Capacidade de investimento

Uma solução PON deve possibilitar a redução de investimentos na operação e manutenção da rede de acesso até o usuário final. A redução de investimentos é possível porque se eliminam ativos de rede intermediários, como roteadores e equipamentos de borda, e se diminuem os gastos com energia e pessoal para manutenção e operação, em razão da centralização dos ativos da rede em um único ponto.

Um projeto PON devidamente elaborado apresenta alguns benefícios, dentre os quais se destacam:

- **Investimento inicial menor** – O projeto deve oferecer o menor custo inicial para a rede até o usuário final quando comparado com outras soluções de redes.
- **Racionalização dos custos de implantação** – Compreende o planejamento na utilização dos recursos de mão de obra e dos materiais necessários até o ponto de conexão do usuário final.
- **Custos de manutenção reduzidos** – Minimização dos custos de manutenção com os usuários, assim como preparação para mudanças de tecnologia e expansão da rede.

A capacidade de investimento em PON está relacionada com a taxa de penetração esperada para a rede, sob o ponto de vista dos serviços oferecidos aos usuários, e os custos financeiros envolvidos no projeto.

A taxa de penetração, que é representada pela relação entre HC e HP, mede a atratividade dos serviços que a rede pode oferecer aos usuários. Por exemplo, pacotes de serviços triple play (voz, dados e vídeo) em áreas já atendidas apresentam, frequentemente, taxas de penetração na ordem de 30% a 40% após algum tempo. Em áreas novas, onde não há qualquer tipo de atendimento por fibra óptica, as taxas de penetração podem atingir entre 85% e 95% já no primeiro ano de operação.

A tecnologia PON se mostra um investimento atraente, principalmente, em prédios de apartamentos tipo SFU (Single Family Unit), bem como em empreendimentos como condomínios residenciais, de escritórios e áreas industriais multi-inquilinos, reunidos sob a designação MDU (Multi-Dwelling Units), onde encontramos cerca de 70% dos possíveis usuários do serviço.

O ambiente de implantação será decisivo na escolha da arquitetura e, igualmente, influenciará o projeto de rede. Os tipos mais comuns de ambientes para redes PON são:

- **Greenfield** – Novas edificações que permitem a instalação de novas estruturas de redes.
- **Brownfield** – Edifícios existentes, porém com infraestrutura inadequada. Isto exige adaptações da rede ao ambiente atual.
- **Overbuild** – Edifícios existentes que requerem infraestrutura adicional para adequação da rede.

Para os projetos de redes PON horizontais (bairros, áreas de campus, condomínios horizontais, etc.), é importante levantar algumas informações do ambiente, tais como:

- Demarcação da região por onde passará o cabeamento óptico;
- Posicionamento de onde chegará o link principal;
- Identificação de densidade média de clientes na localidade;
- Posicionamento do posteamento a ser usado;
- Tecnologia a ser utilizada;

Considerações para Projetos de Redes Ópticas Passivas

No caso de projetos verticais (prédios comerciais e residenciais, condomínios verticais, entre outros), informações adicionais, tais como:

- Planta em CAD (contendo o detalhamento da rede dutos);
- Serviços agregados (TV, voz, automação etc.);
- Estimativa de banda a ser comercializada (mínimo e máximo);
- Pontos de saída para atendimento;

Dois valores devem ser considerados nos investimentos financeiros destinados ao projeto de redes ópticas passivas, nesses ambientes: CapEX e OpEX.

- **CapEX (Capital Expenditure)** – Representa toda e qualquer despesa de capital ou investimento em bens de capital de uma empresa. Refere-se a todo montante financeiro despendido na aquisição (ou introdução de melhorias) de bens de capital da empresa. O CapEX é, portanto, o montante de investimentos realizados em equipamentos e instalações de forma a manter um produto ou serviço, ou manter em funcionamento um negócio ou determinado sistema. Um projeto elaborado para atendimento PON agrega vantagens que consistem em redução significativa de infraestrutura, seja ela física (ocupação de racks, ocupação de eletrocalhas e dutos etc.) ou sistêmica (redução de investimentos em refrigeração, alimentação elétrica estabilizada, aterramento elétrico etc.).
- **OpEX (Operational Expenditure)** – Refere-se ao custo associado à manutenção dos equipamentos e aos gastos de consumíveis, e outras despesas operacionais, necessários à produção e à manutenção em funcionamento do negócio ou sistema. Por exemplo, a melhor utilização das portas de ativos, somadas às características de gerência PON e, especialmente, à redução do consumo de energia elétrica em salas técnicas, devido à redução de ativos e de sistemas periféricos como climatização, gera grande redução no custo de operação das redes passivas. Em alguns casos, a redução do OpEX pode ocorrer pela troca da tecnologia em redes existentes (RF por FTTC, ou por FTTH), redução dos custos de manutenção, redução do índice de reparos na rede e menores custos de ativação de novos usuários e serviços.

Assim, as PON reduzem significativamente os investimentos em CapEX e OpEX, tanto no que se refere ao cabeamento propriamente dito quanto nos equipamentos, além dos custos operacionais relativos à instalação e gerência, além do tempo de execução do projeto.

## 8.3. PREMISSAS DE PROJETO

As premissas de projeto são fatores considerados verdadeiros sem prova para fins de planejamento. Se elas não forem cumpridas, o planejamento terá falhas e, por consequência, a rede também. Por isso, é fundamental analisá-las e verificar os riscos relacionados com seu não cumprimento.

A premissa básica é assumir que todos os pontos da rede óptica são passíveis de trafegar dados, com uma capacidade de transmissão compatível com a tecnologia utilizada.

Outra premissa de projeto considera que uma rede bem dimensionada é caracterizada pela capacidade de suportar todas as aplicações para as quais foi projetada inicialmente, bem como aquelas que futuramente possam surgir. Não deve ser vulnerável à tecnologia, ou seja, seu projeto deve prever a utilização de novos recursos, sejam novas estações, novos padrões de transmissão, novos dispositivos passivos etc.

## 8.4. ANTEPROJETO

A singularidade de cada projeto de rede de acesso exige estudo e projeto de engenharia caso a caso, e o domínio na elaboração e leitura de elementos de projeto é essencial para a correta construção da infraestrutura de rede.

O anteprojeto deve conter elementos que orientem o projetista sobre quais especificações técnicas deverão balizar a elaboração do projeto básico e, posteriormente, do projeto executivo, de modo que ele possa levantar a infraestrutura necessária. Deste modo, o anteprojeto dará noções e limites, servindo de norte à realização do projeto da rede óptica e demais atividades pertinentes.

Deverão constar do anteprojeto, quando couberem, os seguintes documentos técnicos:

- Concepção do projeto de rede.
- Projetos anteriores ou estudos preliminares que embasaram a concepção adotada.
- Pareceres técnicos preliminares.
- Memorial descritivo preliminar dos elementos da rede, dos componentes ativos e passivos e dos materiais de construção, de forma a estabelecer padrões mínimos para execução.

O anteprojeto deverá possuir nível de definição suficiente para proporcionar, dentro da realidade econômica e financeira de cada empresa, informações para a decisão se há ou não viabilidade para realizar a proposta da rede, visando à cobertura de uma região em particular. O objetivo é analisar as metas globais e, depois, adaptar a estrutura de rede proposta à medida que se obtém mais detalhes sobre necessidades específicas.

Uma metodologia para o projeto de redes consiste, basicamente, de cinco fases:

1. Análise dos requisitos
2. Projeto da rede lógica
3. Projeto da rede física
4. Testes e certificação
5. Documentação do projeto

Considerações para Projetos de Redes Ópticas Passivas

## 8.4.1. Análise dos requisitos

Toda rede de acesso é um projeto comercial que deve levar em consideração diferentes tecnologias. A primeira fase foca na análise de requisitos da rede, com a identificação das necessidades técnicas, tecnologias, recursos etc. A tarefa é caracterizar a rede que se pretende construir, ou já existente, incluindo a infraestrutura física e o desempenho dos principais segmentos.

O acesso em banda larga é caracterizado pela disponibilização de uma infraestrutura de telecomunicações que possibilita tráfego de informações contínuo, ininterrupto e com capacidade suficiente para as aplicações de dados, voz e vídeo. O projeto de redes ópticas passivas, em que a fibra pode chegar a todos os lugares, deve permitir a melhor utilização de recursos (equipamentos, cabos ópticos e componentes da rede) e possibilitar um projeto de banda larga flexível e escalável, de forma a atender aos usuários finais de acordo com a demanda requerida.

O projeto deve proporcionar economia nos custos de implantação e de operação da rede, permitindo a aplicação dos recursos disponíveis de acordo com a demanda requerida pelos usuários, minimizando também os custos de manutenção e maximizando as receitas mediante redução do tempo de retorno do investimento.

## 8.4.2. Levantamentos em campo ou site survey

O projeto deve considerar que a rede óptica terá flexibilidade suficiente para que sejam instalados ou remanejados pontos no enlace, sem que haja necessidade de passagem de cabos adicionais. Sem o devido levantamento da rota dos cabos, não é possível o adequado provisionamento de usuários. Por outro lado, a ausência de documentos que autorizem a passagem do cabeamento em uma travessia municipal, estadual ou particular pode trazer problemas futuros, assim como a falta da autorização formal das concessionárias para o uso do posteamento. Em alguns casos, também poderão ser necessárias readequações no posicionamento dos elementos passivos nos usuários que irão requerer o lançamento de novos cabos drop. Para todas essas variáveis, é imprescindível realizar o *site survey*.

O levantamento em campo, ou site survey, é uma metodologia aplicada na inspeção técnica minuciosa de um local (ao pé da letra, significa ir ao local) que será objeto da instalação de uma nova infraestrutura de rede, na avaliação dos resultados obtidos com as melhorias da infraestrutura existente, ou mesmo na identificação e solução dos problemas de um sistema já em funcionamento.

Esse procedimento é realizado na etapa inicial do projeto, seja no levantamento dos recursos necessários (dispositivos de conectividade, cabos, acessórios e outros), seja para a implantação de uma nova rede, instalação de equipamentos etc., de forma a maximizar sua cobertura e eficiência, bem como reduzir os custos de investimento. O site survey é uma ferramenta indispensável para detectar e analisar problemas de desempenho após a implantação de uma nova infraestrutura ou ampliação da rede existente.

Em quaisquer dos casos, o site survey pode ser utilizado para estabelecer métodos que permitam o remanejamento dos pontos de rede existentes pelo simples reposicionamento ou reconfiguração, ou ainda para a ampliação do número de pontos e/ou aumento da cobertura da rede, adicionando-se novos pontos de derivação cuja localização será obtida a partir do levantamento da planta, das medidas de propagação dos sinais em campo e das especificações de desempenho esperadas. Durante a inspeção, devem ser levantadas todas as condições técnicas do local da instalação, o que inclui verificar a existência ou não de obstáculos que possam dificultar o lançamento do cabeamento ou o posicionamento de armários, facilidades de pontos de energia, aterramento, ventilação, segurança, entre outros.

O principal objetivo do site survey é assegurar que o número, a localização e a configuração dos pontos de rede forneçam as funcionalidades requeridas e propiciem um desempenho compatível com o investimento proposto no projeto.

Os procedimentos envolvidos visam dimensionar adequadamente o local para a instalação dos equipamentos e cabos ópticos, permitindo que todos os usuários tenham qualidade nas conexões e obtenham total acesso às aplicações disponíveis na rede. Para tal, é necessário executar um conjunto de etapas específicas que permitam o levantamento das informações:

- Levantamento dos diagramas representativos do local de instalação da infraestrutura de rede para a definição das rotas dos cabos.
- Identificação e localização dos pontos de distribuição e acesso da rede e locais de concentração de equipamentos para a elaboração das plantas, desenhos e esquemáticos, seguindo uma simbologia padronizada.
- Inspeção visual do local para a definição da prumada da rede e a identificação de possíveis obstáculos para a passagem de cabos e/ou montagem dos armários ou caixas de distribuição.
- Verificação de facilidades quanto ao fornecimento de energia elétrica, condições do aterramento, sistemas de ventilação, controle de temperatura e umidade nos pontos de concentração de equipamentos ativos.
- Definição dos requisitos da rede quanto a:
  - Cobertura (área geográfica ocupada ou que se pretende ocupar)
  - Desempenho (que irá depender das aplicações de rede)
  - Número de pontos para atendimento dos usuários
  - Tipos de equipamentos utilizados
  - Interfaces disponíveis
  - Segurança física e lógica
  - Possibilidade de ampliação
  - Orçamento do projeto
  - Prazo de instalação
- Identificação de possíveis fontes de interferências.
- Instalação e testes de aceitação da rede.
- Documentação final da infraestrutura efetivamente construída (As Built).

Considerações para Projetos de Redes Ópticas Passivas

Não há uma fórmula mágica para realizar um site survey. A melhor receita é a prática, pois cada caso é um caso e as soluções adotadas em um projeto de infraestrutura dificilmente serão as ideais para outro. A familiaridade obtida com as peculiaridades levantadas durante esse procedimento se traduz em uma melhor utilização dos recursos, configuração bem-sucedida e uma melhor localização física dos dispositivos da rede.

A documentação gerada durante a realização do site survey possibilita um planejamento mais preciso durante o desenvolvimento do anteprojeto de infraestrutura. Por exemplo, a avaliação física e as demais informações levantadas durante a inspeção técnica complementam tanto o projeto físico quanto o projeto lógico, identificando os melhores locais para a instalação dos pontos de rede e as necessidades de interfaces/segurança de cada um. O desempenho esperado para a rede também poderá ser verificado com maior precisão pelos profissionais envolvidos por meio de ferramentas específicas de gerenciamento.

Por consequência, o site survey possibilita maior precisão na elaboração da documentação final do projeto, conhecida como As Built, pois permite que este inclua todos os documentos que registram tudo o que foi efetivamente realizado, utilizando as informações técnicas levantadas inicialmente, além de uma listagem que inclui todo o hardware instalado, localização e configuração dos dispositivos da rede e demais informações, que forneçam a qualquer profissional da área uma visão completa da infraestrutura instalada para posterior ampliação e/ou manutenção.

## 8.4.2.1. Levantamento das rotas de cabos

Uma vistoria prévia nas possíveis rotas dos cabos ópticos é importante para a elaboração do projeto básico, e fundamental para a elaboração do anteprojeto e projeto executivo. Para este último, a vistoria deve ser mais detalhada.

Os levantamentos das rotas dos cabos ópticos incluem informações, tais como:

- **Detalhamento da infraestrutura aérea** – Tipos de postes, padrões de instalação das concessionárias detentoras da infraestrutura, medição de vãos, indicação dos postes que suportam equipamentos pesados na rede elétrica ou de outros sistemas de telecomunicações (nestes casos, os postes devem ser considerados impedidos para alocação de elementos da rede FTTx), indicação de descidas laterais existentes, indicação de travessias aéreas perigosas ou travessias subterrâneas existentes.

- **Detalhamento da infraestrutura subterrânea** – Padrão da canalização existente, padrões de instalação das concessionárias detentoras da infraestrutura, tipos de caixas subterrâneas (CS) e dimensionais, distâncias P-P (parede-parede) e C-C (centro-centro) entre CS, dutos ocupados e vagos (indicar dutos obstruídos, caso se disponha da informação), indicação das CS disponíveis para acomodação de reservas técnicas e elementos da rede FTTx.

- **Detalhamento da infraestrutura interna de edificações** – CO, armários, caixas de distribuição, rede de terminação etc.
- **Levantamento ou confirmação da demanda** – Estimativa de usuários que serão atendidos.
- **Levantamento ou confirmação dos atendimentos** – Rede de terminação de cada usuário atendido.

O diagrama unifilar das rotas dos cabos na rede externa (aérea ou subterrânea) geralmente é apresentado em formato padronizado, em papel e/ou CAD (Computer Aided Design), trazendo basicamente as seguintes informações:

- Desenho da(s) rota(s) do(s) cabo(s), de forma a permitir a identificação clara dos logradouros que fazem parte do(s) percurso(s) e a localização dos elementos da rede óptica.
- Identificação completa da infraestrutura utilizada na passagem do cabeamento: posteamento (indicando as características do cabo, carga nos elementos de sustentação, vetores etc.), linha de dutos (canalização, indicando o duto/subduto), lateral de poste etc.
- Localização e identificação dos lances entre elementos, incluindo-se as distâncias, o tipo do cabo e o número de fibras.
- Localização e identificação dos ARDOs, caixas de emendas e reservas técnicas em cada lance.
- Cálculos dos esforços referentes às forças que o cabeamento óptico aplica sobre os postes na rede aérea. Utilizados e apresentados nos casos de vistoria realizada pela concessionária detentora do posteamento e nos casos de acidentes (Figura 8.3).

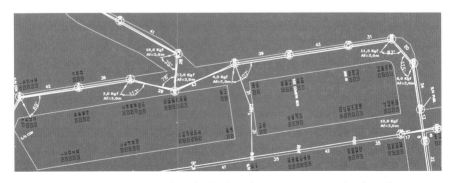

**FIGURA 8.3** Exemplo de cálculo de esforço para um trecho de rede.

Considerações para Projetos de Redes Ópticas Passivas

219

## 8.4.2.2. Levantamento da rede elétrica

Sempre que um provedor de serviços de telecomunicações deseja ocupar o posteamento da concessionária de energia elétrica para a instalação de cabos, suportes e outros equipamentos da rede óptica passiva, deverá elaborar projeto indicando os postes que serão utilizados com informações técnicas que possibilitem a identificação do local de lançamento da rede. As distâncias entre os postes e o estudo socioeconômico são utilizados para mensurar a metragem da fibra óptica e a cordoalha necessária, efetuar distribuições de acessos e posicionamento de equipamentos da rede de alimentação. Por exemplo, o número do poste, dispositivo de manobra ou transformadores, nome de logradouros, número das residências próximas etc.

A partir do mapa urbano é feito o mapeamento da rede elétrica, com posicionamento dos postes, identificação de sua altura e força (por exemplo, 11 m/400 kgf), sustentação de equipamentos impeditivos (por exemplo, transformadores) e distâncias entre os postes e marcação dos cruzamentos, seguindo a rede elétrica.

Também é feito o estudo socioeconômico vinculado aos postes, com a identificação das residências, tipos de comércio, prédios públicos, edifícios (andares/salas) etc., e a classificação socioeconômica (A, B, C, D, E) das residências. É avaliado o número de possíveis usuários ligados em cada poste, para que não ocorra erro no dimensionamento dos equipamentos.

As distâncias mínimas entre os condutores da rede de distribuição de energia elétrica não isolada e os da rede do provedor nas condições mais desfavoráveis variam conforme a concessionária. Como referência, temos, na Tabela 8.1, os espaçamentos mínimos.

**TABELA 8.1** Espaçamento mínimo entre cabeamento elétrico e de telecomunicações

| Tensão máxima entre fases (VCA) | Distância mínima do cabeamento (concessionária e provedor de telecomunicações) (m) |
|:---:|:---:|
| Até 600 | 0,60 |
| Entre 600 e 15.000 | 1,50 |
| Entre 15.000 e 35.000 | 1,80 |

Também devem ser obedecidas as distâncias mínimas de segurança entre condutores e o solo, considerando-se as situações mais críticas de flechas dos cabos, conforme sugere a Tabela 8.2.

# REDES ÓPTICAS DE ACESSO EM TELECOMUNICAÇÕES

**TABELA 8.2** Distâncias do cabeamento de telecomunicações em relação ao solo

| Local | Distância mínima entre condutores e o solo (m) |
|---|---|
| Pistas de rolamento em rodovias, ferrovias e canais navegáveis | De acordo com as normas de cada órgão regulador |
| Pistas de rolamento em ruas e avenidas | 5,00 |
| Locais com tráfego de pedestres, passagem de veículos e travessias sobre estradas particulares na área rural | 4,50 |
| Entradas de prédios e demais locais de uso restrito a veículos | 4,50 |
| Locais de tráfego exclusivo para pedestres | 3,00 |
| Locais em áreas rurais acessíveis ao trânsito de máquinas e equipamentos agrícolas | 6,00 |

Nos casos de travessia de cabo do provedor sob uma linha de transmissão, a distância vertical mínima, em metros, nas condições mais desfavoráveis de aproximação dos condutores é dada pela equação:

$$D = 1,8 + 0,01 \, (DU - 35)$$

Em que:
**D** = Distância entre condutores, em metros
**DU** = Distância, em metros, numericamente igual à tensão da linha, em kV, respeitando o mínimo de 1,80 m para tensões inferiores a 35 kV

A travessia deverá ser perpendicular à linha de transmissão e, quando for efetuada com auxílio de cordoalha metálica, deverá ser seccionada e aterrada nos postes adjacentes à travessia. Em casos de travessia com cordoalha dielétrica, dispensa-se a ancoragem e o aterramento desta. Para altura insuficiente da linha de transmissão ou outras condições desfavoráveis, a travessia deverá ser subterrânea, mediante aprovação do proprietário da faixa de domínio.

## 8.4.2.3. Levantamento de travessias

O objetivo do levantamento é o maior detalhamento das travessias da fibra óptica em rodovias, viadutos, próximos de lagos, rios e outros, trilhos de metrô ou de trem, conforme os requisitos dos órgãos responsáveis.

O projeto de travessias deve ser usado pela equipe técnica para separar os equipamentos necessários para instalação e manutenção, além de informar ao órgão competente sobre uma eventual alteração de projeto.

Considerações para Projetos de Redes Ópticas Passivas

Nos casos em que a altura do ponto de fixação no poste não atenda às necessidades – como para travessias de avenidas – e não houver possibilidade técnica de substituição do poste existente, a opção será, por exemplo, travessia subterrânea, e, se for possível para atender à distância de segurança do condutor ao solo, será admitida a elevação da rede de telecomunicações, observados os afastamentos mínimos estabelecidos pela concessionária local.

É obrigatória a apresentação de um documento de autorização para a travessia do cabo óptico junto com o projeto de travessias, com sua devida ART (Anotação de Responsabilidade Técnica), para os órgãos responsáveis pela via da travessia, a fim de solicitar o documento de autorização de uso da fibra na região em questão. Isso também é apresentado em caso de vistoria do órgão competente.

## 8.4.3. Viabilidade

O primeiro passo para o anteprojeto inclui o estudo de viabilidade, que deverá reunir um conjunto de informações necessárias para se determinar se o projeto é viável ou as conclusões sobre sua inviabilidade.

A análise de viabilidade deve incluir um conjunto de requisitos e critérios baseados em especificações técnicas (funcionais, operacionais e construtivas) que devem ser satisfeitas para que o projeto atenda às necessidades dos usuários. Deve incluir ainda a identificação de parâmetros cruciais, como finalidade, tipos de usuários atendidos e infraestrutura necessária.

A análise de viabilidade inclui:

- Estabelecer as reais necessidades dos usuários
- Especificar os requisitos exigidos
- Pesquisar e validar sua necessidade sob o ponto de vista econômico
- Relacionar o conjunto de exigências que o projeto deve satisfazer

Considerando a viabilidade e que cada etapa do projeto rende seus próprios benefícios, acarreta seus próprios custos e, na mesma medida, exige recursos próprios, o passo seguinte será o estabelecimento de um conjunto de estratégias de implantação baseado em seis fatores: prioridades, qualidade, segurança, prazos, custos e consenso.

- **Prioridades** – O projeto deve ser realizado conforme um grau de importância decrescente das atividades (aquelas consideradas mais importantes vêm primeiro) e segundo as necessidades reais da rede.
- **Qualidade** – O projeto deve buscar um padrão de qualidade que atenda aos usuários e que seja possível de alcançar pela equipe.
- **Segurança** – Dois caminhos limítrofes podem ser seguidos: segurança máxima – que compreende estratégias de eliminação de todos os riscos (algo bastante difícil de ser conseguido), ou segurança mínima, mediante ações preventivas, possibilitando um grau menor de ocorrência de problemas.

- **Prazos** – A elaboração de um cronograma de trabalho que deve ser o mais realístico possível, prevendo, inclusive, a necessidade de intervenções para a correção de possíveis desvios.
- **Custos** – É comum medir a viabilidade de um projeto pela relação custo/benefício, ou seja, o desejável é um menor gasto financeiro e o maior benefício alcançável. Uma atitude mais vantajosa é dividir o projeto em etapas menores, mais facilmente administráveis, que permitam estabelecer parâmetros de custos e benefícios realistas.
- **Consenso** – Em termos de administração, devem-se estabelecer dois grupos de ação para conduzir um projeto: um grupo responsável pelas atividades de gerenciamento, reunindo os clientes e gerentes do projeto, e outro grupo, formado pelos diversos membros da equipe, responsáveis pela execução do projeto propriamente dito. A ideia principal é que todos alcancem os objetivos pela construção do consenso (senso comum), fazendo concessões conscientes em favor do interesse global.

### 8.4.4. Confiabilidade

O projeto da rede óptica passiva considera a associação de diversos dispositivos (ativos e passivos) sob diferentes aspectos, tais como distâncias envolvidas, características do meio de transmissão, infraestrutura (rede área e/ou dutos) externa ou interna, desempenho do sistema, localização das estações e unidades ópticas nos usuários etc., que possuem influência direta no custo final da rede a ser implantada. O custo da rede pode ser dividido entre o custo dos equipamentos ativos, o custo das interfaces passivas e o custo do próprio meio de comunicação.

Dos equipamentos e interfaces dependerá muito o desempenho que se espera da rede. A qualidade e eficiência da rede têm relação direta com seu projeto, com as operações realizadas entre suas estações, com sua confiabilidade e seu custo operacional. A confiabilidade da rede pode ser medida, por exemplo, em termos do tempo decorrido entre falhas (*MTBF*) que aconteçam durante seu funcionamento e também por sua capacidade de recuperação. O MTBF é um indicador da confiabilidade de um produto ou um sistema reparável. Ele mede o índice de falhas aleatórias excluindo falhas sistemáticas, por exemplo, devido a erros de projeto (como erros de software) ou defeitos de fabricação (produtos no início da vida útil), excluindo o desgaste do uso (fim de vida um produto).

Na ocorrência de defeitos, a rede deve ser tolerante a falhas e transientes causados por hardware e/ou software, de forma que tais falhas causem apenas uma alteração momentânea no seu funcionamento. Para o caso de problemas mais graves, a rede deve possuir dispositivos de redundância que sejam automaticamente acionados tão logo ocorra uma falha ou esta seja detectada. O ideal é que a rede seja capaz de continuar operando mesmo com a presença de falhas, embora com um desempenho degradado.

Um fluxo para a análise e solução de problemas na rede é mostrado na Figura 8.4.

# Considerações para Projetos de Redes Ópticas Passivas

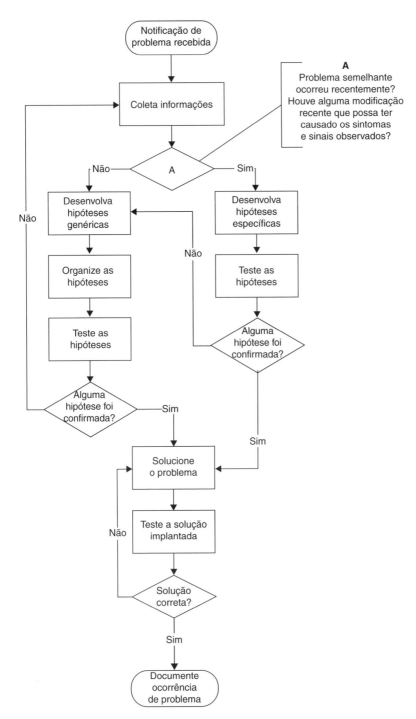

**FIGURA 8.4** Fluxo para análise e correção de problemas na rede.

## 8.4.5. Estratégia de crescimento

O alcance geográfico da rede de acesso óptica, ou seja, a máxima distância entre o OLT e a ONU/ONT mais distante na rede óptica, apresenta uma limitação lógica e uma limitação física. O alcance lógico máximo da rede é de 60 km entre o OLT e a ONU/ONT mais distante fisicamente e está associada aos protocolos de comunicação entre OLT e ONU/ONT, que têm como requisito um tempo máximo de recebimento de mensagens. A diferença entre as distâncias da ONU/ONT mais afastada e o terminal óptico mais próximo do OLT não deve superar 20 km para que o protocolo de busca, ou *ranging*, da rede funcione adequadamente.

A limitação física do alcance dessas redes está relacionada com as características das fibras ópticas. Neste caso, o alcance depende da topologia da rede de distribuição, além de fatores como atenuação das fibras nos comprimentos de onda de *downstream* e *upstream*, número de ONU/ONTs vinculados à porta de cada OLT, quantidade de níveis de distribuição, potência de saída dos transmissores e sensibilidade dos receptores utilizados. No enlace, serão utilizados ainda outros elementos, como conectores ópticos, divisores ópticos e caixas de emendas, que devem ser dimensionadas no projeto.

Um bom posicionamento dos pontos de distribuição da rede é fundamental para a elaboração de um projeto PON com uma boa estratégia de crescimento.

## 8.5. ESCOPO

Conhecer a arquitetura da rede, por onde passam os cabos e a alocação de dispositivos passivos e ativos é imprescindível. O planejamento é fundamental para o correto dimensionamento da rede de forma organizada. Além disso, dispor de um projeto detalhado é essencial no momento de se expandir a rede.

Na definição do escopo, é feita uma descrição detalhada do projeto, relacionando o que será feito e descrevendo as atividades e os serviços que serão gerados para atender os objetivos propostos anteriormente.

Uma definição de escopo malfeita implicará um projeto malsucedido. Por esse motivo, requer dos projetistas criatividade e capacidade analítica na combinação de princípios, utilização de técnicas e tecnologias, sistemas e componentes.

O desenvolvimento das soluções do projeto utiliza técnicas como brainstorming, sinergia, inversão, análise de parâmetros e outros, sendo realizado pelo grupo de trabalho, reunindo, preferencialmente, profissionais com diferentes experiências e especializações.

### 8.5.1. Cronograma

Desenvolver o cronograma significa determinar as datas de início planejado e o término esperado para cada atividade do projeto. Se as datas de início e fim não forem

Considerações para Projetos de Redes Ópticas Passivas

realísticas, é improvável que o projeto termine como esperado. Nos projetos de redes com menor cobertura, o sequenciamento das atividades, a estimativa da duração dessas atividades e o desenvolvimento do cronograma em si estão tão unidos que podem ser vistos como um processo único.

O cronograma do projeto pode ser apresentado de forma sumarizada ou em detalhes. Atualmente, softwares de gerência de projeto são amplamente usados no desenvolvimento do cronograma, automatizando os cálculos das análises matemáticas e do nivelamento dos recursos e, consequentemente, permitindo uma rápida avaliação sobre muitas alternativas de cronograma. Também são amplamente usados para imprimir ou apresentar as saídas do desenvolvimento do cronograma.

Um bom cronograma deve reunir "informação" (quem faz o quê, por quê, quando e onde) e favorecer ações de atualização e planejamento, estabelecendo mecanismos para que a relação lógica entre as atividades se mantenha o mais próximo possível da realidade.

## 8.6. PROJETO BÁSICO

O projeto básico apresenta um conjunto de elementos descritivos com nível de precisão adequado e capazes de caracterizar a rede, elaborado com base nos levantamentos técnicos preliminares – que asseguram a viabilidade técnica e o adequado tratamento do impacto ambiental do empreendimento – e que possibilita a avaliação do custo da obra e a definição dos métodos e do prazo de execução.

O projeto básico apresenta objetivos diferentes em relação ao projeto executivo e, portanto, não contém todos os documentos solicitados neste último, embora seja recomendável o melhor detalhamento possível das informações em todas as fases.

O projeto básico deve conter os seguintes elementos:

- Esboço da solução escolhida de forma a fornecer visão global da rede e identificar todos seus elementos constitutivos com clareza.
- Soluções técnicas globais e específicas, suficientemente detalhadas, de forma a minimizar a necessidade de reformulação ou de variantes durante as fases de elaboração do projeto executivo e de realização das obras de infraestrutura.
- Identificação dos tipos de serviços a executar e de materiais e equipamentos a incorporar ao projeto, bem como as especificações que assegurem os melhores resultados para o empreendimento.
- Informações que possibilitem o estudo e a dedução de métodos construtivos, instalações provisórias e condições organizacionais para a obra de infraestrutura.
- Subsídios para o plano de gestão da obra, compreendendo o cronograma, o fornecimento de materiais, as normas de fiscalização e outros dados necessários em cada caso.

- Orçamento detalhado do custo global da obra, fundamentado em quantitativos de serviços, materiais, mão de obra etc.

Uma PON apresenta especificidades relacionadas com equipamentos, topologias e critérios de qualidade cujo conhecimento é ainda bastante restrito. Entretanto, o conhecimento, a compreensão e o domínio dos parâmetros, das diversas técnicas e equipamentos utilizados na caracterização de infraestruturas ópticas são essenciais para a aceitação do projeto, bem como para manutenção e operação da rede construída.

A caracterização da infraestrutura de suporte de telecomunicações, dos espaços técnicos para instalação de equipamentos, estruturas subterrâneas e aéreas, assim como redes internas nos edifícios, sejam eles residenciais ou comerciais, é parte integrante do projeto básico.

O primeiro passo será dividir a rede em duas topologias básicas: uma topologia física e outra lógica:

- **Topologia física** – É composta pelo cabeamento, equipamentos de rede e outros elementos constituintes do hardware. Ela determina a forma como a rede está organizada.
- **Topologia lógica** – Corresponde à estrutura lógica que permite que as partes físicas trabalhem em conjunto. A topologia lógica é o conjunto de recursos que os usuários percebem quando estão utilizando a rede, tais como facilidade de acesso, velocidade de processamento de programas e aplicativos aos quais os computadores têm acesso quando conectados em rede etc.

## 8.7. PROJETO EXECUTIVO

O projeto executivo inclui o conjunto dos elementos necessários e suficientes à execução completa da obra, de acordo com as normas pertinentes da Associação Brasileira de Normas Técnicas (ABNT).

A diferença em relação ao projeto básico está no nível de detalhamento do projeto executivo, que é maior do que o do projeto básico. Pode-se dizer, caso não haja modificações durante a elaboração do projeto executivo, que este contém o projeto básico.

O projeto executivo especifica como deve ocorrer a operacionalização e a utilização dos recursos, serviços e equipamentos de rede que estão descritos no projeto básico. Ele deve ser norteado com o objetivo de proporcionar o atendimento dos serviços de telecomunicações com o menor custo possível de instalação, facilidades de construção e de expansão da rede para absorver demanda não planejada, além da redução nos custos de manutenção e operação. Deve também possibilitar que as intervenções de manutenção em áreas urbanas e no ambiente do usuário apresentem o menor tempo de interrupção possível.

Considerações para Projetos de Redes Ópticas Passivas

Constitui-se na descrição dos trajetos da rede e suas condições de passagem, tais como percursos dos cabos ópticos, condições de lançamento (subterrâneo ou aéreo), comprimento dos trechos, caixas de passagens e emendas, sinalização, posteamento e georreferenciamento dos postes, das caixas de passagem, emendas e outros pontos críticos, com indicação dos locais e medidas das reservas técnicas e operacionais.

O projeto executivo trata também de diversos detalhes técnicos relacionados com a construção da rede de acesso, a saber:

- Escolha da tecnologia
- Topologia física e lógica da rede
- Localização dos splitters e razão de divisão do sinal
- Estudo de penetração junto aos usuários para atendimento
- Reservas técnicas visando ampliações não previstas
- Mapa base da rede projetada
- Detalhamento dos pontos de emenda
- Detalhamento das instalações das caixas nos postes, prédios etc.
- Identificação de caixas de atendimento
- Orçamento de potência
- Cálculo da viabilidade do projeto ao atendimento das recomendações
- Cálculo de carregamento nos postes referente à instalação de cabos
- Visualização de rota, com identificações de fibras, caixas, splitters, portas ópticas etc.
- Relação de materiais a serem utilizados

Para elaboração do projeto executivo, são necessárias todas as informações obtidas nos passos anteriores, confirmadas na avaliação de campo, para formulação da proposta definitiva.

## 8.8. PROJETO LÓGICO

Nesta fase, um ponto que deve ser observado é a facilidade de uso e de manutenção da rede, tanto para os usuários quanto para seus gestores. A rede deve possuir um conjunto básico de componentes e ferramentas capazes de oferecer os serviços necessários com qualidade para seus usuários, mas também facilidades para viabilizar a adição de novos equipamentos e a manutenção do sistema por seus administradores.

Na fase de projeto lógico, o projetista desenvolve a topologia da rede, que dependerá do seu tamanho e das características do tráfego. O projetista também deverá elaborar um modelo de endereçamento de camadas de rede e selecionar os protocolos de enlace, comutação e roteamento.

O projeto lógico também inclui o projeto de segurança física e lógica, além do gerenciamento da própria rede.

### 8.8.1. Taxa de penetração da rede

Para o sucesso comercial, uma PON deve atingir penetração satisfatória nas áreas de cobertura. A taxa de penetração do serviço é calculada considerando o número de usuários da rede em determinada região e o respectivo número de instalações domiciliares habitadas atendidas.

A área de cobertura, que pode ser uma cidade ou um bairro, é dividida em blocos que equivalem cada um a uma "região" ou "área de distribuição fixa". As áreas de distribuição fixa, por sua vez, são subdivididas em pequenos blocos denominados "células". O projeto lógico deve definir a taxa de penetração da rede, ou seja, o percentual de usuários a serem atendidos por região e por célula. Os splitters de distribuição são instalados nas áreas de distribuição fixa, conectando cada usuário final por meio de cabos drop. O tamanho da área de distribuição e o número de usuários por célula afetará o custo de construção do sistema, especialmente nos casos de rede aérea.

Por esse motivo, estimar o número de usuários potenciais é fundamental para ter-se uma ideia da demanda a ser atendida por região e, por consequência, da estrutura das células de distribuição. É esse detalhamento que vai fazer com que a prestação de um bom serviço seja garantida, além de evitar gastos desnecessários e retrabalho frente à possibilidade de uma reestruturação inesperada da rede, motivada por crescimento de demanda não previsto, ou, pior, por redistribuição de recursos não aproveitados.

Através do loteamento da rede em regiões de cobertura e divisão em células, com a marcação das edificações e a contagem de unidades habitacionais, é possível agregar os possíveis pontos de atendimento ou confirmar uma demanda percebida. Isso envolve o mapeamento urbano, contendo o arruamento, nomes de logradouros e indicação dos prédios que podem comportar equipamentos ativos. Essa indicação preliminar pode ser feita mediante projetos e plantas provisórias ou definitivas das localidades, indicando ainda as alternativas para infraestrutura subterrânea (linhas de dutos) ou aérea (posteamento).

É recomendável definir também o padrão da rede aérea, se espinada ou autossustentada, ou, no caso de rede subterrânea, se as linhas de dutos preveem atendimento de ambos os lados da rua, se os atendimentos são feitos somente de um lado e/ou se existem dutos para cabos cruzando de um lado ao outro.

O primeiro passo para definir a taxa de penetração é o reconhecimento da região, com a divisão dos prédios de apartamentos residenciais ou das salas comerciais multi-inquilinos (MDU). A partir deste ponto, procede-se à identificação dos clientes finais (HP) que podem ser efetivamente atendidos pela rede, ou seja, que

Considerações para Projetos de Redes Ópticas Passivas **229**

contam com fibras e/ou portas ópticas reservadas para atendimento, mas que, não necessariamente, irão optar pelo serviço.

HP é o número potencial de instalações que um provedor de serviços tem capacidade de atender em determinada região. A ativação de novo serviço irá exigir a instalação e/ou a conexão de um cabo de derivação até as instalações do usuário. Essa definição exclui os locais que não podem ser atendidos sem alterações substanciais na rede de distribuição e/ou de alimentação.

A taxa de penetração é um percentual das unidades habitacionais efetivamente ocupadas que deverão ser atendidas pela rede óptica em determinada área. Se a contagem das unidades habitacionais resultar numa demanda D, a taxa de penetração, $T_P$ (%), será dada por:

$$T_P (\%) = \frac{HP}{D}$$

A taxa de penetração também é utilizada por muitos provedores de serviços para indicar o percentual de usuários que se tornaram efetivamente assinantes do serviço ($T_A$) em relação ao número de HP potenciais. Trata-se do HC e, neste caso, temos:

$$T_A (\%) = \frac{HC}{HP}$$

O conhecimento do valor de $T_A$ é importante para questões de gerenciamento, enquanto o valor de $T_P$ é importante para o projeto executivo da rede.

Por exemplo, uma área de distribuição apresenta residências habitadas que foram divididas em células de 10 lotes e 100 residências habitadas em cada lote. O projeto da rede foi elaborado prevendo uma adesão de 70% das residências habitadas em cada lote. Entretanto, após a ativação da rede e venda dos acessos, apenas 40% das residências em cada lote aderiu ao serviço.

O HP e o percentual de usuários efetivamente atendidos será:

$$HP = T_P \times D => 10 \times 100 \times 0,7 = 700$$
$$T_A = 400 / 700 = 0,57 (57\%)$$

No exemplo, apesar de a taxa de penetração esperada de 70% não ter sido atingida (a adesão real foi de 57%), a rede está preparada para atender aos 10 lotes inicialmente previstos no projeto.

Em alguns casos, as definições de divisão das regiões e das células são influenciadas pela topologia e pelos materiais empregados na infraestrutura da rede. Por exemplo, ao utilizar splitters 1:8 distribuídos em caixas de emenda, pode-se concluir que a célula padrão deverá ter até 8 usuários. Por outro lado, se a topologia prevê pontos de concentração de splitters em Armários de Distribuição Óptica (ARDO) e caixas de distribuição com 12 saídas de cabos drop, cada célula padrão terá até 12 usuários.

Deve-se realizar a contagem e demarcação das células em planta de forma a registrar os atendimentos previstos no projeto básico ou no projeto executivo. A partir desta informação, será possível definir corretamente os elementos que irão compor a rede (cabos ópticos, caixas de emenda, armários, splitters etc.), desde a central de equipamentos até os usuários finais.

### 8.8.2. Cálculo de perdas e orçamento de potência

O projeto PON deve incluir tabelas com os valores calculados (teóricos) de orçamento de perda e orçamento de potência óptica, para, pelo menos, os clientes mais distantes do CO ou aqueles segmentos da rede que possuem mais emendas e conexões ao longo do trecho. Esses valores teóricos servirão para validar a rede projetada e, ainda, à equipe de implantação, que poderá comparar os valores medidos nos testes de aceitação com os valores calculados.

As tabelas com os cálculos podem ser elaboradas em aplicativos de planilha eletrônica, uma vez que os cálculos são relativamente simples. Cada projeto deverá enumerar os valores de atenuação dos componentes da rede, conforme as informações dos fabricantes.

Recomenda-se utilizar nos cálculos teóricos os valores das perdas nominais, e não valores de perdas mínimas, para garantir uma margem de segurança em relação aos valores em campo, os quais estão mais sujeitos a variações (conectores sujos, vibração, variações de temperatura, entre outros).

### 8.9. PROJETO FÍSICO

Esta fase começa com a seleção de tecnologias e dispositivos para a rede passiva e, em seguida, a elaboração de planilhas com a relação de todos os itens necessários, quantitativos, valores etc. O projeto deve conter a divisão dos pontos de acesso, rotas da fibra, desenhos dos equipamentos e suas características técnicas relevantes.

Existem diversos fatores que devem ser considerados no projeto físico de uma rede passiva. Neste aspecto, o layout dos equipamentos pode ser influenciado pelos seguintes fatores:

- Custos
- Distâncias envolvidas
- Expectativa de crescimento da rede
- Localização física dos dispositivos
- Segurança física
- Alternativas para recuperação em caso de acidentes

Considerações para Projetos de Redes Ópticas Passivas 231

## 8.9.1. Área de cobertura geográfica

A definição da área de cobertura geográfica da rede depende da distribuição da demanda por serviços existente na localidade que se pretende atender, fator determinante dos custos da rede de distribuição.

Quando a área de cobertura não é bem definida, pode ocorrer que a quantidade de fibras projetada não atenda ao que é realmente necessário para a rede de distribuição. Isso ocorre por duas razões principais: a área de cobertura da rede de distribuição é menor do que a necessária e/ou o posicionamento dos splitters em campo também não é o ideal.

Faz parte da documentação para definir a área de cobertura para atendimento, o mapa da localidade, em escala, vetorizado, com as identificações das ruas, bairros e principais pontos de interesse, como prefeitura, postos de saúde, escolas, pontes, praças, lagos, jardins, entre outros (Figura 8.5).

**FIGURA 8.5** Exemplo de delimitação de área de cobertura.

O projeto físico da rede deve optar por um esquema de infraestrutura apropriado, levando em consideração os custos com aquisição de cabos, acessórios, material de identificação etc., bem como as limitações de distância de cada tipo de cabo óptico, obstáculos, restrições do local, entre outros.

## 8.9.2. Posicionamento dos elementos de terminação

Uma vez definida a célula de atendimento, é possível proceder ao posicionamento dos elementos de terminação. A posição inicial pode ser determinada pelo centro geográfico da célula, o qual permitirá que cabos drop de comprimentos equivalentes sejam lançados para todos os usuários (Figura 8.6).

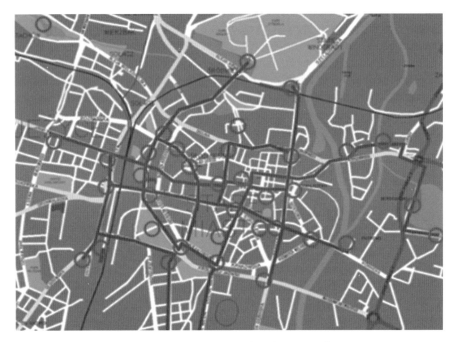

**FIGURA 8.6** Exemplo para alocação dos elementos de terminação.

### 8.9.2.1. Posicionamento dos splitters de primeiro nível

A distribuição geográfica dos usuários é um fator determinante para o número e posicionamento dos splitters de primeiro nível. Outro fator é a quantidade e o comprimento dos cabos ópticos definidos para os elementos de terminação e que serão usados na ligação do OLT com cada uma das ONU/ONTs para atendimento aos usuários.

O posicionamento do splitter de primeiro nível pode ser feito em armário de distribuição ou caixa de emenda para este fim. A partir desse ponto, deve-se identificar o elemento de infraestrutura mais próximo que possa acomodar o elemento de terminação final, tomando-se o cuidado de verificar também outros fatores relacionados com a implantação da rede:

Considerações para Projetos de Redes Ópticas Passivas

233

- Dimensões ou carga suportável da infraestrutura
- Existência de outros equipamentos na mesma infraestrutura
- Identificação de riscos ao cabeamento

## 8.9.2.2. Posicionamento dos splitters de segundo nível

O projeto da rede deve prever a movimentação e o acréscimo de novos usuários. Há duas formas para se conectar um splitter na rede de distribuição. Na primeira, os cabos provenientes da rede de alimentação seguem para um splitter de distribuição de primeiro nível e, deste, para as proximidades dos usuários, através do cabeamento óptico até um splitter de segundo nível, fazendo a conexão com a rede de acesso. Essa abordagem em cascata torna possível ampliar rapidamente as áreas em que o serviço FTTx está sendo oferecido e lidar de maneira flexível com o aumento da demanda. Uma boa prática é o cascateamento planejado de splitters por ramo PON, respeitando-se a potência óptica necessária para alcançar cada ONU/ONT e não mais que dois níveis de divisão.

A segunda maneira implica que as redes primária e secundária sejam agrupadas em um cabo óptico de maior capacidade, e conectadas por meio de um único splitter. Neste caso, a rede é menos flexível quanto à demanda, mas se restringe o número de fibras e é possível diminuir a extensão total do cabeamento da rede de acesso, reduzindo o custo de construção.

Para o splitter de segundo nível, é indicado o uso de caixas de terminação conectorizadas NAP ou caixas de emenda com boa capacidade para abrigar as fusões ou conectores das fibras ópticas, alocadas a, no máximo, a 500 m do splitter de primeiro nível.

As caixas NAP são fabricadas para acomodarem splitters com as saídas conectorizadas, de onde partem os cabos drop até os usuários. O cabo drop é conectorizado na extremidade conectada na caixa NAP, não sendo necessário baixar a caixa e realizar fusões para sua instalação, como acontece com a caixa de emenda comum. No lado do cliente, o cabo drop é preparado para ser terminado num bloqueio óptico e fusionado em pigtail para conexão ao equipamento terminal da rede no usuário final.

## 8.9.2.3. Posicionamento de caixas de emenda

Em rede aérea, devem-se cumprir os requisitos da concessionária sobre afastamento da rede de telecomunicações das demais faixas nos postes, alturas mínimas de cabos em travessias, calçadas e saídas de garagens etc.

Pode-se definir como padrão de projeto e instalação que as caixas de emenda aérea, quando instaladas em vãos entre postes e suportadas por cordoalhas, devem ser posicionadas sempre mais próximas do primeiro poste, no sentido do CO. Se por padrão da concessionária local a caixa de emenda for instalada em poste, deve-se utilizar o lado oposto à via, se este não apresentar impedimentos.

Na fixação de caixas de emenda em redes subterrâneas, deve-se primeiro utilizar a parede oposta à via, se esta não contiver impedimentos (entradas de dutos ou outros elementos da rede).

### 8.9.2.4. Posicionamento dos elementos de distribuição

A alocação do elemento de distribuição deve ser realizada de forma semelhante à alocação do elemento de terminação. As células atendidas por determinado elemento de distribuição devem ser agrupadas e o centro geográfico desse agrupamento definirá a posição inicial para o elemento de distribuição.

A posição definitiva dos elementos de distribuição será determinada pela análise dos critérios de instalação, da mesma forma que para o elemento de terminação (Figura 8.7).

**FIGURA 8.7** Alocação dos elementos de distribuição.

Deve-se manter em mente, também, que o objetivo dessa análise é determinar a posição que permita os menores comprimentos de cabos até cada elemento de terminação, e que, portanto, a configuração do arruamento e a infraestrutura não

Considerações para Projetos de Redes Ópticas Passivas

**235**

devem ser esquecidas, pois influenciam fortemente esses comprimentos, e podem definir uma posição bem diferente daquela indicada inicialmente pelo centro geométrico do agrupamento de células.

### 8.9.3. Contagem dos elementos de distribuição e terminação

Uma vez definidas as células de atendimento, a quantidade dos elementos de terminação, geralmente caixas de emenda ou armários de distribuição, pode ser facilmente definida.

Os elementos de distribuição são definidos pela topologia da rede e, usualmente, são aqueles que comportam os splitters. Em uma topologia distribuída, com splitters em cascata, tanto o elemento de distribuição como o elemento de terminação comportam splitters, e o que os diferencia é que este último faz o atendimento dos clientes finais via cabos drop. Mesmo esse conceito não é tão rígido e algumas saídas de splitters no elemento de distribuição podem ser utilizadas para atender usuários finais.

Cada elemento de distribuição comporta uma quantidade S de splitters 1:N, e o total de saídas de splitters determinará a quantidade de elementos de terminação associados a cada elemento de distribuição. Seguindo esse raciocínio, sendo A a quantidade de atendimentos de cada elemento de terminação, T a quantidade de HP por célula e C a quantidade total de células no projeto, temos:

$$A = T \times C \text{ (quantidade total de atendimentos } - \text{HP)}$$

$$P = A / (S.N) = \text{Quantidade total de elementos de distribuição}$$

A estimativa de quantidades de células e elementos de distribuição por meio desses cálculos pode ser útil para realizar estimativas de custos. Contudo, para fins de projeto básico ou executivo, deve-se trabalhar com as contagens e divisões em plantas, pois, comumente, não são possíveis os agrupamentos exatos de células ou elementos de distribuição. Acessos inexistentes, fins de rua, limites de condomínios e outros fatores dificultam os agrupamentos exatos.

### 8.9.4. Rota do cabeamento de alimentação

O planejamento de redes ópticas consiste, essencialmente, em determinar a rota do cabeamento e determinar onde e que tipo de splitter será instalado, visando minimizar os custos respeitando os requisitos mínimos de qualidade.

A Figura 8.8 apresenta as rotas do cabeamento de alimentação na área de cobertura de uma PON.

FIGURA 8.8 Exemplo de diagrama de distribuição do cabeamento.

### 8.9.5. Rota do cabeamento de distribuição

Instalar a fibra óptica até o local onde se encontra o assinante traz inúmeras vantagens, como largura de banda praticamente ilimitada e provimento de serviços que necessitam de altas bandas de transmissão.

A partir do CO, o sinal é transmitido por uma rede óptica e, numa região mais próxima do usuário, este é dividido por meio dos splitters ópticos e encaminhado à respectiva ONU/ONT, localizada junto aos usuários.

Aspectos importantes que devem ser considerados no projeto de uma rede PON incluem o comprimento dos cabos ópticos, desde o OLT até os terminais ópticos (ONT e ONU), uma vez que ocorrem maiores degradações do sinal à medida que as distâncias aumentam, bem como crescem os custos de implantação de rede em proporção direta ao comprimento de cabo utilizado, margem de potência e custo do enlace (Figura 8.9).

Considerações para Projetos de Redes Ópticas Passivas 237

**FIGURA 8.9** Rotas do cabeamento de distribuição

## 8.9.6. Regras para identificação da rede passiva

As formas de identificação para as redes de telecomunicações se encontram descritas nas recomendações da norma EIA/TIA-606, que especificam as características de infraestrutura e administração para redes de dados e de telecomunicações.

De acordo com a norma ANSI/TIA-606, a administração e a identificação da infraestrutura de telecomunicações incluem a documentação da rede (legendas, registros, desenhos, relatórios e ordens de serviço), do cabeamento, dos hardwares de terminação, das rotas dos cabos, das salas de equipamentos, dos armários de telecomunicações e dos sistemas de aterramento.

A norma não determina como deve ser feita a documentação (pode ser tanto em papel como em mídia eletrônica), assim como a forma de identificação (podem ser utilizados números, letras ou até ambos, em conjunto). Entretanto, é mencionado que a coleta das informações, assim como as constantes atualizações, é um fator crítico para o sucesso do processo da documentação do projeto. Neste caso, não importa se a identificação é feita de uma forma ou de outra, mas é muito importante que todos os registros que constam da rede estejam documentados no As Built.

Todos os componentes da rede passiva precisam ser identificados e etiquetados. Há uma quantidade mínima de informações a serem coletadas e registradas para cada componente, com as informações exigidas e ligações a outros registros. Por intermédio das Ordens de Serviço – OS – é feita a documentação para as operações de execução de mudanças, provendo informações para a alteração dos registros envolvidos. Na Tabela 8.3, é apresentado um resumo com as informações de registro básicas para identificação da rede passiva.

**TABELA 8.3 REGRAS GERAIS PARA REGISTRO**

| Registro do componente | Informação exigida | Ligações exigidas |
|---|---|---|
| Espaços | Identificador do espaço<br>Tipo do espaço | Registros das rotas<br>Registros do cabo<br>Registros do aterramento |
| Rotas | Identificador da rota<br>Tipo da rota<br>Ocupação da rota<br>Carregamento da rota | Registros do cabo<br>Registros do espaço<br>(término e acesso)<br><br>Outros registros da rota<br>Registros do aterramento |
| Cabos | Identificador de cabo<br>Tipo do cabo<br>Par não terminado/número de condutores<br>Par danificado/número de condutores<br>Par disponível/número de condutores | Registros da posição da terminação (ambas as pontas)<br><br>Registros da emenda<br>Registros da rota<br>Registro do aterramento |
| Hardware de terminação | Identificador do hardware de terminação<br>Tipo do hardware de terminação<br>Número de posições danificadas | Posição dos registros de terminação<br>Registros do espaço<br>Registros do aterramento |
| Posição de terminação | Identificador da posição de terminação<br>Tipo da posição de terminação<br>Código do usuário<br>Par do cabo/número de condutores | Registros do cabo<br>Outros registros da posição da terminação<br>Registros do hardware de terminação<br>Registros do espaço |
| Emenda | Identificador da emenda<br>Tipo da emenda | Registros do cabo (todos os cabos)<br>Registros do espaço |

## 8.9.6.1. Identificação dos pontos de rede

A rede óptica deve ser identificada convenientemente. Além disso, para fins de organização e manutenção, é imprescindível que a documentação da rede apresente uma identificação clara e extremamente compreensível para qualquer profissional.

Existem diferentes formas de identificação, cada uma com suas características, algumas mais simples, porém eficientes, e outras mais complexas. Os identificadores de rede são elementos fixados ou marcados na infraestrutura e no cabeamento com a finalidade de ligação entre o item a ser identificado e seu respectivo registro. De posse dessa informação, pode-se recorrer à documentação da rede e obter informações adicionais sobre o item identificado.

Os identificadores podem, ou não, possuir códigos que identifiquem posições, edifícios, salas etc. Um identificador do tipo 3A-C17-005, por exemplo, pode identificar uma instalação de rede designando: Sala de Telecomunicações do terceiro andar, Fila C, Coluna 17 e posição 5 no painel de conexões.

Etiquetas devem ser utilizadas para identificação e podem estar combinadas com a utilização de código de cores. Elas possuem duas categorias principais: autoadesivas ou anilhas. Deve-se tomar cuidado, porque existem aplicações nas quais uma categoria é mais recomendada que outra, sendo que o correto manuseio é o principal aspecto para que não se cause danos à integridade da etiqueta. A norma que regulamenta o padrão para as etiquetas é a UL 969.

A Figura 8.10 apresenta um modelo de etiqueta muito utilizado na identificação de cabos ópticos em redes aéreas ou subterrâneas.

**FIGURA 8.10** Modelo de etiqueta para identificação de cabo óptico.

## 8.9.7. Escolha dos componentes de rede

As PON apresentam uma série de requisitos específicos, entre os quais se destacam a necessidade de oferecer multisserviços (voz, vídeo e dados) a diferentes perfis de usuários (residências, condomínios, empresas), instalação de equipamentos em ambientes não controlados, baixo custo operacional (infraestrutura de rede compartilhada entre um número reduzido de pontos de atendimento) e a expectativa de alta confiabilidade dos serviços por parte dos usuários.

### 8.9.7.1. Componentes ativos

A escolha dos equipamentos ativos de uma PON envolve a especificação adequada de OLT e ONU/ONTs. Estes equipamentos garantem uma comunicação confiável com o desempenho requerido para o sistema óptico. Portanto, é imprescindível que eles estejam dimensionados adequadamente para permitir a conectividade necessária e atender à demanda de todos os serviços que serão utilizados pelos usuários.

## 8.9.7.2. Componentes passivos

Para a instalação de uma PON, além dos elementos ativos, são necessários os acessórios para a emenda e conexão das fibras ópticas, que complementam a instalação e dão continuidade ao enlace óptico. Estes acessórios podem compor uma lista de materiais abrangente que, dependendo do grau de complexidade da rede a ser instalada, poderá ser simples ou bastante complexa.

### 8.9.7.2.1. Cabos ópticos

Os cabos ópticos atendem às necessidades de um maior alcance dos segmentos da rede com maior confiabilidade, permitindo também um melhor desempenho em aplicações com exigência de maior banda passante.

A melhor solução para um projeto de rede utilizando fibras ópticas irá depender de uma série de fatores. Dentre eles, os mais significativos que irão determinar a viabilidade do projeto são o tipo e as características ópticas da fibra utilizada. Outros fatores que devem ser considerados são:

- Número de fibras
- Distâncias envolvidas
- Segmentação da rede
- Aplicação a que se destina o cabo
- Observação das características físicas de construção do cabo
- Características quanto a: resistência, tração, curvatura, vibração etc.
- Degradação com o tempo (envelhecimento)
- Facilidade de manuseio, instalação, confecção de emendas etc.

A escolha da topologia da rede depende de diferentes fatores, relacionados com o plano do negócio e com a implantação da rede física de acesso. Na medida em que os provedores concentram a localização dos equipamentos ativos, torna necessário concentrar mais fibras.

O gerenciamento de grandes quantidades de fibras nas centrais de equipamentos pode se tornar algo bastante complexo. A contagem de fibras ópticas para cada rota deve ser feita, atribui-se determinado quantitativo de fibras ópticas que devem chegar ao usuário final, e agregam-se fibras à medida que se encaminha em direção à central de equipamentos. A utilização de fibras adicionais para expansão da PON também deve ser bem avaliada a partir do levantamento da demanda e da taxa de penetração da rede.

Considerações para Projetos de Redes Ópticas Passivas

A alocação de comprimentos de fibras para reserva técnica é recomendada, principalmente, no caso dos enlaces da rede de alimentação e de distribuição. Também é uma boa prática prever fibras ópticas adicionais que serão dedicadas para serviços de outras operadoras, como sistemas de circuito fechado de TV, sistemas de automação e controle, operadoras de telefonia que precisam interligar novos pontos de atendimento, redes de computadores, entre outros.

Outro fator a se considerar na definição dos cabos ópticos é o comprimento mínimo de fornecimento pelo fabricante, o qual varia conforme o tipo de cabo, mas, em geral, situa-se entre 1.000 m e 2.000 m.

O projetista da rede deve estar capacitado a indicar o cabo mais apropriado para cada situação: dielétrico espinado, autossustentado (AS), com armadura contra roedores (AR), diretamente enterrado etc. Da mesma forma, deverá conhecer em detalhes os elementos de terminação e distribuição, incluindo suas características técnicas, utilização e instalação.

### 8.9.7.2.2. Infraestrutura de rede interna

Após a instalação da fibra óptica na rede de acesso, o mais próximo possível do usuário final, o desafio seguinte é estender a capacidade de banda larga dentro das unidades habitacionais.

Na rede interna, são entregues os diversos serviços transportados pela PON, e a fibra óptica é o meio de transmissão ideal para a convergência dos diversos serviços, devido à transparência e à largura de banda oferecida. A interface com a rede de acesso pode ocorrer por terminais ópticos (ONU/ONTs) ou gateways residenciais, que contêm conversores de mídia e outros dispositivos com diferentes funções para atender os usuários da rede interna.

A instalação de fibras ópticas no interior dos edifícios é um desafio para o provedor de serviços, uma vez que a passagem dos cabos e as distâncias entre os pontos de distribuição variam para cada projeto.

Como o projeto de instalação deve ser concebido para cada caso, tem-se como consequência a impossibilidade de aplicação de soluções padronizadas e sistemas pré-configurados de cabeamento. Isto alonga o tempo de instalação e cria custos adicionais nem sempre previstos no contrato entre provedor e usuários.

Deverão ser indicadas no projeto as necessidades de entrada dos cabos provenientes da rede externa em termos de implantação de lateral de poste (dutos, curvas, reduções etc.), implantação de caixa subterrânea, passagem, interligação entre caixas subterrâneas, execução de furos em parede de alvenaria/concreto, entre outros. Também deverão ser indicados no projeto os tipos de materiais (bitola de dutos, tipos de caixas, diâmetros de furos etc.), bem como todos os detalhes necessários ao entendimento e correta execução das obras (profundidade de valas, indicação da parede a ser acessada etc.).

O projeto da infraestrutura interna da edificação deve indicar os locais para instalação de dutos aparentes, eletrocalhas, leito de cabos, execução de furos em parede de alvenaria/concreto ou divisória, passagem de cabos de energia e aterramento para alimentação do distribuidor interno etc. Deverão ser indicados os tipos de materiais, tais como bitola e tipo dos dutos (PVC, aço galvanizado, corrugados plásticos ou metálicos), bem como o detalhamento do tipo de fixação (abraçadeiras, parafusos, perfilados etc.) e demais itens necessários ao funcionamento do sistema.

### 8.9.7.3. Hardware interno e externo

O projeto de infraestrutura interna e/ou externa deverá prover todas as informações essenciais sobre o hardware necessário para a passagem de cabos, identificando a quantidade de fibras imprescindível e a rota do cabeamento. Também deverá constar a forma de fixação dos acessórios, indicando as modificações exigidas na infraestrutura existente, se isto ocorrer.

Os componentes e acessórios para montagem interna (hardware interno) são mais variados do que o número de componentes para montagem externa (hardware externo).

O hardware externo é apropriado para uso em ambientes externos, sujeitos ao tempo, e em ambientes internos, sujeitos à umidade excessiva. Os componentes típicos dessa categoria são as caixas de emenda óptica, os armários, as terminações externas e as bandejas de emenda.

O hardware interno, por sua vez, é dividido dentro de três áreas de aplicação, baseadas nos locais de montagem:

- **Hardware montado em rack** – É instalado em racks ou armários padrão de 19 ou 23 polegadas. O espaço disponível no rack, geralmente, é suficiente para a montagem dos equipamentos de rede e utilizados nas salas de equipamentos.
- **Hardware montado em parede** – Utilizado quando não há espaço disponível no piso ou quando o equipamento de rede deve ser montado em parede.
- **Pontos de telecomunicações** – Instalados em caixas e pontos de terminação junto aos usuários para prover a interligação dos equipamentos.

Os equipamentos montados em rack e parede podem ser utilizados juntos, como um pigtail montado no cabo óptico terminado em parede com um painel de conexão montado em um rack no piso.

### 8.9.7.3.1. Painéis e acessórios de distribuição

Um painel de distribuição é um ponto de administração no projeto do cabeamento da rede óptica, onde o cabo óptico é terminado em um painel que aceita cordões de

Considerações para Projetos de Redes Ópticas Passivas

manobra. Os painéis de distribuição podem variar em dimensionamento, de acordo com o número de cabos e terminações ópticas que comportam.

Dentre os painéis e acessórios de distribuição disponíveis para a infraestrutura de uma rede óptica destacam-se:

- **Bloqueio óptico** – Tem a função de acomodar e proteger emendas ópticas de fibras de cabos ópticos.

- **DIO (distribuidor interno óptico)** – Proteção, acomodação e distribuição das fibras e das emendas de um cabo óptico no sistema secundário. Tem a função de administração e gerenciamento de backbones ópticos; no cabeamento horizontal ou secundário, em salas de telecomunicações, na função de distribuição de serviços em sistemas ópticos horizontais.

- **DAO (distribuidor de abordagem óptico)** – Distribuição de fibras e acomodação das emendas dos cabos ópticos do sistema primário.

- **DCO (distribuidor de contagem óptico):** distribuição de contagens parciais das fibras ópticas de um cabo, geralmente próximo das áreas de trabalho dos usuários da rede.

- **Cordões de manobra ópticos** – Interligação entre os segmentos do sistema primário interedifícios (externo) para intraedifício e entre equipamentos e acessórios ópticos: por exemplo, o distribuidor óptico.

- **Caixas de emenda** – A caixa de emenda óptica é um dispositivo que tem a função de acomodar dois ou mais cabos ópticos (Figura 8.11). O objetivo da caixa é selar o ponto de emenda, impedindo a entrada de água ou outros contaminantes. Geralmente, apresenta espaço útil para abrigar uma grande densidade de fibras ópticas. Também pode ser usada para acomodar, além dos cabos ópticos e emendas, os splitters da rede de distribuição. São utilizadas em redes aéreas, subterrâneas ou diretamente enterradas. As caixas de emenda são construídas para ficarem expostas a condições ambientais adversas e projetadas para uso em redes PON, nas quais os cabos da rede de acesso são emendados nos cabos de distribuição. Os três tipos básicos de caixas de emenda são a caixa pressurizada (selada de ar ou gás sob pressão) que visa manter a integridade do cabo em ambientes insalubres, a caixa de emenda selada não pressurizada (que não permite a circulação de ar) e a caixa de emenda ventilada (que permite a passagem de ar no seu interior), o que elimina a umidade e diminui problemas de corrosão em partes metálicas da estrutura. Existem também caixas de emenda para uso interno e externo que preveem a montagem em parede interna ou externa para acomodar a transição da fibra da rede externa para fibra interna e cordões ópticos para emenda da rede e distribuição junto aos usuários.

# REDES ÓPTICAS DE ACESSO EM TELECOMUNICAÇÕES

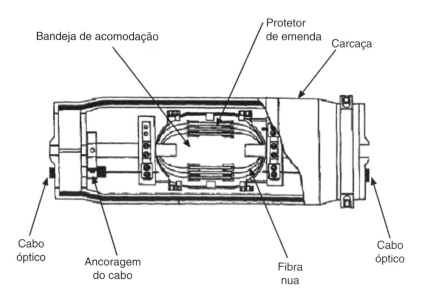

FIGURA 8.11 Exemplo de caixa de emenda óptica.

- **Terminação externa** – Ponto de terminação utilizado como ponto de demarcação entre redes ópticas de diferentes proprietários. Por exemplo, terminação na entrada de uma edificação pode ser no ambiente externo para a interface com a rede da prestadora de serviços de telecomunicações.
- **Bandeja de emenda** – Montada dentro da caixa de emenda, serve para organizar as fibras e suas respectivas emendas, preservando o raio de curvatura mínimo da fibra e fornecendo um meio apropriado para fixar os tubos loose ou tight na bandeja. O número de bandejas por ponto de emenda depende do número de fibras do cabo óptico. A bandeja tem seu tipo determinado pelo tipo de fibras (se monomodo ou multimodo), tipos de hardware de conexão e método de emenda.
- **Bloqueio óptico** – Em conjunto com a bandeja de emenda, tem a função de acomodar e proteger os protetores das emendas ópticas e outros componentes de fixação das fibras dentro do distribuidor óptico ou da caixa de emenda para cabos ópticos.
- **Caixa terminal óptica (CTO)** – Tem a função de acomodar e proteger emendas ópticas entre o cabo de entrada e os cabos de saída de uma rede terminal. Apresenta resistência à corrosão e ao envelhecimento, proteção ultravioleta, permite a instalação em postes, cordoalha ou parede e fechamento de portas por meio de fixadores de borracha. A CTO tem como vantagem ser uma caixa versátil, pois possui a possibilidade do uso tanto do sistema de emendas como de conectorização. Essa caixa possui fechamento

e vedação da base por sistema mecânico. Apresenta a alternativa de fechamento com cadeado, aumentando a segurança. Traz um sistema de reserva de fibra de acomodação com áreas separadas para armazenar, encaminhar, proteger e "transportar" as fibras.

### 8.9.7.3.2. Distribuidor óptico

Acessório da rede óptica que tem como função concentrar e proteger as emendas e conexões ópticas. É utilizado para acomodar e proteger as emendas do cabo óptico com as extensões ópticas, e acomodar as conexões dos cordões ópticos com os conectores dos pigtails através da placa de adaptadores ópticos. Sua fixação é feita com parafusos em racks ou gabinetes padrão de 19 ou 23 polegadas no piso ou de parede (Figura 8.12).

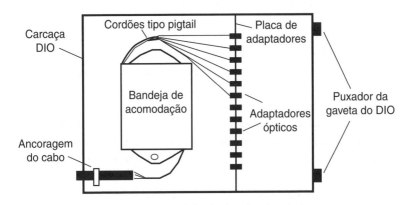

**FIGURA 8.12** Modelo de distribuidor óptico.

Normalmente, são fabricados com chapa de alumínio, trazendo dispositivo de ancoragem do cabo, bandeja para acomodação das emendas ópticas, placa para os adaptadores ópticos e extensões ópticas montadas. O dimensionamento inadequado de um distribuidor óptico ou sua não utilização reduz consideravelmente a flexibilidade que uma rede necessita, seja ela para aplicações de voz, dados ou imagem.

### 8.9.7.3.3. Dimensionamento do distribuidor óptico

O dimensionamento do distribuidor óptico deve prever funcionalidades em sua estrutura, que vão desde a chegada dos cabos ópticos da planta externa, que pode ocorrer tanto pela parte superior, inferior ou traseira do rack, até todas as emendas, terminações e armazenamentos das sobras de cabos e/ou cordões ópticos utilizados internamente (DIO).

Todos os painéis que compõem o distribuidor óptico devem preservar características como o raio mínimo de curvatura dos cabos utilizados, além de possuir campos para identificação de todos os pontos de conexão e emenda existentes nos painéis.

Os principais aspectos que devem ser considerados na definição de um distribuidor óptico mais adequado para o projeto de PON são:

- **Densidade do rack** – Os racks são as estruturas utilizadas para o acondicionamento de equipamentos ativos ou passivos utilizados na rede. O dimensionamento e o posicionamento dos racks para abrigar um distribuidor óptico devem atender às necessidades e às partições definidas com base na baixa, média ou alta densidade de fibras ópticas da rede. Os racks geralmente se apresentam com a largura efetiva dos painéis de conexão expressa nos padrões de 19 ou 23 polegadas.
- **Conexão cruzada e interconexão** – A técnica de conexão cruzada torna o sistema flexível, principalmente porque possibilita uma fácil manipulação das conexões ópticas, permitindo a realização de testes e monitoramento nas duas direções da conexão. Para essa configuração, são utilizados dois painéis de conexão, em que um painel fica vinculado aos cabos que chegam da planta externa e o outro, destinado à conexão dos equipamentos ópticos ou cabos que darão continuidade ao sinal pela rede interna. Dessa maneira, a parte frontal de ambos os painéis ficam disponíveis para as alterações que se façam necessárias através dos cordões ópticos. Já a interconexão é uma alternativa à técnica de conexão cruzada que permite a interconexão dos cabos que chegam da planta externa diretamente aos equipamentos ópticos ou aos outros cabos da rede óptica interna, através de painéis de conexão de passagem. É uma solução utilizada em locais onde se dispõe de pouco espaço físico para a instalação de painéis e racks.
- **Emendas on-frame e off-frame** – No caso da emenda on-frame, os módulos de emenda das fibras ópticas encontram-se dentro do próprio bastidor de conexão e são interconectados ao módulo de terminação por pigtails. Por definição de projeto, ou por características de construção da própria rede, na emenda off-frame as fibras ópticas são emendadas em painéis localizados fora do bastidor de conexão (em outra sala, andar etc.) ou em caixas de emendas subterrâneas apropriadas. Neste caso, normalmente, os painéis de conexão são pré-conectorizados e o respectivo cabo da rede interna, conhecido como Intra Facility Cable (IFC), segue diretamente para o painel remoto de emenda.
- **Acesso** – A definição do acesso do cabo óptico ao rack depende, principalmente, do local onde será instalado o DIO. Por exemplo, na configuração para acesso traseiro, pressupõe-se que os racks não serão instalados contra

# Considerações para Projetos de Redes Ópticas Passivas

paredes ou costa-costa. A definição do acesso depende do espaço disponível para a instalação.

- **Conectorização** – As terminações ópticas são constituídas, basicamente, por conectores, que têm como função realizar a conexão entre as fibras ópticas e os dispositivos ou equipamentos da rede.

Uma vez definido o tipo de DIO, será necessário ainda adicionar alguns componentes extras que irão agregar valor à rede. Com certeza, em algum ponto do sistema de cabeamento, será necessário utilizar outros componentes passivos ou equipamentos ativos, como um conversor de mídia ou comutador óptico. Os distribuidores ópticos mais modernos já possuem integrados ao seu próprio bastidor módulos preparados para receber tais facilidades, que, em forma de cartões, são inseridos diretamente nos painéis de conexão.

Considerados os pontos descritos, o projeto da rede interna estará parcialmente definido. A partir desse momento, deverá ser feito um melhor detalhamento, definindo-se como se dará a chegada e a passagem dos cabos, em qual tipo de piso o sistema será instalado (alvenaria, piso falso), quais os conectores ópticos utilizados, qual será a técnica de emenda utilizada (conectorização, mecânica ou fusão) e a padronização dos tipos de cordões ópticos utilizados (extensão óptica, cabo duplex etc.).

## 8.9.7.3.4. Instalação de cabo óptico em DIO

Para a preparação do cabo óptico (tipo loose ou tight) no interior do DIO, seguir as seguintes etapas:

- Abrir aproximadamente 3 metros do cabo óptico.
- Fixar o cabo óptico na lateral do rack com o auxílio de abraçadeiras plásticas, fixando o cabo o mais próximo possível da entrada traseira do distribuidor.
- Determinar a posição em que os cordões entram no distribuidor óptico (abertura traseira).
- Proteger o feixe de tubos loose com um tubo espiralado, por um comprimento de cerca de 600 mm.
- Introduzir os tubos loose no interior do módulo de emenda, pela abertura traseira. Estes devem ser introduzidos no interior do tubo flexível de proteção existente no módulo. Para facilitar a tarefa, recomenda-se abrir totalmente a gaveta do respectivo módulo.

## 8.9.7.3.5. Montagem da bandeja de emendas

A montagem das fibras ópticas na bandeja de emendas, com a acomodação das emendas do cabo com suas respectivas extensões ópticas, deve seguir as seguintes etapas.

- Realizada as etapas de preparação dos cabos, fixá-los com abraçadeiras plásticas nos furos existentes na gaveta.
- Acomodar o feixe de cordões ou as unidades básicas (tubos loose) nos clips.
- Antes de completar uma volta, fixar as unidades (máximo duas) ou feixes de cordões (máximo seis) nas respectivas entradas na bandeja. Cada bandeja, em média, permite acomodar12 emendas por fusão.
- Retirar a proteção das fibras e acomodá-las na bandeja, realizando as emendas com as extensões ópticas conforme procedimento e recomendações do manual da máquina de fusão.
- Recolocar as capas de proteção e fechar a bandeja.

## 8.9.7.4. Cordões e extensões ópticas

São cabos monofibra do tipo tight dotados de conectores ópticos com comprimentos definidos de fábrica. Os cordões se diferenciam das extensões por disporem de conectores em ambas as extremidades, enquanto as extensões possuem conector somente em uma delas.

Os cordões são aplicados na interligação entre os equipamentos e entre equipamentos e acessórios ópticos, como o distribuidor óptico. As extensões ópticas (pigtails) são utilizadas para a interface entre os cabos e os equipamentos ou acessórios ópticos. Em uma extremidade da extensão é realizada a emenda, e a outra extremidade com conector é interligada ao equipamento ou distribuidor óptico, por exemplo. As extensões ópticas são utilizadas, sempre, em conjunto com os bloqueios ópticos.

A seguir, são descritos os cuidados principais necessários para um correto manuseio dos cordões e extensões ópticas:

- Conectar sempre segurando o corpo do conector.
- Nunca deixar que a extremidade do conector (parte cerâmica) sofra riscos ou raspagens.
- Quando os conectores não estiverem em uso, inserir a tampa de proteção de plástico.
- Não permitir que a extensão do cordão sofra torções, dobramentos, estrangulamentos e tração excessiva, para que a fibra não seja danificada.
- O raio de curvatura permissível é de, no mínimo, 50 mm e a tração máxima permitida é de 2 kgf.

### 8.9.7.4.1. Montagem de extensões ópticas

Normalmente, o distribuidor óptico já é fornecido com as extensões ópticas montadas; logo, é necessário somente realizar a montagem dos cordões ópticos na placa de adaptadores. A saída dos cordões poderá ser pela parte frontal lateral do distribuidor, necessitando, neste caso, fixá-los no suporte com abraçadeiras plásticas.

Considerações para Projetos de Redes Ópticas Passivas 249

Caso seja necessária uma saída traseira dos cordões, a extremidade destes deverá ser introduzida no interior do módulo, atingindo a saída lateral traseira, onde precisará ser fixada com abraçadeiras plásticas. Para essa montagem, proteger o feixe dos cordões com tubo espiralado por um comprimento de 600 mm e determinar o ponto de fixação nos suportes e na gaveta.

### 8.9.7.5. Elementos de ancoragem

Ferragens são utilizadas em cabos que possuem elementos de sustentação próprios e, portanto, podem ser instalados diretamente na rede aérea sem a necessidade de elementos de sustentação. Para a fixação, são utilizados conjuntos de ancoragem compostos por suportes, parafusos, abraçadeiras, olhais e grampos apropriados para cabos ópticos (Figura 8.13).

Nesse tipo de instalação, a complexidade maior encontra-se no momento do puxamento do cabo, o qual deve ser executado tomando-se os mesmos cuidados descritos anteriormente.

Para instalação de cabos ópticos autossustentados, existem dois tipos de fixação do cabo no poste: ancoragem e suspensão. A fixação por ancoragem é utilizada nos casos de encabeçamento, terminação, nos postes onde serão realizadas emendas e nas ocasiões em que ocorre um desvio de rota superior a 20°, horizontal ou verticalmente. Esse tipo de abordagem proporciona uma rígida fixação do cabo, porém apresenta uma complexidade maior em sua montagem.

A fixação por suspensão é utilizada nos casos em que o trecho é praticamente reto, com desvios de rota inferiores a 20°, horizontal ou verticalmente. O cabo não é fixo, sendo mantido somente suspenso.

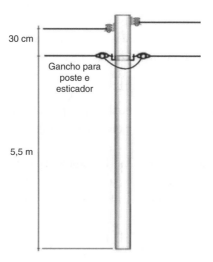

**FIGURA 8.13** Ancoragem em poste.

Antes de se iniciar o lançamento do cabo óptico, é necessário vistoriar a rota e os postes por onde ele será lançado. A partir desta vistoria se definem os postes que servirão de ancoragem e suspensão. Outros detalhes devem ser verificados:

- Análise dos pontos críticos, definindo-se os locais onde possivelmente serão encontradas dificuldades no momento do lançamento. Por exemplo, dificuldades para a instalação das ferragens de fixação e pontos de mudança de rota com travessia.

- Os postes devem estar em condições de receber o cabeamento e devem ser verificados o número e tipo de poste e se possui resistência suficiente para suportar o tracionamento do conjunto.

- As condições do terreno onde o cabo será lançado, considerando-se os obstáculos ao lançamento (árvores, pontes, cruzamentos, travessias etc.), providenciando-se os recursos necessários para transpor esses obstáculos.

## 8.10. DOCUMENTAÇÃO FINAL OU AS BUILT

A última fase da metodologia de projeto da rede se refere à elaboração da documentação final, que inclui a descrição dos requisitos e explica como o projeto atende a esses requisitos. As informações são predominantemente técnicas e permitem a qualquer profissional do ramo uma visão macro e detalhada da rede, além de ser um instrumento essencial para que, a qualquer momento, seja possível responder a solicitações de novos serviços ou reparo em determinado ponto da rede.

A documentação final sobre o que foi construído, o As Built, é definida como o conjunto de todas as informações relacionadas com o projeto. Ela engloba as informações necessárias ao cadastro dos elementos utilizados na sua construção, incluindo mapas cartográficos e desenhos esquemáticos com a passagem de cabos desde a central de equipamentos, pontos de distribuição junto aos usuários finais, diagrama unifilar com as ligações entre todos os nós ópticos, orçamento de perdas e de potência, listas de materiais e serviços, entre outros. Consiste na verificação em campo da rede implantada e o registro das discrepâncias existentes entre o projeto executivo, o projeto básico e a rede efetivamente construída.

Cada documento que compõe o As Built apresenta o grau de detalhamento necessário para a perfeita compreensão por parte dos responsáveis pela execução do projeto e inclui a atualização dos desenhos esquemáticos, bay face, planilhas, descritivos etc., segundo as informações (evidências) recebidas das equipes de construção. As características padronizadas da documentação são descritas nas recomendações das normas EIA/TIA-569 e EIA/TIA-606, que detalham características de infraestrutura e administração para redes de dados e telecomunicações.

Considerações para Projetos de Redes Ópticas Passivas

**251**

A apresentação das informações contidas na documentação da rede de telecomunicações tem como objetivo deixar o mais claro possível, com um satisfatório nível de detalhamento, a identificação de todos os elementos constituintes. Esta documentação deve incluir:

- **Apresentação** – Descritivo geral da rede instalada, nome do usuário e da empresa onde foi instalada a rede, tipo de rede e local da instalação etc.
- **Termo de Garantia** – Termo de garantia dos materiais e/ou instalação e suas condições.
- **Lista e especificações** – Informações técnicas e quantitativas de todos os materiais instalados, desde cabo, conectores, ferragens até os equipamentos ativos.
- **Esquemas lógicos** – Descritivos e desenhos dos esquemas lógicos da rede instalada, proporcionando uma visão macro da instalação. Os desenhos mostram os diferentes estágios da infraestrutura, cabeamento, layout, planejamento da sala de equipamentos, distribuição de equipamentos no rack, plantas baixas etc.
- **Resultados de testes** – Planilhas, gráficos e outros comprovantes dos resultados dos testes dos enlaces ópticos da rede (comprimento, atenuação, localização etc.).
- **Plantas de localização** – Registros contendo a localização física de todos os dispositivos ópticos e o completo encaminhamento dos cabos com a indicação do tipo de infraestrutura.
- **Ordens de Serviço** – Têm como objetivo o planejamento da execução de um serviço de realocação de pontos, manutenção ou expansão e devem incluir toda identificação necessária para localização e execução das atividades solicitadas. Também devem trazer os profissionais envolvidos na solicitação, execução e aprovação dos serviços, alterações da documentação e acesso de terceiros.
- **Relatórios** – Apresentam registros, resultados dos testes, listas dos materiais e equipamentos, especificações técnicas, certificados etc. Diferentes modelos de relatórios poderão ser gerados e anexados na documentação final do projeto, constituindo-se num histórico de acompanhamento da sua execução.

## 8.10.1. Diagrama unifilar

A documentação final deve incluir, obrigatoriamente, o diagrama unifilar da rede óptica. Este diagrama apresenta desenhos esquemáticos com o mapeamento detalhado das fibras disponíveis em cada cabo, a disposição das fusões e dos conectores no interior dos armários e caixas de emenda, o relacionamento de portas ópticas nos equipamentos ativos, as ligações desde o elemento inicial da rede (CO, ARDO ou DGO) até a ONU/ONT no usuário final, indicando todos os elementos intermediários (caixas de emendas, caixas de distribuição, outros armários etc.) e conexões (Figura 8.14).

No diagrama unifilar, deve ser possível identificar, individualmente, a origem e o destino de cada trecho do cabeamento que interliga dois elementos quaisquer da rede (ARDOs, caixas de emenda, cabos drop etc.). Isso servirá para o provisionamento de fibras no momento de ativar novos usuários e para futuras expansões da rede. O trecho que sofrerá a intervenção deve ser anexado na ordem de serviço para que o técnico responsável pelas fusões anote as alterações em campo (rascunho), para posterior atualização no arquivo em CAD.

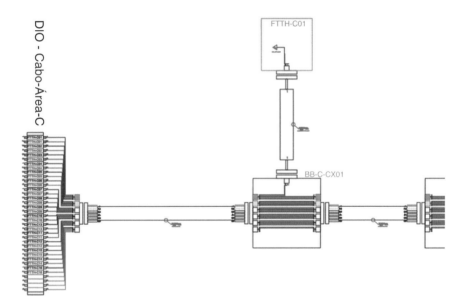

**FIGURA 8.14** Exemplo de diagrama unifilar de rede óptica.

### 8.10.2. Plano de uso de bobinas

A documentação do plano de uso das bobinas tem como objetivo registrar a utilização de cabos ao longo dos trajetos da rede, alocando a maior quantidade possível de lances de um mesmo lote de fibra óptica.

Devem ser listados e identificados todos os lances necessários de cabos com os respectivos comprimentos e lotes, para que a equipe responsável pela construção da rede possa planejar sua utilização, bem como para facilitar a posterior manutenção em casos de rompimento.

## 8.10.3. Reservas técnicas

Documentação com a relação de endereços de todas as reservas técnicas da rede de cabos, incluindo logradouro, número ou referência da edificação mais próxima, comprimento do lance, comprimento da reserva etc.

## 8.10.4. Detalhamento da rede interna

Plantas ou croquis de detalhes internos apresentando o encaminhamento dos cabos no interior das edificações, no trecho compreendido entre a caixa subterrânea ou poste de entrada e o DIO; poderá incluir o layout da sala onde estará localizado o rack.

Podem ser apresentados diferentes detalhes, desde que não seja prejudicada a visualização dos elementos (Figura 8.15).

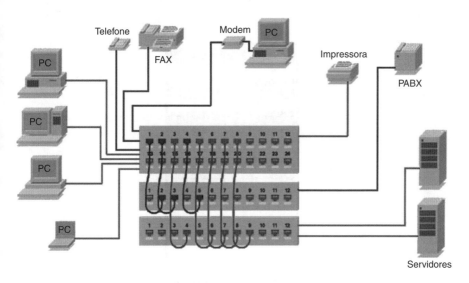

**FIGURA 8.15** Exemplo de croqui com conexões na rede interna.

## 8.10.5. Contrato de locação de postes

Contrato realizado junto à concessionária de energia elétrica. É preciso apresentar o projeto de cálculo de esforços, com sua devida ART, para a concessionária de energia elétrica, com o intuito de efetuar o contrato de locação de postes e/ou obter o documento de autorização de uso dos postes.

É utilizado e apresentado em caso de vistoria efetuada pela concessionária de energia elétrica e eventuais acidentes com os postes.

## 8.10.6. Inventário de equipamentos

Inclui a listagem de todos os equipamentos ativos, passivos, manuais e notas fiscais para registro das datas de aquisição, fabricação e outros detalhes. O inventário será importante nos casos de acionamento dos fornecedores para os itens em garantia ou por problemas no projeto motivados por discrepâncias nas informações técnicas fornecidas.

## 8.10.7. Bay face e layout dos armários ópticos

Plano de face, ou bay face, apresentando a vista frontal e traseira (opcional) dos bastidores e armários ópticos, possibilitando a visualização do posicionamento dos equipamentos a serem instalados.

A documentação deve constar de diagrama esquemático e planilha contendo a identificação e posicionamento das fibras, emendas, extensões e conexões ópticas no DIO (Figura 8.16).

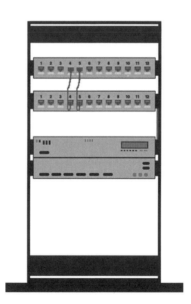

**FIGURA 8.16** Exemplo de bay face de rack.

## 8.10.8. Ocupação das caixas de emenda óptica

Deve ser gerada a documentação constando diagrama e tabela identificando o posicionamento, utilização e ligações entre as fibras no interior das caixas de emendas ópticas (Figura 8.17).

O diagrama deverá conter a localização da caixa (nome do logradouro e número da edificação mais próxima), além do modelo/tipo da caixa de emenda.

Considerações para Projetos de Redes Ópticas Passivas

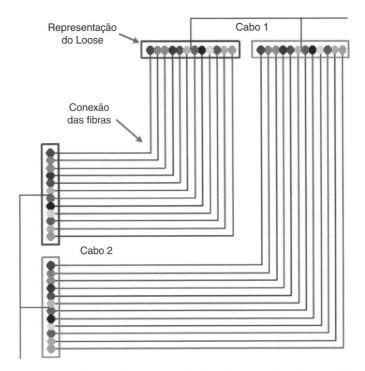

**FIGURA 8.17** Exemplo de ocupação de fibras em caixa de emenda.

## 8.10.9. Lista de materiais

Documentação contendo a relação individual, a descrição detalhada e os quantitativos de todos os equipamentos ativos, passivos e demais acessórios utilizados na construção da rede óptica.

## 8.11. RELATÓRIOS

Relatórios devem ser gerados para acompanhamento e verificação do andamento do projeto. Um relatório eficiente sobre a situação de um projeto deve salientar o extraordinário – não considerar apenas os dados rotineiros – e enfatizar as divergências do planejamento do projeto assim que ocorrerem, ou até mesmo antes disso, se possível. Evidenciar, principalmente, os problemas que precisam de uma solução de gerenciamento, não escondendo as dificuldades de andamento do projeto.

### 8.11.1. Relatório de engenharia

O diário de obra, ou diário de engenharia, é um modelo de relatório que deve ser preenchido com o registro das principais atividades diárias realizadas nas obras, funcionando como uma espécie de memorial. Seu preenchimento, muito mais que uma questão burocrática, representa uma fonte de informações para auxiliar na gestão do projeto da rede.

Nos diários, são anotados os detalhes e a descrição dos serviços executados, o uso e a disponibilidade de recursos – como mão de obra e equipamentos – e os avanços em cada atividade ou frente de trabalho. Também costumam ser registrados os problemas que impedem a execução dos serviços em alguma situação especial.

A importância atribuída ao diário, tipicamente, é a de se ter um registro rigoroso das atividades diárias realizadas em um único documento. Costumam constar a autoria dos serviços executados, o efetivo da obra, as ocorrências não previstas que causam interrupção nos trabalhos, os acidentes na rota, as condições climáticas, as locações de máquinas e equipamentos e sua utilização no dia.

O documento também pode ajudar no controle das ARTs e RRTs (Registros de Responsabilidade Técnica) dos fornecedores, por conta do apontamento de quem executou os trabalhos.

### 8.11.2. Relatório de linha de tempo

Um relatório de linha de tempo também deve ser elaborado. Seu objetivo principal é registrar os dados mais exatos disponíveis sobre o tempo que cada membro da equipe gasta em cada uma das tarefas. Uma boa alternativa é fazer com que cada membro da equipe anote o tempo de execução de suas tarefas em um sistema de informações com uma ferramenta padrão. Os dados armazenados são processados para emissão de informações estatísticas e orçamentárias, por exemplo.

Mudanças no decorrer do projeto são normais. Existem diferentes motivos para que um projeto de rede seja modificado no momento da implantação. Os mais comuns são a inviabilidade de passagem de algum cabo ou que determinado equipamento não possa ser alocado no poste em que estava previsto e tenha de ser encaminhado para outro, por exemplo. Até mesmo a inexperiência da equipe de instalação pode ser um fator que ocasiona mudanças no projeto.

### 8.11.3. Relatório de testes

Todos os resultados dos testes da infraestrutura devem estar relacionados na documentação da rede, por se constituírem em informações essenciais para futuras atividades de manutenção e localização de falhas (troubleshooting). Deverão ser anexados ao As Built os relatórios de testes finais dos enlaces ópticos.

Se o equipamento de testes não gerar relatório em meio eletrônico, deve-se preencher uma tabela com todos os resultados medidos, os valores teóricos, a identificação das fibras testadas e os dados de medição que permitam a rastreabilidade do processo.

Considerações para Projetos de Redes Ópticas Passivas

## 8.11.4. Relatório de adequação da rede externa aérea

Deverá ser elaborado relatório contendo todas as informações necessárias e os cálculos dos esforços resultantes devido à inserção do cabeamento óptico no posteamento da rede externa aérea. Deverão ser indicadas as necessidades em termos de adequação da rede aérea, como troca de postes, implantação de novos postes, alteamento de transformadores e demais serviços necessários na rede elétrica de baixa e média tensão.

O relatório deverá conter o detalhamento da rede externa aérea com a identificação dos seguintes pontos:

* Logradouros com podas de árvores a executar.
* Luminárias a serem alteadas.
* Redes existentes (energia, telefonia, TV a cabo etc.) a serem deslocadas (alteadas ou tensionadas).
* Localização e identificação dos lances de cordoalha a instalar, seja para sustentação de cabo espinado, seja para sustentação de caixas de emendas ou reservas técnicas.
* Localização e identificação dos pontos de ancoragem de cordoalha ou cabo autossustentado, com indicação do ângulo de desvio horizontal ou vertical.
* Localização e identificação dos pontos de aterramento a instalar.

## 8.11.5. Relatório de adequação da rede externa subterrânea

Consiste na elaboração dos documentos necessários à construção da rede externa subterrânea, incluindo plantas ou croquis com o percurso da rota de cabos, indicação do número de dutos e da profundidade e largura das valas, plantas de perfil (necessárias no caso de travessias subterrâneas ou travessias sobre interferências), indicação das interferências subterrâneas (se possível identificação pela superfície, sem sondagem ou prospecção), indicação de cotas das caixas subterrâneas de passagem em relação a marcos visíveis (muros, postes, calçada etc.).

Capítulo 9

# Critérios para Dimensionamento de Enlaces Ópticos

Na medida em que as redes ópticas suportam maiores larguras de banda, com requisitos cada vez mais rigorosos de desempenho, torna-se importante garantir que os enlaces atendam a padrões de perda com menores tolerâncias. O projeto de um enlace óptico inclui a seleção dos componentes passivos, como tipo de fibra óptica, conectores, adaptadores, atenuadores etc., e também dos elementos ativos, como transmissores e receptores, visando garantir a transmissão do sinal até determinada distância, com uma taxa de transmissão especificada e obedecendo aos critérios de qualidade e de confiabilidade do projeto.

Por consequência, o desempenho do enlace óptico depende de uma série de características e propriedades dos cabos e demais equipamentos empregados.

Na estimativa do desempenho do enlace, dois termos – "orçamento de potência" ou power budget e "orçamento de perda" ou loss budget – são muito usados e frequentemente confundidos. O orçamento de potência se refere à quantidade de perda no sinal óptico entre transmissor e receptor que o enlace pode tolerar a fim de funcionar corretamente. Já o orçamento de perda se refere aos valores mínimo e máximo de perdas para garantir o funcionamento do enlace. Isso significa que o enlace necessita de um valor mínimo de perda, para não sobrecarregar o receptor, e um valor máximo, para assegurar que o receptor tenha um nível de sinal suficiente para operar adequadamente.

## 9.1. ORÇAMENTO DE POTÊNCIA ÓPTICA

O orçamento de potência óptica é a diferença entre a potência óptica entregue pelo transmissor à fibra e a potência requerida pelo receptor para o correto funcionamento do sistema óptico. Ele deve contabilizar as perdas nos elementos passivos da rede (cabo óptico, splitters, conectores, emendas etc.) e incluir uma margem de segurança prevendo o envelhecimento das unidades ativas do sistema.

O orçamento de potência ($O_P$) deve atender à seguinte equação:

$$P_{TX} - A_{FO} - P_C - P_E - P_P - M_S - S_{RX} > 0$$

Em que:

$O_P$ = Orçamento de Potência, em dB
$P_{TX}$ = Potência de saída (Tx), em dBm
$A_{FO}$ = Atenuação total da fibra óptica, em dB
$P_C$ = Perda total nos conectores, em dB
$P_E$ = Perda total nas emendas, em dB
$P_P$ = Perda total nos elementos passivos, em dB
$M_S$ = Margem de segurança, em dB
$S_{RX}$ = Sensibilidade (Rx), em dBm

Para cumprir o orçamento de potência, é necessário que o emissor seja capaz de fornecer a potência necessária para que o sinal chegue ao receptor com um nível adequado para sua detecção. Neste caso, a diferença entre potência de saída e a perda total do enlace deve ser maior que a sensibilidade do receptor:

$$P_{TX} - A_T > S_{RX}$$

A atenuação total ($A_T$) do sistema é dada por:

$$A_T = A_{FO} + P_C + P_E + P_P + M_S$$

**Exemplo de cálculo 1**

Considerar a PON da Figura 9.1, operando em comprimentos de onda de 1.310 nm/1.490 nm, com fibra óptica monomodo (atenuação de 0,3 dB/km). O nível de potência de saída informado para a ONT é 2,0 dBm e da porta do OLT é 4,5 dBm. A sensibilidade do receptor é de −28,0 dBm, adotando uma margem de segurança de 3,0 dB. Considerar a existência de 3 pontos de fusão (atenuação de 0,1 dB por ponto) e 2 pares de conectores (atenuação de 0,75 dB por par). As perdas no componente passivo da rede (splitter) são de 7,0 dB.

Calcular a atenuação total e o orçamento de potência do sistema óptico avaliando se o enlace é viável ou não.

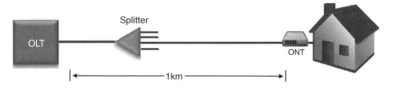

**FIGURA 9.1** Exemplo de cálculo 1.

# Critérios para Dimensionamento de Enlaces Ópticos 261

A atenuação total do enlace será:

$$A_T = A_{FO} + P_C + P_E + P_P + M_S$$

$$A_T = 0,3 \times 1 + 0,75 \times 2 + 0,1 \times 3 + 7,0 \times 1 + 3,0 = \mathbf{12,1\ dB}$$

O cálculo do orçamento de potência utiliza o pior caso para a potência de saída e a sensibilidade informada (neste caso, da ONT):

$$P_{TX} - A_{FO} - P_C - P_E - P_P - M_S - S_{RX} > 0$$

$$(+2,0\ dBm) - 12,1\ dB - (-28,0\ dBm) > 0 \Rightarrow \mathbf{17,9\ dBm} > 0$$

$$P_{TX} - A_T > S_{RX} \Rightarrow -10,1\ dBm > -28,0\ dBm\ (\textbf{enlace viável})$$

## 9.2. ORÇAMENTO DE PERDA ÓPTICA

O propósito de qualquer rede de fibra óptica é a transmissão de dados com confiabilidade, sem erros e em alta velocidade. O projeto adequado da rede garante que os dispositivos cumpram as especificações, além de minimizar esforços na solução de problemas.

Um dos fatores mais importantes para garantir a transmissão está no controle das perdas de potência na rede, conforme as especificações de desempenho para o enlace óptico da ITU-T. Para estabelecer esses valores, é necessário realizar o cálculo do Orçamento de Perda Óptica ou *Optical Loss Budget*. Esse orçamento deve contabilizar todas as perdas produzidas pelos diversos elementos que compõem o enlace óptico (cabo, conectores, emendas etc.) e indicar se a potência do sinal do transmissor é suficiente para que o receptor seja capaz de processar e decodificar as informações.

Uma das primeiras tarefas é avaliar os valores aceitáveis de perdas de forma a obter um projeto que atenda aos requisitos da rede óptica. Para caracterizar adequadamente o orçamento de perdas, os seguintes parâmetros devem ser observados:

- **Transmissor:** potência de saída, temperatura e envelhecimento.
- **Receptor:** sensibilidade do detector.
- **Cabo óptico:** efeitos das perdas e da temperatura nas fibras.
- **Conexões de fibra:** splitters, conectores e emendas.
- **Outros:** margens de tolerância para os cabos e demais elementos passivos, prevenindo os efeitos do tempo e fatores ambientais, degradação das emendas etc.

Quando alguma das variáveis indicadas não satisfaz às especificações, o desempenho da rede pode ser fortemente afetado, ou pior, a degradação pode levar a falhas na rede.

A fim de calcular o orçamento da perda óptica, alguns valores típicos de atenuações de diferentes componentes podem ser utilizados como referência, como mostra a Tabela 9.1.

**TABELA 9.1** Valores de referência de atenuação para alguns componentes passivos

| Componente | Parâmetro | Valor de referência |
|---|---|---|
| Fibra monomodo | 1.550 nm | 0,20 dB/km |
| Fibra monomodo | 1.310 nm | 0,35 dB/km |
| Fibra multimodo | 1.300 nm | 1,0 dB/km |
| Fibra multimodo | 850 nm | 3,0 dB/km |
| Emenda por fusão | Cada emenda | 0,1 dB |
| Emenda mecânica | Cada emenda | 0,5 dB |
| Conector | O par | 0,75 dB |

## 9.3. ATENUAÇÃO PONTA A PONTA

O parâmetro básico necessário para testar um enlace óptico é a atenuação ponta a ponta. A atenuação máxima permissível em um enlace óptico pode ser determinada pela potência média do transmissor e a sensibilidade do receptor. As medidas de perda do sistema óptico devem ser sempre menores do que a perda estimada do enlace, calculada no projeto.

A melhor maneira de verificar se o cabeamento óptico atende às exigências do projeto é medir cada seguimento em separado.

## 9.4. ATENUAÇÃO DO ENLACE

Os principais fatores que causam a atenuação do enlace óptico são o canal (cabo óptico), os conectores e as emendas. Para sistemas de cabeamento existentes, ou para novos projetos, os valores devem ser calculados conforme as orientações descritas a seguir.

### 9.4.1. Atenuação do canal

O desempenho de um enlace óptico deve ser avaliado, principalmente, em relação ao fator de atenuação, que estabelece a distância máxima de transmissão sem necessidade de repetidores, e a largura de banda, que fixará a taxa máxima de modulação permitida dentro do comprimento de enlace.

Critérios para Dimensionamento de Enlaces Ópticos (263)

Para calcular a atenuação do canal, deve-se multiplicar o comprimento total do cabo pelo coeficiente de atenuação normalizado para o cabo, segundo a relação: atenuação do cabo (dB) = coeficiente de atenuação (dB/Km) × comprimento do cabo (Km).

Os valores do coeficiente de atenuação considerados para cabos monomodo e multimodo utilizados em enlaces ópticos são apresentados na Tabela 9.2.

**TABELA 9.2** Coeficientes de atenuação para cabos ópticos

| Tipo de cabo óptico | Comprimento de onda (nm) | Coeficiente de atenuação máxima (dB/Km)* |
|---|---|---|
| Multimodo (50 ou 62,5/125 µm) | 850 | 3,5 |
| | 1.300 | 1,5 |
| Monomodo (uso externo) | 1.310 | 0,5 |
| | 1.550 | 0,5 |
| Monomodo (uso interno) | 1.310 | 1,0 |
| | 1.550 | 1,0 |

*A temperatura pode afetar a perda no cabo e o valor pode variar em até 2 dB/Km acima.

### 9.4.2. Atenuação nos conectores

Para calcular a atenuação nos conectores, devem-se somar os valores individuais de atenuação (em dB) para cada par de conectores ao longo da rota do cabo óptico, excluindo-se os conectores do transmissor e do receptor: atenuação no conector (dB) = número de pares de conectores (NP) × perda no conector (dB)

Os valores típicos e máximos de perda no par de conectores por tipo de conector são dados na Tabela 9.3.

**TABELA 9.3** Perdas por par de conectores

| Tipo de conetor | Perdas por par de conectores (dB) | | | |
|---|---|---|---|---|
| | Multimodo 62,5/125 µm | | Monomodo | |
| | Típico | Máximo | Típico | Máximo |
| ST | 0,3 | 0,5 | 0,3 | 0,8 |
| FC/PC | N/A | N/A | 0,3 | 0,8 |
| SC/PC | 0,3 | 0,5 | 0,3 | 0,5 |
| Bicônico | 0,7 | 1,4 | 0,7 | 1,3 |

Deve-se utilizar o valor máximo de perda para cálculos em enlaces com até quatro pares de conectores, e o valor típico em enlaces com cinco ou mais pares de conectores.

A norma ANSI/EIA/TIA-568 recomenda a utilização do conector SC para sistemas de telecomunicações e especifica o valor máximo de perda no par de conectores em 0,75 dB, neste caso.

### 9.4.3. Atenuação nas emendas

A atenuação nas emendas deve ser calculada com a soma dos valores individuais da atenuação para cada emenda (em dB) ao longo da rota do cabo óptico: atenuação na emenda (dB) = número de emendas × perda na emenda (dB).

Os valores médio e máximo de perda na emenda são dados na Tabela 9.4.

**TABELA 9.4** Perdas nas emendas ópticas

| Tipo de emenda | Perdas nas emendas (dB) |||| 
|---|---|---|---|---|
| | Multimodo || Monomodo ||
| | Médio | Máximo | Médio | Máximo |
| Fusão | 0,15 | 0,3 | 0,15 | 0,3 |
| Mecânica | 0,15 | 0,3 | 0,2 | 0,3 |

**Exemplo de cálculo 2**

Três lances de fibra óptica são unidos por dois pontos de emenda por fusão, como ilustrado na Figura 9.2. Qual é a atenuação total do lance, sabendo que a perda por ponto de fusão é de 0,3 dB?

**FIGURA 9.2** Exemplo de cálculo 2.

Atenuação total em dB = (atenuação dos lances de fibra) + (atenuação das emendas)

=> Atenuação total em dB = (0,55 + 0,80 + 0,45) + (0,3 + 0,3) = **2,4 dB**

Critérios para Dimensionamento de Enlaces Ópticos

As perdas em outros componentes, como acopladores e divisores passivos, também influenciam e devem ter seus valores considerados para efeito de cálculo da atenuação do sistema.

## 9.5. CÁLCULO DO ORÇAMENTO DAS PERDAS DO ENLACE

O orçamento de perdas do enlace, ou Link Loss Budget, é o cálculo da máxima perda admitida para um sistema de cabeamento óptico em topologia ponto a ponto. Deve-se calcular o ganho do sistema e as restrições de potência. Para isso, devem ser conhecidos:

1. Os parâmetros do sistema de transmissão

- Potência óptica de saída do transmissor
- Sensibilidade mínima do receptor
- Margem do sistema

2. Os parâmetros dos elementos da rede passiva

- Atenuação do cabo óptico
- Perdas nos conectores
- Perdas nas emendas

## 9.5.1. Cálculo do comprimento do enlace

Para o cálculo do comprimento do enlace óptico, é necessário conhecer os equipamentos e acessórios que irão compor o enlace. Um sistema de comunicação utilizando a infraestrutura de cabeamento óptico apresenta, basicamente, os seguintes componentes:

- **Transmissores e receptores** – Responsáveis pela transformação do sinal elétrico em sinal óptico e vice-versa.
- **Cabos ópticos** – Compostos pelas fibras ópticas e encapsulamento necessário para proteção mecânica; o meio físico para o transporte do sinal.
- **Bastidores e armários** – Usados no acondicionamento do cabo óptico no interior da central, possibilitam a distribuição das fibras para os diversos equipamentos.
- **Caixas de emenda** – Alojam as emendas dos cabos ao longo do enlace.
- **Conectores ópticos** – Fazem a ligação mecânica das fibras ópticas com os acessórios e demais equipamentos.

É importante considerar que esses elementos da rede introduzem perdas que limitam as distâncias dos enlaces. Dessa forma, é importante o conceito do cálculo de enlace para uma avaliação prévia.

Para efetuar os cálculos, os valores de atenuação do cabo óptico, dos conectores e da atenuação por emenda devem ser conhecidos. Outros valores, como a potência média de transmissão, a potência máxima de recepção e a sensibilidade do receptor, também devem ser informados.

Na Figura 9.3, temos a representação de um enlace óptico teórico interligando duas redes locais de computadores (LAN).

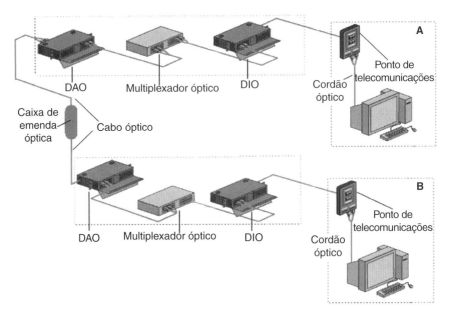

**FIGURA 9.3** Enlace óptico típico entre redes locais de computadores.

Para obter o comprimento do cabo, utilizamos também um reflectômetro (OTDR) que, devidamente ajustado, poderá medir um valor de comprimento dentro de certa tolerância e com uma margem de erro aceitável, podendo essa medida ser comparada com os valores calculados.

### 9.5.2. Orçamento das perdas no enlace

O orçamento de perdas é definido como a soma de todas as perdas do enlace de telecomunicações, em dB. Aplicando esta definição ao projeto PON, temos o somatório de todas as perdas ao longo do percurso da fibra óptica, desde a central de equipamentos, passando pela ODN, até o usuário final.

É importante notar que, para que a unidade óptica que atende ao usuário consiga se comunicar com o OLT, existe um valor mínimo de atenuação e um valor máximo, todos medidos em dB.

# Critérios para Dimensionamento de Enlaces Ópticos

**Exemplo de cálculo 3**

Calcular a largura de banda máxima por terminal para um projeto de enlace PON com o uso de duas fibras ópticas (F1 e F2), dois splitters primários na rede de distribuição, balanceados na razão de 1:4, e oito splitters secundários para a rede de acesso, balanceados na razão de 1:8, para atendimento aos usuários em dois prédios distintos (A e B).

Na rede de acesso ocorrerá a distribuição das portas ópticas, totalizando 32 ONTs por prédio, atendendo a todos os moradores em ambos (Figura 9.4).

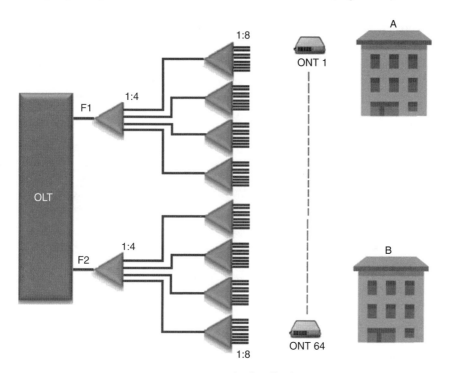

**FIGURA 9.4** Exemplo de cálculo 3.

A largura de banda prevista atende:

- Largura de Banda do OLT = 2,5 Gbps
- Fracionamento dos divisores ópticos de distribuição = 1:4
- Fracionamento dos divisores ópticos de acesso = 1:8

A largura de banda, após cada divisor passivo 1:4, será 2,5 Gbps/4 = 625 Mbps.

Considerando que todos os usuários estarão conectados em cada ONT, temos uma largura de banda máxima por terminal de: 625 Mbps/8 = 78,12 Mbps por ONT ou, aproximadamente, 9,76 Mbps por usuário.

**Exemplo de cálculo 4**

Considerar o projeto PON da Figura 9.5, no qual será utilizado cabeamento óptico monomodo, apresentando 4,0 km de comprimento (maior distância entre OLT e ONT) e operando em comprimentos de onda de 1.310 nm/1.490 nm. As perdas estimadas por emenda são de 0,3 dB e as perdas por par de conectores, de 0,8 dB. O coeficiente de atenuação da fibra informado pelo fabricante é 0,5 dB/km.

O nível de potência de saída de sinal óptico informado para a ONT é +2,0 dBm, e da porta do OLT, +4,5 dBm. Ambos utilizam transmissor LED.

A sensibilidade e a faixa dinâmica dos receptores são −27,0 dBm e −3,0 dB, respectivamente. Para os casos de manutenção e degradação da rede óptica, é estimada uma margem de segurança de 3,0 dB.

A rede foi construída com dois níveis de splitters balanceados, sendo o splitter de primeiro nível com razão de 1:2 e o splitter de segundo nível com razão de 1:4. A rede apresenta ainda cinco pontos de fusão e dois pares de conectores.

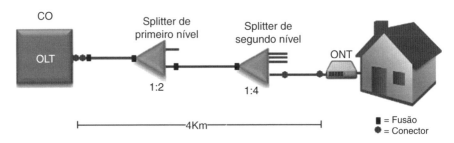

**FIGURA 9.5** Exemplo de cálculo 4.

### 9.5.3. Atenuação passiva do enlace

Para calcular a atenuação passiva do enlace, devemos calcular a perda no comprimento do enlace (comprimento do cabo), a perda nos conectores e a perda nas emendas:

- **Perda no comprimento do enlace** – Multiplicar o comprimento total do cabo óptico pelo coeficiente de atenuação da fibra, segundo o comprimento de onda de operação. Recomenda-se usar o coeficiente de atenuação fornecido pelo fabricante.

- **Perda nos conectores** – Considerar o número de pares de conectores, que deve ser multiplicado pela perda informada para cada par, por tipo de conector.

- **Perda nas emendas** – Considerar o valor máximo por tipo de emenda (fusão ou mecânica), multiplicado pelo total de pontos de emenda na fibra.

- **Perda nos divisores ópticos** – Considerar a perda por inserção típica dos splitters existentes ao longo do enlace.

Critérios para Dimensionamento de Enlaces Ópticos

A atenuação passiva total é a soma de perdas na fibra, perdas nos conectores, perdas nas emendas e perdas nos divisores ópticos.

Os resultados do cálculo da atenuação passiva do enlace teórico do exemplo 4 estão registrados na Tabela 9.5.

**TABELA 9.5** Cálculo da atenuação passiva

| | | |
|---|---|---|
| **Perda no comprimento do enlace** | Comprimento do cabeamento óptico | 4,0 km |
| | Coeficiente de atenuação da fibra | 0,5 dB/km |
| | Perda total na fibra | **2,0 dB** |
| **Perda nos conectores** | Perda por par de conectores | 0,8 dB |
| | Número de pares de conectores | 2 |
| | Perda total nos conectores | **1,6 dB** |
| **Perdas nas emendas** | Perda por emenda | 0,3 dB |
| | Número de emendas | 5 |
| | Perda total nas emendas | **1,5 dB** |
| **Perdas nos divisores ópticos** | Rede primária | 3,7 dB |
| | Rede secundária | 7,3 dB |
| | Perda total nos divisores ópticos | **11 dB** |
| **Atenuação passiva total** | | **16,1 dB** |

## 9.5.4. Margem de desempenho e faixa dinâmica do receptor

Para o perfeito funcionamento do sistema óptico, dois parâmetros são relevantes ao projeto: margem de desempenho e faixa dinâmica do receptor. Os cálculos destes dois parâmetros devem ser feitos para que se possa certificar que o enlace óptico atenderá às exigências de potência do transmissor e sensibilidade do receptor, mantendo a taxa de erros (BER) dentro de valores admissíveis.

### 9.5.4.1. Margem de desempenho

Para o cálculo da margem de desempenho do sistema óptico, deve ser feito o balanço entre as perdas admitidas no sistema e a atenuação do segmento. Neste cálculo, a atenuação do segmento corresponde às perdas dos componentes passivos (cabo, conectores e emendas) e divisores ópticos.

Se o resultado do cálculo da margem de desempenho for maior do que zero, ou seja, as perdas que os equipamentos suportam forem superiores à atenuação máxima da componente passiva do enlace, o sistema irá operar com qualidade. Esta qualidade indica que o sistema irá transmitir com determinada potência e que o receptor irá interpretá-lo corretamente, mantendo a transmissão dentro de uma taxa de erros (BER) satisfatória. Para sistemas ópticos, esse valor normalmente é da ordem de $10^{10}$, ou seja, um bit recebido com erro para cada 10 bilhões de bits transmitidos.

### 9.5.4.2. Faixa dinâmica do receptor

Todo sistema de recepção é projetado levando-se em conta que existe uma atenuação ao longo do meio de transmissão, caso contrário, poderia ocorrer perda de sinal ou saturação no receptor, prejudicando o desempenho de todo sistema. Esse parâmetro, medido em dB, é chamado de faixa dinâmica do receptor.

É importante conhecer o valor da faixa dinâmica do receptor para poder efetuar o cálculo da perda requerida no enlace. Caso o desempenho esteja abaixo do necessário para operação, ainda haverá tempo para que sejam feitas correções no projeto, com o objetivo de alterar os valores da atenuação no sistema como um todo, tanto sobre itens passivos (com a troca de conectores, emendas, encaminhamento dos cabos, entre outros) como sobre itens ativos (troca dos equipamentos).

A Figura 9.6 apresenta valores típicos para a faixa dinâmica requerida pelo receptor, em função de variáveis que podem ocorrer na rede óptica.

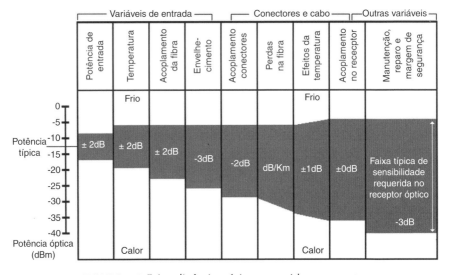

**FIGURA 9.6** Faixa dinâmica típica requerida no receptor.

Critérios para Dimensionamento de Enlaces Ópticos

O ganho do sistema é obtido pela diferença entre a potência média na saída do transmissor e a sensibilidade do receptor (ambos informados pelo fabricante). Já a faixa dinâmica é obtida pela diferença entre a sensibilidade do receptor e a máxima potência óptica suportada pelo receptor.

- **Balanço de potência do enlace** – Subtrair a potência média injetada pelo transmissor (em dBm) do valor da sensibilidade do receptor; o resultado representa o valor da perda máxima permitida (em dB) entre o transmissor e o receptor para a taxa de erros de bit especificada para o receptor.
- **Restrições de potência** – Incluem a margem de operação, a margem de perdas no receptor e a margem de segurança para eventuais degradações de desempenho e reparos da rede. A margem para reparos deve ser considerada, principalmente, quando o cabo óptico estiver instalado em locais sujeitos a rompimentos ou outros danos acidentais. Deve-se considerar uma margem suficiente para acomodar pelo menos dois pontos de emenda adicionais.
- **Orçamento das perdas no enlace** – Subtrair o valor calculado para o balanço de potência do enlace das restrições de potência.
- **Margem de potência** – Deve-se subtrair o valor calculado para o orçamento das perdas no enlace do valor calculado para a atenuação passiva total.
- **Faixa dinâmica do enlace** – Corresponde ao valor do balanço de potência do enlace subtraído do orçamento de potência.

Reforçando, a margem de segurança representa o valor a ser introduzido, considerando a degradação do desempenho dos componentes que compõe o sistema e as alterações que possam ocorrer na topologia da rede. Para a adoção de um valor para a margem de segurança, considerar:

- Variações na eficiência do transmissor, em virtude do seu envelhecimento.
- Variações nos parâmetros do fotodetector.
- Emendas adicionais motivadas por rompimentos nas fibras ou por modificações na topologia da rede.
- Desalinhamento e desgastes dos conectores.
- Variações dos valores dos demais componentes comerciais.
- Efeito da temperatura ambiente sobre os cabos ópticos.

A adoção de um valor muito alto para a margem de segurança pode implicar a utilização de componentes mais robustos e caros e um possível aumento no número de regeneradores e/ou amplificadores no enlace; ao contrário, um valor muito pequeno de margem de segurança pode não satisfazer às necessidades no caso de intervenções corretivas ou de mudanças da topologia na rede. Um valor típico para a margem de segurança é 3 dB. Na Tabela 9.6, estão registrados os cálculos.

**TABELA 9.6** Cálculo do orçamento de potência e faixa dinâmica do enlace óptico

| | | |
|---|---|---|
| **Balanço de potência do enlace** | Potência de saída do transmissor | +2,0 dBm |
| | Sensibilidade do receptor | −27,0 dBm |
| | Balanço de potência do enlace | −25,0 dB |
| **Restrições de potência** | Margem de operação [1] | 2,0 dB |
| | Margem de perdas no receptor [2] | xxx |
| | Margem de segurança | 3,0 dB |
| | Restrição de potência total | 5,0 dB |
| **Orçamento das perdas no enlace** | Balanço de potência do enlace | 25,0 dB |
| | Restrição de potência total | 5,0 dB |
| | Orçamento das perdas no enlace | 20,0 dB |
| **Orçamento de potência** | Orçamento das perdas no enlace | 20,0 dB |
| | Atenuação passiva total | 16,1 dB |
| | Orçamento de potência | 3,9 dB |
| **Faixa dinâmica do enlace** | Balanço de potência do enlace | −25,0 dB |
| | Orçamento de potência | −3,9 dB |
| | Faixa dinâmica do enlace | −21,1 dB |

[1] Considerar os valores de 2 dB para LED ou 3 dB para laser se o fabricante não especificar a margem de operação do sistema.
[2] A margem de perdas no receptor só deve ser considerada se informada pelo fabricante.

Em PON, o valor da faixa dinâmica do enlace representa o nível de sinal esperado no receptor (ONT/ONU) mais distante do OLT a fim de manter a BER especificada para o sistema.

No exemplo, o valor calculado para a faixa dinâmica do enlace (21,1 dB) está dentro do intervalo de potência recomendado para a maioria das UNU/ONT disponíveis no mercado, como pode ser observado na Figura 9.7. Esta figura também apresenta o intervalo de potência de saída para uma porta de OLT comercial.

# Critérios para Dimensionamento de Enlaces Ópticos

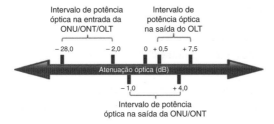

**FIGURA 9.7** Intervalos típicos de potência óptica para ONU/ONT/OLT.

## Exemplo de cálculo 5

Deixo para o leitor o "desafio" deste último exemplo para dimensionamento de rede PON, a título de verificar os conhecimentos adquiridos até aqui.

Considerar as PONs 1 e 2 da Figura 9.8, apresentando 2,0 km de extensão cada segmento e atenuação da fibra óptica, padrão G.652.D, de 0,4 dB/km. As perdas totais estimadas nos pontos de fusão são de 0,1 dB no 1º nível, 0,3 dB no 2º nível, e 0,75 dB nos pares de conectores; a perda no splitter de 1º nível é de 7,5 dB e a perda no splitter de 2º nível é de 10,5 dB. A potência de saída do OLT situa-se entre +3 dB a +4 dB, utilizando fonte laser. O sinal teórico esperado no usuário é de −19,8 dB a 20,8 dB, com variação de 10% (−22,88 dB), e a sensibilidade de cada ONU, informada pelo fabricante, é de −28 dBm.

Determinar o orçamento de perdas, o orçamento de potência e a faixa dinâmica dos enlaces PON 1 e PON 2.

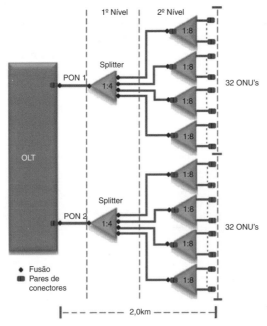

**FIGURA 9.8** Exemplo de cálculo 5.

## 9.6. CONCLUSÃO

Ao leitor que chegou até aqui, este livro não é o término de um trabalho. Ao contrário, é parte integrante de um conjunto de temas muito extenso, que não seria possível de ser abordado em apenas uma publicação. No momento em que ele está sendo escrito, novas tecnologias de redes ópticas são testadas e novas funcionalidades e conceitos, colocados em prática. Esses fatores já justificariam a elaboração de um novo livro em continuidade a este.

O objetivo principal do trabalho foi fornecer um panorama do estado da arte em redes ópticas passivas, apontando as tendências predominantes para sua evolução e as vantagens do seu emprego em diferentes ambientes, com distintas topologias. São estruturas de redes de telecomunicações que vêm ocupando uma posição de destaque, graças ao intenso desenvolvimento tecnológico do setor e da globalização de atividades produtivas e financeiras. Nas cinco últimas décadas, o setor de telecomunicações passou por transformações estruturais significativas, no Brasil e no mundo, como a mudança no acervo tecnológico e a alteração das forças que regulam as relações comerciais na cadeia produtiva.

As mudanças que estão ocorrendo nas redes de telecomunicações são bastante relevantes e estão alterando de forma permanente suas características. O aumento da concorrência e a entrada de novos empreendedores no mercado estão levando as empresas já estabelecidas a se concentrar nos segmentos em que são competentes, assim como fazendo com que procurem se tornar mais fortes nas suas áreas de atuação. Este fato significa que o desenvolvimento tecnológico, que sempre foi fundamental para a área, é um dos principais sustentáculos da nova realidade.

Tenho a convicção de que o material aqui apresentado foi muito útil para que o leitor compreendesse os conceitos e os fundamentos das redes ópticas passivas, fornecendo subsídios importantes para a execução dos inúmeros projetos na área.

# Glossário

## A

**ABERTURA NUMÉRICA (*Numerical aperture*):** 1. Fenda na parte emissora de um sistema laser pela qual a radiação ou o pulso laser passa. 2. Fator característico do meio de transmissão, definido por $AN = n \cdot sen \, t$, em que: $AN$ = abertura numérica; $n$ = índice de refração do núcleo da fibra; $t$ = maior ângulo que um raio meridional que se propaga na fibra faz com o eixo desta. Para uma fibra óptica, na qual o índice de refração decresce de $n1$, sobre o eixo, para $n2$, dentro da casca, é a expressão da habilidade da fibra de aceitar, em modos ligados, raios incidentes não normais.

**ABSORÇÃO:** Atenuação de um sinal eletromagnético por sua conversão em calor.

**ACOPLADOR:** Dispositivo que permite combinar (misturador) ou separar (derivador ou splitter) sinais.

**ACOPLADOR ESTRELA:** Elemento óptico que permite a conexão de muitas fibras a uma única.

**ACRILATO:** 1. Tipo de resina acrílica mais usada como revestimento da fibra óptica. 2. Revestimento protetor sobre a fibra.

**ADAPTADOR:** Dispositivo usado para acoplar conectores de fibra do mesmo tipo ou de tipos diferentes.

**ALMA DO CABO:** Parte central do cabo, geralmente de aço ou polímero, que dá sustentação para este.

**AMPLIFICADOR ÓPTICO:** Dispositivo que amplifica sinais ópticos sem a conversão destes em sinais elétricos. Podem ser usados no meio da linha, como os repetidores, ou acoplados ao transmissor ou receptor, aumentando a distância de transmissão sem estações intermediárias, melhorando sensivelmente a confiabilidade dos enlaces ópticos.

**ANATEL (Agência Nacional de Telecomunicações):** Autarquia regulamentadora e fiscalizadora das telecomunicações no Brasil.

**ANSI (American National Standards Institute):** Principal organização nos Estados Unidos responsável pela determinação das normas. Esta organização representa os Estados Unidos na ISO (International Standards Organization).

**ÂNGULO CRÍTICO:** Maior ângulo de incidência de uma onda tal que atingindo outro meio de índice de refração menor, ainda ocorreria refração. A partir desse ângulo a onda seria inteiramente refletida de volta ao primeiro meio de propagação.

**ÂNGULO DE INCIDÊNCIA:** Ângulo com que uma onda atinge uma superfície, medido pelo ângulo entre a onda e a normal à superfície refletora no ponto de incidência.

**ANTENA:** Elemento de recepção/transmissão de telecomunicações.

**APON (Asynchronous Transfer Mode Passive Optical Network – Rede Óptica Passiva sobre Modo de Transferência Assíncrona):** Idealizado pela FSAN e aceito pela ITU (*International Telecommunication Union – União Internacional de Telecomunicações*) como norma (ITU-T G.983).

**ARAMIDA:** Material dielétrico sintético em forma de fibras, muito leve, de grande resistência mecânica à tração. É usado em substituição ao aço como reforço de resistência à tração em cabos. É muito conhecido por uma de suas marcas comerciais: kevlar.

**AREA DE TRABALHO:** Espaço em um pavimento de um edifício dedicado ao seu ocupante. Espaço de interação entre o usuário e os equipamentos de telecomunicações de um edifício comercial.

**ARMADURA:** Proteção mecânica externa que envolve os cabos, protegendo-os contra agentes mecânicos externos e que inclui, normalmente, fios ou fitas de aço.

**Armário de Distribuição Óptica (ARDO):** Elemento da rede óptica FTTx que pode realizar a função de divisão de sinal, mediante acomodação de splitters ópticos em seu interior, e a função de distribuição de fibras, por meio de cabos ópticos de saída. Pode contar com seções ou módulos para emendas ópticas e seções ou módulos para terminações (réguas de adaptadores ópticos).

**ARMÁRIO EXTERNO:** Conjunto de caixa, ou bastidor, estanque fixada em pedestal e dos dispositivos e equipamentos alojados no seu interior.

**ARMÁRIO ÓPTICO:** Solução que permite interligar pontos de rede via fibra óptica, possibilitando oferecer serviços de telefonia, internet, TV a cabo e multimídia. Usualmente, os armários ópticos são instalados bem próximos ao usuário.

**ARQUITETURA DE REDE:** Disposição sistemática dos elementos em uma rede para processamento e transmissão de informações.

**AS BUILT:** Conjunto de documentos com as informações relevantes do projeto de uma rede e que apresenta o detalhamento das instalações físicas, indicando as rotas dos cabos, conexões e demais sistemas após a conclusão do trabalho de implementação do cabeamento, refletindo as mudanças entre o planejado e o efetivamente executado.

**ATENUAÇÃO:** Perda de potência óptica decorrente de perdas na própria fibra ou em conexões entre fibras. Em geral, é medida em dB ou dB/km. As principais causas de atenuação em uma fibra óptica são: absorção por impurezas ou por íon $OH^-$,

Glossário

espalhamento por irregularidades na deposição do material, trincas e deformações, ou fatores externos, como emendas e conexões aos equipamentos.

**ATM (Asynchronous Transfer Mode):** Padrão da ITU-T para a transmissão de células. Estas possuem tamanho fixo de 53 bytes e podem levar diferentes tipos de serviços, dados, voz ou vídeo.

# B

**BACKBONE:** Espinha dorsal ou suporte principal de uma rede, geralmente uma infraestrutura de alta velocidade que interliga vários segmentos de redes.

**BANDA:** O mesmo que faixa de frequências. É a porção do espectro de frequências compreendida por duas frequências limites. A largura de banda é a diferença entre essas duas frequências, independentemente de onde elas estão no espectro.

**BANDA DE ABSORÇÃO:** Intervalo de comprimento de onda no qual a energia eletromagnética é absorvida em vez de refletida ou refratada.

**BASTIDOR:** Caixa metálica, com porta e fecho por chave ou mecanismo de trinco inviolável, com características modulares.

**BIRIFRINGÊNCIA:** Separação de um feixe de luz em dois feixes após penetrar um objeto duplamente refratante. Em sistemas monocromáticos, os dois feixes interferem, causando "anéis" indesejáveis.

**BIT ERROR RATE (BER):** Relação entre os bits recebidos com erro e o número total de bits transmitidos em um período de medição. A taxa de erro de bit é a principal especificação de sistemas de comunicação de dados e é comumente expressa em potências de 10. Há limites estabelecidos por diferentes órgãos normativos para aceitação da taxa de erro de bit de sistemas de telecomunicações.

**BPON (Broadband Passive Optical Network):** APON levou muitos provedores a acreditar que apenas os serviços de ATM pudessem ser utilizados para os usuários finais. Em função disso, a FSAN decidiu modificar o nome para Broadband PON ou BPON.

**BUNDLE:** Feixe de fibras ópticas num cabo óptico.

# C

**CABEAMENTO:** Conjunto de cabos de conexão entre sistemas de computadores ou entre estações em uma rede.

**CABO:** Meio de transmissão construído em cobre ou fibra óptica e recoberto por uma capa protetora.

**CABO AÉREO:** Cabo instalado em estrutura de suportes aéreos, tais como postes, edifícios e outras estruturas.

**CABO DE DISTRIBUIÇÃO:** Cabo que interliga os assinantes pertencentes a uma seção de serviço, célula ou nó, a seu ponto de controle correspondente. É também chamado de cabo secundário.

**CABO DE RECEPÇÃO:** Cabo de conexão rápida, usado para acoplar uma fibra a um receptor óptico.

**CABO DE LANÇAMENTO:** Cabo para conexão rápida para acoplamento entre uma fonte óptica e uma fibra.

**CABO ÓPTICO:** Cabo que contém uma ou várias fibras ópticas destinadas à transmissão de sinais.

**CABO ÓPTICO AÉREO:** Cabo usado em instalações aéreas, ou seja, suspenso em postes ou fachadas de edifícios por meio de cordoalhas.

**CABO ÓPTICO AUTOSSUSTENTADO:** Cabo que sustenta seu próprio peso quando instalado entre dois ou mais pontos, o que elimina a necessidade de cordoalhas.

**Cabo óptico Drop:** Cabo que deriva do elemento de terminação até o usuário final. Este cabo pode chegar até o equipamento ONU/ONT dentro da edificação, ou pode ser terminado em um acessório de transição de onde derivará outro cabo óptico mais apropriado ao ambiente interno.

**CABO ÓPTICO GELEADO:** Cabo que possui seus interstícios preenchidos por um composto pastoso (normalmente, geleia de petróleo) com o objetivo de protegê-lo contra a penetração de água.

**CABO PRIMÁRIO:** Cabo que forma a rede principal de um prédio e que se estende desde o distribuidor geral de cabos até a última caixa de distribuição na sala de telecomunicações.

**CAIXA DE EMENDA ÓPTICA:** Dispositivo destinado a acomodar as emendas de fibras ópticas.

**CAIXA DE ENTRADA:** Caixa de acesso restrito para ligação das tubulações e guias de entrada de cabos de telecomunicações.

**CAMISA DE PUXAMENTO:** Dispositivo flexível, em malha de aço, adaptável à extremidade do cabo para permitir seu puxamento durante a instalação.

*CAMPUS*: Ambiente composto por um ou mais prédios, sobrados ou outro tipo de edificação, em um mesmo terreno.

# Glossário

**CANAL:** Caminho para transmissão de sinais entre dois ou mais pontos, normalmente em uma única direção. Vários canais podem ser multiplexados por um único cabo, em certos ambientes.

**CASCA:** Camada externa da fibra óptica, composta de material de baixo índice de refração, que envolve o núcleo, fornecendo-lhe isolação óptica.

**CATV (Community Antenna Television):** Sistema de distribuição de conteúdos audiovisuais de televisão, de rádio FM e de outros serviços para consumidores por intermédio de cabos coaxiais. Conhecido como serviço de TV por assinatura.

**Central Office (CO):** Ponto de concentração do cabeamento, onde serão alocados os equipamentos ativos do sistema FTTx (transmissores ópticos, OLT etc.). Também chamado de Sala de Equipamentos ou Head End (denominação comum para redes de CATV).

**COLAPSAMENTO:** Compactação do tubo óptico para retirada de todos os interstícios (bolhas) resultantes do processo de deposição ou encamisamento, transformando-o em um bastão sólido e transparente (pré-forma). É realizado com alta temperatura e vácuo.

**COMPRIMENTO DE ONDA:** Distância percorrida em um ciclo pela frente de onda. Pode ser calculado pela divisão da velocidade de propagação da onda por sua frequência.

**CONECTOR DE FIBRA ÓPTICA:** Dispositivo instalado na extremidade de uma fibra óptica, permitindo acoplamento físico e óptico com um equipamento ou outra fibra.

**CONECTOR MT-RJ:** Tipo de conector óptico com tamanho duas vezes menor que o dos conectores SC e ST. Foi projetado para encaixe padrão utilizado pelos conectores modulares, e está disponível nas versões para fibras monomodo e multimodo. A conexão e a desconexão são bastante simples e as duas fibras ficam alojadas no mesmo conector.

**CONECTOR SC:** Conector de canal de assinante (Subscription Channel). Conector óptico originário do Japão que possibilita conexões de encaixe simples, baixas perdas e baixa reflexão de retorno.

**CONECTOR ST:** Conector de ponta reta (Straight Tip). Conector de fibra muito usado, desenvolvido originalmente pela AT&T.

**CORDÃO ÓPTICO:** Elemento de interconexão entre equipamentos e instrumentos, constituído de uma fibra com diferentes revestimentos protetores externos e que pode conter conectores ópticos em suas extremidades.

**CORDOALHA:** Cordão de aço agregado ao cabo da rede física com o único objetivo de sustentar o peso deste último quando, na instalação, é suspenso e lançado entre postes.

**CROSS-CONNECT:** Facilidade que abriga a terminação de elementos de cabos (patch panels, por exemplo) e suas interconexões.

# D

**dBm:** Unidade de potência (em decibéis), pressupondo-se 1 mW (1/1000 de 1 Watt) como referência.

**DERIVADOR:** Dispositivo que permite utilizar uma parte do sinal que circula numa linha de transmissão, numa ou em várias derivações.

**DIELÉTRICO:** Meio não metálico e não condutor de eletricidade.

**DIFRAÇÃO:** Mudança na direção de uma frente de onda pelo encontro com um objeto. Usualmente, refere-se aos casos nos quais a luz é dobrada ao passar através de uma pequena abertura.

**DGO:** Distribuidor geral óptico

**DISPERSÃO:** Separação de uma luz policromática nas frequências que a compõem.

**DIODO LASER DE INJEÇÃO (ILD):** Laser semicondutor no qual a geração da luz coerente ocorre em uma junção P-N.

**DIODO EMISSOR DE LUZ (LED):** Dispositivo semicondutor que emite luz incoerente formada pela junção P-N. A intensidade de luz é proporcional ao fluxo da corrente elétrica.

**DISPERSÃO:** Causa de limitações de largura de banda numa fibra. A dispersão causa o alargamento dos pulsos ao longo do comprimento da fibra, resultando em distorção do sinal transmitido.

**DISPERSÃO CROMÁTICA:** Dispersão causada pela diferença de velocidade dos diferentes comprimentos de onda que compõem o espectro da luz transmitida.

**DISPERSÃO MODAL:** Dispersão causada pelos diferentes modos (caminhos) de propagação em uma fibra óptica multimodo.

**DISPERSÃO DE RAYLEIGH:** Espalhamento da luz causado pela flutuação na densidade do material, gerando pequeníssimas mudanças no índice de refração. É uma das principais causas da atenuação de uma fibra óptica.

**DISTORÇÃO:** Mudança não desejada na forma de onda que ocorre entre dois pontos em um sistema de transmissão.

**DOWNSTREAM:** Direção de transmissão para o usuário. Em redes ópticas passivas, as distâncias de transmissão situam-se até 20 km da estação central da rede aos usuários mais distantes.

Glossário

**281**

**DWDM (Dense Wavelength Division Multiplexing):** Sistema de multiplexação em que diversos canais são alocados em comprimentos de onda diferentes (até 32) para transmissão por uma mesma fibra. É o sistema que atualmente permite maior capacidade de transmissão.

# E

**EIXO ÓPTICO:** Linha central óptica para um sistema de lente. Linha que atravessa os centros de curvatura das superfícies ópticas de uma lente.

**EMC (Electromagnetic Compatibility):** Habilidade de um circuito ou sistema de operar sem introduzir interferência eletromagnética indesejada em um ambiente ou sem ser afetado por outras fontes de EMI presentes no ambiente.

**EMENDA ÓPTICA:** União permanente ou temporária de duas pontas de fibras por técnicas mecânicas ou de fusão. Na emenda por fusão, as fibras são decapadas de seu revestimento, clivadas (cortadas) em suas extremidades, alinhadas e fundidas por um arco elétrico, recebendo um invólucro protetor no final. Nas emendas mecânicas, as fibras recebem o mesmo tratamento, porém não são fundidas, apenas fixadas alinhadas por meio de um conector.

**EMI (Electromagnetic Interference):** Interferência causada pela ação de campos elétrico e magnético, separadamente ou pela combinação de ambos, que podem causar algum tipo de distúrbio em sistemas e/ou dispositivos eletrônicos presentes em suas proximidades.

**ENCAMISAMENTO:** Revestimento externo de um bastão de pré-forma com outro tubo de sílica que passará a fazer parte da casca da fibra. Técnica usada para aumentar a produtividade de uma linha de produção de pré-formas.

**ENLACE:** Canal de comunicação de rede que consiste em um caminho de circuito ou transmissão e em todos os equipamentos relacionados entre o emissor e o receptor.

**ENLACE ÓPTICO:** Trecho óptico, relativamente longo, de interligação entre transmissores e receptores, sendo feito através do ar, de fibras de vidro ou de plástico.

**EQUIPAMENTO ATIVO:** Equipamento de telecomunicações que necessita ser alimentado eletricamente para seu funcionamento.

**EQUIPAMENTO TERMINAL:** Equipamento localizado na extremidade dos circuitos de telecomunicações e destinado a enviar ou receber diretamente informações ou comunicações.

**ESCON (Enterprise System Connection):** Conexão de sistema corporativo, arquitetura de canal da IBM que especifica um par de cabos de fibra óptica com LEDs ou lasers como transmissores e uma taxa de sinalização de 200 Mbps.

**ESPALHAMENTO:** Mudança de direção de uma onda (para várias direções), depois de atingir partículas distribuídas aleatoriamente.

**ESPECTRO ELETROMAGNÉTICO:** Gama de frequências e comprimentos de onda emitida por sistemas atômicos. O espectro total inclui ondas de rádio, assim como raios cósmicos pequenos.

**ESPECTRO ÓPTICO:** Faixa de comprimentos de onda da radiação óptica (infravermelho + radiação visível + ultravioleta).

**ESPINAMENTO:** Operação que consiste em fixar o cabo ao elemento mensageiro por meio de um fio que os envolve helicoidalmente.

**ESTAÇÃO:** Dispositivo que usuários de uma rede utilizam para se comunicar. Pode ser computador, telefone, modem ou outro equipamento de telecomunicações.

# F

**FEIXE:** Conjunto de raios luminosos que podem ser paralelos, convergentes ou divergentes.

**FIBRA ÓPTICA:** Filamento de material dielétrico transparente, comumente de vidro ou de plástico, circular em sua secção transversal, que guia a luz.

**FIBRA ÓPTICA DISPERSÃO DESLOCADA (DS – Dispersion Shifted):** Tipo de fibra monomodo em que as condições de dispersão cromática nula foram deslocadas da janela de 1.310 nm para a janela de 1.550 nm, onde as perdas de transmissão são menores.

**FIBRA ÓPTICA MONOMODO (SM – Single Mode):** Tipo de fibra óptica em que apenas um modo se propagará, fornecendo o máximo em largura de banda. Deve ser utilizada com fontes de luz laser. Tem menor atenuação e, portanto, pode transmitir sinais a grandes distâncias. É a fibra padrão ou standard para telecomunicações.

**FIBRA ÓPTICA MULTIMODO (MM – Multimode):** Tipo de fibra óptica que permite que mais de um modo se propague e apresente, normalmente, altas taxas de atenuação. Não necessita de fonte de luz coerente, tornando os transmissores e receptores mais baratos que os monomodo. São excelentes soluções para redes de dados em distâncias de até apenas alguns quilômetros.

**FIBRA ÓPTICA MULTIMODO ÍNDICE DEGRAU:** Guia de onda dielétrico cuja variação dos índices de refração do núcleo e da casca seguem uma curva degrau, sendo o índice do núcleo maior que o da casca.

**FIBRA ÓPTICA MULTIMODO ÍNDICE GRADUAL:** Guia de onda dielétrico cuja variação dos índices de refração do núcleo e da casca seguem uma curva parabólica,

Glossário

**283**

sendo o índice do núcleo maior que o da casca. Este perfil foi desenvolvido para reduzir a dispersão modal.

**Fibre Concentration Point (FCP):** Ponto concentrador de fibras primário da rede FTTx.

**FONTE DE LUZ:** Meio (normalmente, LED ou laser) utilizado para converter um sinal elétrico em um correspondente sinal óptico.

**FOTODIODO:** Dispositivo utilizado para converter sinais ópticos em sinais elétricos.

**FOTODIODO DE AVALANCHE (APD):** Fotodiodos que combinam a detecção de sinais ópticos com amplificação interna da fotocorrente. O ganho interno é percebido pela multiplicação avalanche de transportadoras na região da junção. Sua vantagem é uma razão elevada de sinal/ruído, especialmente, para altas taxas de bits.

**FOIRL (Fiber-Optic Inter Repeater Link):** Fibra ou cabo óptico utilizado para a interligação entre dois ou mais repetidores ópticos, dentro de uma rede.

**FÓTON:** Quantum (pacote) elementar de uma onda eletromagnética.

**FREQUÊNCIA:** Número de ciclos de uma onda por unidade de tempo. Em geral, expresso em Hertz (Hz). 1 Hz = 1 ciclo por segundo.

**FTTB (Fiber to the Building – Fibra até o prédio):** Fibra óptica ponto a ponto e ponto a multiponto para instalações de redes ópticas passivas em prédios. Ela é utilizada, por exemplo, na distribuição dos serviços em diversos andares.

**FTTC (Fiber to the Curb – Fibra até a calçada):** Arquitetura de projeto e implantação de redes HFC (híbrida fibra/coaxial) que considera, em sua concepção, a rede de fibra óptica levada até a calçada, próximo do usuário.

**FTTCab (Fiber to the Cabinet):** Semelhante ao FTTN, com o armário de rua mais próximo do usuário.

**FTTD (Fiber to the Desk – Fibra até a estação de trabalho):** 1. Arquitetura de projeto e implantação de redes HFC (híbrida fibra/coaxial) que considera, em sua concepção, a rede de fibra óptica levada até a área de trabalho do usuário. 2. Tecnologia de cabeamento em fibra óptica que permite o uso de banda larga, possibilitando uma ampla capacidade de transmissão de dados, voz e imagens na rede de uma empresa.

**FTTF (Fiber to the Feeder):** Arquitetura de projeto e implantação de redes HFC (híbrida fibra/coaxial) que considera, em sua concepção, a rede de fibra óptica levada até um ponto predefinido, agregando ainda uma rede extensa de cabos coaxiais para conectar amplificadores e suportar o canal de retorno para atendimento aos usuários.

**FTTH (Fiber to the Home – Fibra até a residência):** É a arquitetura de projeto e implantação de redes HFC (híbrida fibra/coaxial) que considera, em sua concepção, a rede de fibra óptica levada até a residência do usuário.

# G

**GANHO:** Relação expressa em dB entre a potência de saída e a potência de entrada de um equipamento ou sistema.

**GEORREFERENCIAMENTO:** Representação da localização de objetos com recurso de coordenadas geográficas e geodésicas.

**GIGA (G):** Unidade que equivale a 1 bilhão = $10^9$. Exemplo: 1 Giga Hertz (GHz) = $10^9$ Hertz.

**GIGABIT ETHERNET:** Tecnologia que é evolução da Ethernet básica, possuindo velocidade de 1 GHz.

**GPON (Gigabit Passive Optical Network – Rede Óptica Passiva Gigabit):** Padronizada pela ITU-T G.984 e desenvolvida para proporcionar maiores taxas de transmissão, maior eficiência de banda e maior variedade de serviços.

**GUIA DE ONDAS:** Estrutura condutora ou dielétrica capaz de suportar e propagar um ou mais padrões de campo eletromagnético (modos). Exemplo: Fibra Óptica.

# H

**HARDWARE:** O maquinário e os equipamentos. Em operação uma rede, assim como um computador é composto de hardware e software, um é inútil sem o outro. O projeto de hardware especifica os comandos que pode obedecer e as instruções que vão lhe dizer o que e como fazer.

**HERTZ:** Unidade de medida de frequência. 1 Hertz (1 Hz) é igual a 1 ciclo por segundo.

**HOMES PASSED (HP):** Unidades habitacionais que podem ser efetivamente atendidas por redes ópticas passivas FTTH.

# I

**IEEE (Institute of Electrical and Electronics Engineers):** Comitê profissional internacional que desenvolve e propõe padrões

**ÍNDICE DE REFRAÇÃO:** Razão entre a velocidade da luz no material e a velocidade da luz no vácuo. A estrutura de uma fibra é composta de um núcleo central, formado por um material com índice de refração mais alto que o do material que o envolve, chamado de "blindagem". A dependência do índice com a frequência ou comprimento de onda é conhecida como dispersão.

Glossário **285**

**INFRAVERMELHO:** Onda eletromagnética cuja faixa de frequência está acima da frequência de micro-ondas, mas abaixo da frequência de espectro visível, aproximadamente entre 800 nm e 1 mm.

**INSTALAÇÃO ENTERRADA:** Instalação executada no nível do subsolo.

**ISO/IEC 11801:** Padrão internacional ISO utilizado em sistemas de cabeamento para telecomunicações.

**ITU-T (Telecommunication Standardization Sector, ITU-T):** Setor de normatização responsável por coordenar padronizações relacionadas com telecomunicações. O ITU-T elabora recomendações que, após aprovadas pelos membros, são usadas como referência para o desenvolvimento de soluções tecnológicas envolvendo redes de telecomunicações.

# J

**JANELAS DE TRANSMISSÃO:** Comprimento de onda de operação de uma fibra óptica, para o qual a atenuação da onda tem um ponto de mínimo. São usadas três janelas: 1ª janela: 850 nm – Aplicável apenas a fibras multimodo; 2ª janela: 1.310 nm – Aplicável a fibras multimodo ou monomodo; 3ª janela: 1.550 nm – Aplicável apenas a fibras monomodo.

**JANELAS ÓPTICAS:** Intervalos de frequência em que a luz viaja com grande velocidade através de alguns meios guiados.

**JUMPER:** Pequeno lance de cordão óptico, conectorizado nas duas pontas. Usado para conexão e manobra de equipamentos ópticos.

**JUMPER DE TESTE:** Cabo de conexão rápida, usado para testar ligações entre fibras.

# K

**KEVLAR:** Um dos nomes comerciais para aramida.

# L

**LAN (Local Area Network):** Rede local de computadores, restrita a uma pequena área geográfica, normalmente um prédio ou uma empresa. Comumente operada pelos próprios usuários.

**LARGURA DE BANDA:** Expressa a quantidade de informações que um sistema tem capacidade de transportar. Em sistemas analógicos, é a diferença entre as frequências máxima e mínima que podem ser transportadas. A largura de banda de um meio depende de sua construção e do comprimento do canal. Não se deve referir à largura de banda em Mbps ou quaisquer outras unidades diferentes de frequência em Hz (ciclos por segundos).

**LASER (Light Amplification by Stimulated Emission of Radiance):** 1. Amplificação de luz pela emissão estimulada de radiação. Fonte de luz coerente com estreita largura de banda espectral. 2. Dispositivo de transmissão analógico no qual um material ativo apropriado é excitado por um estímulo externo para produzir um feixe estreito de luz coesa que pode ser modulado em pulsos para transportar dados.

**LED (Light Emitting Diode):** Diodo semicondutor utilizado para emissão de luz em sistemas de fibra óptica. Este dispositivo emite luz quando lhe é aplicada uma corrente elétrica, sendo a intensidade da luz proporcional à quantidade de corrente que flui.

**LEVANTAMENTO DE DEMANDA:** Contagem de todas as unidades habitacionais de determinada área, incluindo casas e apartamentos de prédios.

**LOOSE:** Tipo de construção de cabos ópticos em que as fibras não estão fisicamente vinculadas ao elemento de tração do cabo. Normalmente, as fibras ficam soltas dentro de tubetes plásticos cordados em torno de um elemento central.

**LUZ:** Radiação visível; qualquer radiação óptica capaz de causar uma sensação visual em um observador.

**LUZ COERENTE:** Luz monocromática com ondas de mesmo comprimento, mesmo plano de vibração e mesma fase.

# M

**MAN (Metropolitan Area Network – Rede de Área Metropolitana):** Conceito que define as interligações de redes locais (LANs) que se encontram em uma mesma cidade ou *campus*. As MANs utilizam tecnologias de LAN e WAN.

**MANUTENÇÃO:** Todas as operações destinadas a manter circuitos e equipamentos em bom estado de funcionamento.

**MANUTENÇÃO CONTROLADA:** Método destinado a garantir uma qualidade desejada por meio da aplicação sistemática de técnicas de análise, usando facilidades de supervisão centralizada ou amostragem para minimizar a manutenção preventiva e reduzir a manutenção corretiva.

**MANUTENÇÃO CORRETIVA:** Método baseado na localização e eliminação de falhas, unicamente, quando estas estejam afetando o funcionamento do equipamento ou sistema.

Glossário

**287**

**MANUTENÇÃO PERIÓDICA Todas as operações preventivas necessárias para manter em boa ordem uma linha, um equipamento ou aparelhos postos em serviço, podendo incluir ajustes.**

**MANUTENÇÃO PREDITIVA:** Toda a operação destinada a garantir o correto funcionamento de um equipamento ou sistema antes que venha a apresentar algum tipo de falha, pela substituição de componentes gastos ou no final de sua vida útil.

**MANUTENÇÃO PREVENTIVA:** Testes, medidas e ajustes a valores especificados efetuados antes da ocorrência de uma falha, objetivando evitar que venha a ocorrer.

**MEGA (M):** Unidade que equivale a 1 milhão = $10^6$. Exemplo: 1 Mega Hertz (1 MHz) = $10^6$ Hertz.

**MICROCURVATURAS:** Causas de atenuação incremental em uma fibra óptica. Normalmente, são motivadas por:

a) A fibra ter sido encurvada à volta de um raio restritivo de curvatura.
b) Pequenas distorções na fibra causadas por perturbações induzidas externamente. Comumente associadas a uma extrusão ruim da fibra óptica ou deficiências na fabricação do cabo.

**MÍCRON (μm):** Unidade de medida equivalente a um milionésimo de metro, ou $10^{-6}$ m.

**MÍDIA:** Meio físico de transmissão utilizado por um sistema de comunicação.

**MISTURADOR:** Acoplador de dois ou mais sinais ópticos dando origem a um único sinal combinado.

**MM (Multi Mode):** Fibra óptica do tipo multimodo.

**MODO:** Forma de propagação de ondas guiadas caracterizada por um padrão particular de campos em um plano transversal à direção de propagação, cujo padrão de campos é independente da posição ao longo do eixo do guia. No caso de guias de ondas ocas e metálicas, o padrão de campos de um modo de propagação particular é também independente da frequência.

**MODULAÇÃO:** Processo pelo qual a característica de uma onda é variada de acordo com outra onda, ou sinal, como em modems, que transformam sinais de computadores em ondas compatíveis com instalações de comunicação e equipamentos.

**MUB:** Mapeamento Urbano Básico – Base geográfica de alta precisão, confeccionada com a utilização de imagens de satélites e ajustamento por GPS. Gera mapas digitais de áreas urbanas das cidades, em diversos níveis: bairros, divisas, numeração de quadras e lotes, eixos de logradouros, locação dos principais elementos públicos e de serviços, escolas, hospitais, igrejas, bancos e outros dados importantes ao projeto.

**Multi-dwelling Unit (MDU – Unidade multi-inquilinos):** Habitação em que várias unidades habitacionais estão separadas em moradias residenciais individuais, contidas dentro de um edifício ou de vários edifícios dentro de um condomínio. Por exemplo, prédios de apartamentos residenciais ou salas comerciais.

**MULTIPLEXAÇÃO:** Esquema que permite que vários sinais lógicos sejam transmitidos simultaneamente através de um único canal físico, ou seja, colocar sinais de vários equipamentos diferentes em um único bloco, transmitir ao mesmo tempo no meio físico comum e separá-los no ponto de recepção.

# N

**NANO (n):** Unidade que equivale a 1 bilionésimo $= 10^{-9}$. Exemplo: 1 nanômetro (nm) $= 10^{-9}$ metros.

**NÍVEL DE SINAL:** Medida da quantidade de sinal.

**NÓ (ou Node):** Ponto da rede onde uma ou mais linhas de comunicação terminam, e/ou onde as estações estão conectadas.

**NÚCLEO:** Parte central de uma fibra óptica onde é confinada toda a luz, por apresentar índice de refração mais alto que a casca que o envolve.

# O

**OPGW (Optical Ground Wire):** Cabo para-raios de linhas aéreas de alta-tensão com núcleo contendo fibras ópticas.

**ÓPTICA e ÓPTICO:** Parte da Física que trata da luz e dos fenômenos da visão.

**Orçamento de perda:** Refere-se à quantidade de perda que uma instalação de cabos deve ter. É calculada adicionando as perdas médias de todos os componentes utilizados na instalação de cabos para obter a perda total estimado de ponta a ponta.

**Orçamento de potência:** Refere-se à quantidade de perda que um enlace (transmissor para receptor) pode tolerar a fim de funcionar corretamente.

**OSP (Outside Plant):** Planta externa, termo utilizado para identificar o cabeamento externo ao edifício ou edifícios. OSP é um termo genérico utilizado tanto para cabeamento externo público quanto para cabeamento dentro de um *campus* de uma propriedade privada.

**OTDR (Optical Time Domain Reflectometer):** Instrumento optoeletrônico usado para caracterizar uma fibra óptica. Um OTDR injeta pulsos ópticos na fibra em teste. Ele também extrai, a partir da mesma extremidade da fibra, a luz que é

# Glossário

289

retroespalhada ou refletida. A intensidade dos pulsos de retorno é medida e integrada como uma função do tempo, e é plotada como uma função do comprimento da fibra. Pode ser usado para estimar o comprimento e a atenuação total da fibra, incluindo perdas por emendas e conectores, e também para a localização de falhas em redes ópticas (fibras quebradas, atenuações etc.).

## P

**PATCH CORD:** Também denominado patch cable, é um cabo flexível para manobras no patch panel.

**PATCH PANEL:** 1. Painel de manobras. 2. Dispositivo utilizado para a terminação dos cabos de segmento horizontal em uma instalação na sala de telecomunicações ou para habilitar serviços nas áreas de trabalho, onde são realizadas interconexões através de patch cords.

**PEAD:** Polietileno de alta densidade

**PEDESTAL:** Suporte para fixação de armários exteriores com interligação a uma câmara ou caixa, por intermédio de tubos.

**PERDA DE INSERÇÃO:** Perda de potência óptica causada pela adição de um conector, adaptador, emenda ou outro componente óptico no percurso da fibra.

**PERDA DE MACRODOBRAMENTO:** Perdas de luz decorrentes de dobras ou torções de grande raio na fibra óptica, que podem ocorrer durante a instalação.

**PERDA DE MICRODOBRAMENTO:** Perdas de luz decorrentes de imperfeições microscópicas na fibra óptica.

**PERDA POR ACOPLAMENTO:** Ocorre quando a energia é transferida de um circuito, de um elemento de circuito ou de um meio para outro. Em fibras ópticas, é a perda de potência que ocorre quando acoplamos luz de um dispositivo óptico para outro.

**PERDA POR ESPALHAMENTO:** Parte da perda de transmissão resultante do espalhamento dentro do meio ou da rugosidade de uma superfície refletora.

**Perda por refração:** Parte da perda de transmissão decorrente da refração resultante da não uniformidade do meio.

**PERFIL DE ÍNDICE:** Maneira como o índice de refração varia na seção transversal de uma fibra óptica.

**PERFIL DE ÍNDICE DEGRAU:** Característica de um tipo de fibra que apresenta índice de refração constante ao longo do núcleo e variação abrupta na interface núcleo--casca. Perfil típico das fibras ópticas monomodo padrão.

**PERFIL DE ÍNDICE GRADUAL:** Característica de um tipo de fibra em que o índice de refração do núcleo varia continuamente em função da distância do eixo central. A variação pode se dar com perfil parabólico, típico de fibras multimodo, ou com perfil triangular, típico de fibras monomodo com dispersão deslocada.

**PERFIL DE ÍNDICE DE REFRAÇÃO:** Distribuição do índice de refração ao longo de uma linha reta, passando pelo centro do núcleo.

**PIGTAIL:** Pequeno lance de cordão óptico conectorizado em uma das pontas, terminando em um pedaço de fibra nua na outra. Usado para a ligação de equipamentos ópticos.

**POTÊNCIA ÓPTICA:** Potência óptica medida na fonte ou na extremidade de uma fibra e expressa em microwatts ($\mu$W) ou em decibéis, com referência de 1 miliwatt (dBm).

**Projeto Básico ou Preliminar:** Projeto elaborado com base em informações preliminares e não confirmadas em vistorias detalhadas.

**Projeto Executivo:** Projeto elaborado com base em informações definitivas, confirmadas em vistorias e levantamentos no local da implantação. Deve ser o mais completo e detalhado possível, dado que servirá à implantação do sistema.

**PTF (Painel para Terminação de Fibras):** Utilizado para a terminação das fibras ópticas de rede externa e interna ou de equipamentos. Ponto de interconexão entre equipamento e rede externa.

**PUSH PULL:** Sistema de travamento utilizado em conectores de fibra óptica que possibilita um acoplamento sem necessidade de retração da capa, facilitando a operação em campo.

**PVC:** Policloreto de polivinila.


# Q

**Q:** Eficiência da energia armazenada em uma câmara de ressonância laser. Quanto mais alto o Q, menor a perda de energia.

**QUALIDADE DE SERVIÇO (QoS – Quality of Service):** Taxas de transmissão, taxas de erros e outras características podem ser medidas, melhoradas e, em alguns casos, garantidas contratualmente junto aos prestadores de serviços de telecomunicações.


# R

**RABICHO:** Ver *Pigtail*.

Glossário

**RACK:** Armário metálico destinado à instalação de equipamentos, podendo ser fixado em piso ou em parede.

**RADIAÇÃO COERENTE:** Radiação luminosa caracterizada por raios paralelos entre si; por exemplo, raio laser.

**RADIAÇÃO ELETROMAGNÉTICA:** Emissão ou propagação de energia sob a forma de onda eletromagnética.

**RADIAÇÃO ÓPTICA:** Radiação que engloba luz visível, infravermelha e ultravioleta, correspondendo à faixa de comprimento de onda de aproximadamente 4 nm a 1 mm.

**RAIO DE CURVATURA:** Raio do arco da circunferência que se sobrepõe ao arco do eixo do tubo, correspondente a um ângulo com lados perpendiculares às partes retas do tubo adjacentes à curva.

**RAIO DE DOBRAMENTO:** Menor raio de curvatura que uma fibra pode apresentar sem causar aumento significativo de atenuação.

**RECEPTOR ÓPTICO:** Equipamento optoeletrônico que recebe um sinal óptico e o converte para um sinal elétrico equivalente.

**REDE:** Coleção de estações interconectadas por canais de comunicação.

**REDE DE ACESSO:** Reúne as conexões que se estendem de uma central de equipamentos ou estação comutadora em direção aos usuários finais: empresas, comércio e/ou residências individuais ou coletivas.

**Rede de Distribuição ou Rede Secundária:** Parte da rede óptica que deriva dos centros de distribuição e segue até os elementos de terminação (geralmente, caixas de emendas).

**Rede de Terminação ou de Abordagem:** Parte da rede óptica que deriva dos elementos de terminação e segue até o usuário final.

**Rede Troncal ou de Backbone ou Primária:** Parte da rede óptica que interliga o CO aos centros de distribuição (ARDOs ou caixas de emendas). Às vezes, também chamada de rede feeder (alimentadora).

**REFLEXÃO:** Alteração de direção sofrida pela luz quando esta se choca contra uma superfície plana.

**REFRAÇÃO:** Dobra da luz que ocorre quando ela passa de um meio de um índice refrativo para outro. Em um holograma em fase, a refração causa um "atraso de fase" que corresponde à diferença de fase original entre as duas frentes de onda registradas.

**REPETIDOR:** Regenerador de um sinal óptico atenuado. Com a combinação de um receptor e um transmissor, efetua a transformação do sinal óptico em elétrico e, posteriormente, converte o sinal elétrico novamente em um sinal óptico regenerado. O uso de repetidores tem sido substituído pelo uso de amplificadores ópticos.

**Reserva Técnica:** Sobra de cabo óptico propositalmente deixado em trechos da rede para permitir intervenções nas fibras ópticas.

**REVESTIMENTO COLORIDO:** Revestimento pigmentado de uma fibra óptica com o objetivo de identificação.

**REVESTIMENTO PRIMÁRIO:** Revestimento de proteção de uma fibra óptica, mais comumente feito de acrilato, aplicado em dupla camada logo após o processo de estiramento. O revestimento primário evita a formação de microcurvaturas, causadoras de atenuação, e confere resistência mecânica à fibra.

**REVESTIMENTO SECUNDÁRIO:** Revestimento aplicado durante a fabricação do cabo óptico sobre uma ou várias fibras, como proteção mecânica.

**RIBBON:** Estrutura de agrupamento de fibras ópticas na qual elas são coladas paralelamente, formando pequenas fitas. Essa construção permite a obtenção de cabos de pequeno diâmetro e com centenas de fibras ópticas.

**RUÍDO:** Qualquer perturbação que tenda a interferir na operação normal de um aparelho ou sistema de comunicação. As unidades de medição de ruídos variam com os procedimentos utilizados para sua ponderação.

# S

**SALA DE EQUIPAMENTOS:** Espaço centralizado para equipamentos de redes e de telecomunicações que servem aos ocupantes de um edifício.

**SALA DE TELECOMUNICAÇÕES:** Espaço fechado para abrigar equipamentos de telecomunicações, terminações de cabos e conexões. A sala de telecomunicações é normalmente implementada entre o backbone e o cabeamento horizontal.

**SÍLICA:** Dióxido de silício em forma vítrea; quartzo.

**SÍLICA DOPADA:** Sílica contendo pequenas porcentagens de outros componentes químicos, capazes de alterar seu índice de refração.

**SISTEMA DE GEORREFERENCIAMENTO DE REDES:** Conjunto de informações georreferenciadas com recursos e técnicas computacionais para elaboração de cadastros de redes de telecomunicações.

**SM (Single Mode):** Fibra óptica do tipo monomodo.

**SPLICE:** Junção ou emenda de duas fibras ópticas por meio de equipamento apropriado.

**SPLITTER:** Atenuador ou derivador.

# Glossário

**293**

## T

**TAXA DE ERROS:** Proporção de dados recebidos incorretamente (bits, elementos, caracteres ou blocos) em relação ao total geral de dados transmitidos.

**TAXA DE PENETRAÇÃO:** Percentual de unidades habitacionais que deverão ser efetivamente atendidas pelo sistema FTTH em determinada área.

**THROUGHPUT:** Taxa de informações que chegam a, e possivelmente passam por, um ponto específico de um sistema de rede. Expressa o número de pacotes que foram gerados e recebidos sem perda. Por este parâmetro, podemos medir o desempenho da rede quanto à recepção e transmissão de pacotes, procurando ter a menor perda possível, pois cada pacote perdido irá gerar uma retransmissão.

**TIGHT:** Tipo de construção de cabos ópticos em que as fibras são fisicamente vinculadas ao elemento de tração do cabo.

**TOPOLOGIA:** Mapa ou plano de rede. A topologia física descreve como os fios ou cabos são dispostos, e a topologia lógica ou elétrica descreve como ocorre o fluxo de mensagens.

**Topologia Centralizada:** Metodologia de projeto de rede que prevê a utilização de splitters ópticos mais próximos do CO, em centros de distribuição (ARDOs ou caixas de emenda), ou até totalmente concentrados no CO.

**Topologia Distribuída:** Metodologia de projeto de rede que prevê a utilização de splitters ópticos mais próximos do usuário final, dentro dos elementos de terminação (geralmente, caixas de emenda).

**TRANSMISSOR ÓPTICO:** Equipamento eletro-óptico que recebe um sinal elétrico e o converte para sinal óptico equivalente, pronto para ser propagado por uma fibra óptica.

## U

**ULTRAVIOLETA:** Radiação óptica com comprimentos de onda menores do que aqueles da radiação visível, aproximadamente entre 4 nm e 400 nm.

**UPSTREAM:** Para a central. O fluxo das informações que se originam nos usuários é agregado e canalizado no sentido do nó de comutação da rede óptica.

## V

**VCSEL (Vertical-cavity Surface-emitting Laser):** Laser de emissão vertical que necessita uma potência baixa para emissão e tem menor custo do que o laser de emissão longitudinal.

**VELOCIDADE DA LUZ:** Aproximadamente 300 mil quilômetros por segundo no vácuo.

**VELOCIDADE DE PROPAGAÇÃO:** Caracteriza-se como sendo a velocidade com que o sinal se propaga ao longo da linha de transmissão.

# W

**WAVELENGTH:** Ver *Comprimento de onda.*

**WDM (Wavelength Division Multiplexing – Multiplexação por Divisão de Comprimento de Onda):** Sistema de multiplexação em que diversos canais são alocados em comprimentos de onda diferentes para transmissão por uma mesma fibra.

**WAN (Wide Area Network):** Representa uma rede de telecomunicações geograficamente dispersa. O termo distingue uma estrutura de rede de comunicação maior que uma rede local (LAN) ou rede metropolitana (MAN).

# X, Y, Z

**XDSL:** Termo genérico para a tecnologia de acesso de redes telefônicas. As taxas de transferência dependem da variação do sistema que se usa como ADSL, DSL, HDSL, SHDSL e outros.

**XILENO ou Xilol:** Produto químico mais comum usado para igualar índices de refração. O xileno tem um índice refrativo muito próximo do vidro.

# Referências

AGRAWAL, Govind P. Fiber-Optic Communication Systems. New York: John Willey & Sons, 1992.

AMAZONAS, José Roberto de Almeida. Projeto de sistemas de comunicações ópticas. São Paulo: Manole, 2005.

ANSI/TIA/EIA-568-B. Commercial Building Standards for Telecommunications Cabling Standard, 2001.

Barnett, David.; Groth, David.; McBee, Jim. Cabling: The Complete Guide to Network Wiring. 3rd ed. Alameda: Sybex, 2004.

Dutton, Harry J.R. Understanding Optical Communications. Research Triangle Park: IBM Corporation, International Technical Support Organization, 1998.

FTTH Council Europe. FTTH Handbook. 6th ed. D&O Committee: Rev. 2014.

GIOZZA, W.F.; CONFORTI, E.; WALDMAN, H. Fibras ópticas – Tecnologias e projeto de sistemas. São Paulo: Makron Books, 2001.

GOMES, Alcides Tadeu. Telecomunicações – Transmissão/Recepção – Sistemas pulsados. 11ª ed. Rio de Janeiro: Erica, 2000.

GREEN, Paul E. Fiber To The Home – The New Empowerment. New Jersey: John Wiley & Sons Inc., 2006.

ITU-T. Optical Fibre, Cables and Systems. ITU-T Manual, 2009.

JUNIOR, Almir Wirth Lima. Implantação, manutenção e testes de enlaces ópticos. Rio de Janeiro: Book Express, 2000.

JUNIOR, Almir Wirth Lima. Tudo sobre fibras ópticas – Teoria & prática. Rio de Janeiro: Altabooks, 2002.

KEISER, Gerd. FTTx Concepts and Applications. New Jersey: John Wiley & Sons, Inc., 2006.

KEISER, Gerd. Comunicações por fibras ópticas. 4ª ed. Porto Alegre: AMGH, 2014.

LALLUKKA, Sami.; RAATIKAINEN, Pertti. Passive Optical Networks – Transport Concepts. Finland: VTT Technical Research Centre of Finland, 2006.

LIN, Chinlon. Broadband Optical Access Networks and Fiber-to-the-Home. London: John Wiley & Sons Ltd., 2006.

NOÉ, Reinhold. Essentials of Modern Optical Fiber Communication. Berlim: Springer, 2010.

OPTICAL SOCIETY OF AMERICA. Optical Fibers and Fiber Optic Communications. Handbook of Optics, v. II, 1995.

PINHEIRO, José Maurício dos Santos. Guia completo de cabeamento de redes. Rio de Janeiro: Elsevier, 2003.

PINHEIRO, José Maurício dos Santos. Cabeamento óptico. Rio de Janeiro: Elsevier, 2005.

PRAT, Josep. Next-Generation FTTH Passive Optical Networks – Research Towards Unlimited Bandwidth Access. Barcelona: Springer, 2008.

RIBEIRO, José A. Justino. Comunicações ópticas. São Paulo: Erica, 2003.

SENIOR, JOHN M. Optical Fiber Communications. 3th ed. Essex: Pearson Education Limited, 2009.

SILVA, Sivaldo Pereira da.; BIONDI, Antonio. Caminhos para a universalização da INTERNET banda larga – Experiências internacionais e desafios brasileiros. São Paulo: Intervozes, 2012.

SOTO, Mariano S. Del.; SÁNCHEZ, José Antonio Corbelle. Transmissão digital e fibras ópticas. Rio de Janeiro: Makron Books, 1994.

VACCA, John R. Optical Networking Best Practices Networking Handbook. New Jersey: John Wiley & Sons Inc., 2007.

Ziemann, Olaf.; Krauser, Jürgen.; Zamzow, Peter E.; Daum, Werner. POF Handbook – Optical Short Range Transmission Systems. 2nd ed. Berlim: Springer, 2008.